英国自然历史博物馆

宝　石

［英］罗宾·汉森（Robin Hansen）　著

王冠群　译

江苏凤凰科学技术出版社·南京

The Natural History Museum Book of Gemstones was first published in England in 2022 by the Natural History Museum, London.

Copyright © The Trustees Natural History Museum, London, 2022
Images copyright © As per the Picture Credits
This edition is published by Phoenix Science Press by arrangement with the Natural History Museum, London.

江苏省版权局著作权合同登记 图字：10-2022-214

图书在版编目（CIP）数据

英国自然历史博物馆 . 宝石 /（英）罗宾·汉森著 ; 王冠群译 . — 南京 : 江苏凤凰科学技术出版社，2024.3
ISBN 978-7-5713-4054-4

Ⅰ . ①英… Ⅱ . ①罗… ②王… Ⅲ . ①自然科学 – 普及读物②宝石 – 普及读物 Ⅳ . ① N49 ② P578-49

中国国家版本馆 CIP 数据核字 (2023) 第 255539 号

英国自然历史博物馆：宝石

著　　　者	［英］罗宾·汉森（Robin Hansen）
译　　　者	王冠群
责 任 编 辑	沙玲玲
责 任 校 对	仲　敏
责 任 监 制	刘文洋

出 版 发 行	江苏凤凰科学技术出版社
出版社地址	南京市湖南路 1 号 A 楼，邮编：210009
出版社网址	http://www.pspress.cn
印　　　刷	上海当纳利印刷有限公司

开　　　本	880 mm×1 230 mm 1/32
印　　　张	10.25
字　　　数	230 000
版　　　次	2024 年 3 月第 1 版
印　　　次	2024 年 3 月第 1 次印刷

标 准 书 号	ISBN 978-7-5713-4054-4
定　　　价	68.00 元

图书如有印装质量问题，可随时向我社印务部调换。

THE NATURAL HISTORY MUSEUM BOOK OF

THE
GEMSTONES

目 录

左页图 蓝色萤石立方晶体

宝石概论

  时光荏苒，犹如白驹过隙，但是人们对于宝石的渴望千年来却从未改变过。宝石在历史、宗教、精神依托和科学中都具有极其重要的意义。它们象征着权力、迷信、忠诚和浪漫。宝石被用作护身符和魔法宝物，以期给使用者提供保护或带来超自然的力量，人们相信它具有魔力和治疗能力。它们也被用作装饰物和佩戴品，其作为雕刻容器和徽章的装饰品时，华丽的光辉和显赫的定义会使得人们沉浸其中而难以自拔。本书将带你去探索宝石的历史，包括它们是如何形成的，它们有哪些显著特征，以及它们是如何被切割、加工和使用的。我希望能够借此使人们对它们的美丽和多样性更为着迷，从而激发人们进一步学习的欲望。宝石学可以满足很多人的兴趣点，其中涵盖了化学、物理学、历史和艺术等学科。

什么是宝石？

  宝石没有一个非常明确的定义，但毫无疑问，它是一种珍宝，通常外观美丽，并用于装饰。宝石广义上可以包括加工后的产品，即

◀戴比尔斯千禧之星钻石（重 203.04 克拉）经过 3 年多的时间打造而成，完美的切割工艺使其极为闪耀美丽

▲ 这颗重 30 克拉的黄色蓝宝石的色彩和光泽展现了它的美丽

▶ 宝石由许多不同的
材料制成，最常见的
是矿物

▲ 雕刻成佛像的蓝宝
石，镶嵌在金别针上

用宝石材料制作的耐磨装饰品，如雕刻、珠子和碗。无论是矿物、岩石、化石，还是有机材料或人造材料，只要它足够珍稀都可以被称为宝石。

宝石和珠宝行业息息相关，它有三个决定其是否能作为珠宝的关键属性：美丽、稀有度和耐久性。每一颗宝石都有一种独特的美，对于光的呈现方式决定了它的美——包括：颜色、透明度、光泽和闪耀度。几乎所有的宝石都要经过切割、琢型和抛光，以充分展示这种美。

▲ 维多利亚时代的吊坠，镶有蓝色
蓝宝石和钻石型切工的钻石

稀有的宝石让人向往，人们渴望拥有或佩戴它们。耐用性意味着它们足够坚韧，其美丽经得起时间的考验，当然也有一些例外，比如珍珠，就是脆弱的"美人"。宝石通常分为两类：钻石（包括无色钻石和彩色钻石）和彩色宝石（除钻石外的所有宝石）。这是因为这两个宝石大类有着截然不同的产业链，从采矿和原石供应，再到切割方法、优化处理方式、宝石分级和最终的销售都是迥异的两套体系。

除了美丽、稀有和耐用性，还有许多因素决定了宝石的特性。它们在经济、社会、文化、情感和科学方面都有重要意义。其大小、光学现象、产地、民间传说和流行程度都会影响宝石的价值。这些珍宝（尤其是那些极为稀少的品种）曾经是皇室或富人们的专属，并作为传家宝代代相传。如今，宝石已走进千家万户，可以被普通人购买和欣赏。而处理工艺、仿制手段和人造合成材料技术的发展则将宝石的价格变得亲民，即便是最令人垂涎的钻石、红宝石、蓝宝石和祖母绿也不再遥不可及。

▶ 钻石因为需要切割工艺才能光彩照人，在最近的几个世纪才逐渐开始流行

▼ 数千年来，绿松石因为它的颜色和容易加工的特性一直被用作宝石

大多数天然宝石都是在地表深处经过数百万年的地质作用形成的。绝大多数是矿物，简单地说就是由化学元素在不同原子结构下组成的天然无机固体。正是其成分和晶体结构的不同组合赋予了每一颗宝石不同的特性。有些宝石是一种或多种矿物的结合体，不同矿物会形成彩色的纹理或较高的耐久性。通常归类为宝石的岩石包括青金石和玉石。有机宝石是生物成因的，即它们是由植物或动物形成的，其中一些珍珠和珊瑚的形成有矿物质的参与，而琥珀和煤精这些则完全由有机质组成。

宝石所蕴含的信息的科学价值也很高。一些需要很长时间才能形成的宝石可以告诉我们地球的历史。钻石起源于地表以下数百千米处，为我们展示了一张行星内部和地球早期形成的快照。琥珀则是一种“时间胶囊”，它是一种化石化的树脂，可以保存数百万年前的动植物的生命。许多科学现象的发现也来自对宝石矿物的分析。荧光是在萤石中观察到的一种发光现象，这也是它名字的由来。电气石在 18 世纪早期被用作吸附清理管道中的热灰，因其具有热电性和压电性而得名。稀有的蓝色钻石是唯一具有导电性的钻石，其颜色和导电性是因为含有杂质硼，这一发现也导致了掺硼合成钻石的发展，它是一种具有优异性能的超导体。人造晶体一般都是大尺寸的纯晶体，所以大多数用于工业。

宝石的年龄可能是值得探究却容易被忽视的事情。钻石因其光泽和火彩而备受赞誉，但很少有人意识到他们佩戴的闪闪发光的珠宝有悠久的历史，其中有的甚至有几十亿年的历史。即便是红宝石、蓝宝石、祖母绿和琥珀也有数百万年的历史。另一方面，随着人类对于自然知识的掌握日益成熟，人工珍珠只需 6 个月就可以培育出来，更令人惊讶的是，人工红宝石甚至可以在不到一天的时间培育成形。

在述说地球历史的同时，宝石也能够帮助我们更好地了解人类历史。宝石提供了对过去社会及文化的记忆，重新定义了它们的价值。宝石交易也将产地的地理分布串联起来，随着时间的推移形成一张宏大的宝石贸易地图。

已知最古老的项链可能是由贝壳制成的，有证据表明人类在十几万年前就会使用这样的装饰了。玉石因其不易破碎的特性，至少在 7 000 年前就被中国人加工成玉器而被视若珍宝。在古埃及、古希腊和罗马，人们则更偏爱橄榄石、青金石、玛瑙和绿松石等宝石，并且早在公元前 5 000 年就能制作石榴石珠宝。祖母绿、紫水晶、玛瑙、琥珀、煤精、珍珠和珊瑚也有着同样悠久的历史。这些宝石不仅被视为美丽的代表，而且是地位和财富的象征，同时还是能够保护自己的护身符，并且被认为具有治疗疾病的魔力。

文献中记载了宝石的名称、用途和来源的历史。西方世界关于宝石的第一次记载，出自古希腊哲学家和自然科学家泰奥弗拉斯托斯（约公元前

371—前 287 年）的专著《论石》。他是第一个提到热释电效应的人，这是一种在加热时产生电荷的现象，他发现宝石（猜测是电气石）在加热时会吸引稻草屑。古罗马历史学家、博物学家和哲学家普林尼（23—79 年。曾任骑兵指挥、舰队司令等职。79 年 8 月维苏威火山爆发，亲往救援和调查，中毒窒息而死）在其著作《自然史》（完成于 77 年）

▲ 现代版的 12 颗生辰石（从左到右，从上到下）：一月，石榴石；二月，紫水晶；三月，海蓝宝石；四月，钻石；五月，祖母绿；六月，珍珠；七月，红宝石；八月，橄榄石；九月，蓝宝石；十月，电气石；十一月，黄玉；十二月，坦桑石

中引用了泰奥弗拉斯托斯的记载，描述了大约 300 种石头。这些描述作为标准文献被使用了 1 000 多年，普林尼是关于宝石和矿物的文献中被引用次数最多的历史学家。东亚古籍和《圣经》中都有宝石的相关记载。《出埃及记》描述了圣殿大祭司佩戴的胸牌上的 12 块圣石，其代表了以色列的 12 个部落，后来在中世纪与十二星座联系在一起，在现代则演变成 12 个月的生辰石。

对古代文献的解读有时候也会碰到麻烦。很多原稿已经遗失，而对于原文的多种翻译和解释，会使得原稿含义被无意中更改和重塑，从而使错误成为事实。许多宝石名称的词源既长又复杂——名称随着时间的推移而不断变化，一种现代宝石可能有多种古代的文献描述。例如，"Topazion"在古代文献中被翻译为黄玉，是指包括橄榄石在内的所有黄色宝石的统称，然而，现代定义的黄玉可能直到 18 世纪才为人所知。

中世纪（约 4 或 5 世纪—15 世纪）的人们痴迷于宝石的治疗和魔法特性。直到文艺复兴时期，对于宝石的描述才变得更加科学。宝石以其外观和物理特性（包括颜色、透明度和硬度）被区分。相似颜色的宝石被认为是一类，例如红宝石和红色尖晶石。

自 13 世纪起，由印度交易来的钻石就进入了欧洲珠宝市场，随着钻石切割技术的发展而兴起的新兴切割中心城市（比如比利时的安特卫普）逐渐形成。有记载的第一次在订婚戒指中使用钻石是在 1477 年。16 世纪，欧洲探险家开始了探索新的贸易路线，带回了来自新大陆的玉石和祖母绿，波希米亚的石榴石和伊达尔 - 奥伯施泰因的玛瑙也大受欢迎。18 世纪，电气石被从斯里兰卡运来欧洲，在巴西则发现了新的钻石矿产，取代了当时储量日渐减少的唯一产地印度。19 世纪，巴西和乌拉圭发现了紫水晶和玛瑙矿床，澳大利亚发现了蛋白石，南非发现了钻石，进一步扩大了全球宝石贸易。全球宝石贸易的扩张伴随着的是欧洲列强在全球血腥的资本、资源掠夺。

18 世纪是宝石知识的转折点。矿物学开始成为一门学科，随着化学元素被发现，以及对晶体及其结构的深入研究，人们可以确定矿物性质，并对其进行鉴定和分类。红宝石和蓝宝石被归类为一种矿物——刚玉；而巴拉斯红宝石则被认为是尖晶石。祖母绿被发现是绿柱石的一种，而碧玉、红玉髓和玛瑙这些长期以来都享有盛誉的宝石则被发现其实都是石英。

20 世纪以来，知识和技术以惊人的速度发展，使得人们有能力将合成宝石商业化。同时发现了新的宝石和宝石品种，比如紫锂辉石、摩根石和坦桑石。更为先进的分析技术进一步区分了矿物，例如稀有宝石硼铝镁石（长期以来一直被当成褐色橄榄石，1952 年经 X 射线分析，证实为一种矿物新种）和橄榄石。如今，原子级别的分析仪器可以可靠地识别造假和合成宝石，并可以通过宝石所含杂质的特征来指示其来源。

由于现在的宝石鉴定非常精确，尽管有众多的商业和营销名称，但宝石命名还是有国际标准的。国际矿物学协会（IMA）对矿物种类及其名称有详细的规定。国际珠宝首饰联合会（CIBJO）等其他机构则对宝石行业的定义和标准进行监管，以防止出现误导性名称，并确保适当披露宝石处理、仿制和合成信息。

宝石是如何形成、在哪里形成的？

大多数宝石（如钻石、红宝石和祖母绿）的组成材料都是矿物，而剩下的宝石（包括琥珀和珍珠）则是生物成因。形成宝石的矿物结晶需要几个条件：适合的成分（化学元素的基本组合）、必要的地质条件（如压力和温度）以及足够的时间和空间。

要了解宝石矿物是如何形成的以及在哪里形成的，就必须了解地球的结构以及不同元素的分布。地球在大约45亿年前形成，较重的元素慢慢下沉到中心，而较轻的元素则上升到表面。它们最终分为不同的圈层——中心致密的地核被认为可能由铁和镍组成，中间层是由镁和铁的硅酸盐矿物组成的地幔，最外面是由岩石组成的地壳。

大多数宝石矿物形成于地壳内。地壳中的矿物主要为硅酸盐矿物，其中一半以上是长石和石英。而非硅酸盐宝石矿物的形成和生长则受到其必备元素的限制。其他宝石矿物，如钻石、石榴石、铬透辉石和橄榄石，形成于地壳下方的上地幔，通过火山活动被带到地表。像橄榄石这样的宝石矿物也可以来自外太空的橄榄陨石，不过极为罕见。

地球有两种类型的地壳：较厚的（平均厚度为35千米）富含硅、铝和氧的大陆地壳（简称陆壳），以及较薄的（厚度为0～10千米）富含镁、硅的大洋地壳（简称洋壳）。地壳下面是上地幔，这部分为固态，与地壳一起形成岩石圈。岩石圈被分成不同的板块，这些板块"漂浮"在称为软流圈的具有流动性的地幔层上。这些板块随着时间的推移逐

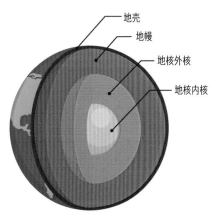

地壳
地幔
地核外核
地核内核

▲ 地球的内部结构，具有不同的圈层

渐移动，这一过程被称为板块漂移。在此期间，大陆发生了巨大的变化，形成不同的形态。而板块的运动，特别是冈瓦纳大陆和盘古大陆等超大陆的形成和裂解，是今天发现的许多宝石矿物形成的原因。

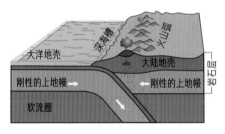

▲ 两个板块的碰撞导致大洋地壳俯冲到大陆地壳之下，形成一系列火山链

这些大规模的构造事件使不同的元素聚集在一起，并赋予了形成新矿物所需的地质条件。当两块大陆板块碰撞时，它们挤压并向上推升形成巨大的山脉。这种作用产生极高的温度和压力，造成板块的一部分出现熔融，导致熔融的岩石（称为岩浆）上涌、火山活动和变质作用。这就为宝石矿物（如红宝石、蓝宝石和尖晶石）的形成创造了条件。当大陆地壳和大洋地壳板块碰撞时，密度较高的大洋地壳嵌入较轻的大陆地壳之下，这一过程被称为俯冲。当大洋地壳向下俯冲时，就会逐渐失去水分，导致地幔熔融。岩浆上升到地表，形成火山链。玉石就形成于俯冲带环境中。当两个板块分开时，裂开处就会形成新的地壳。伴随的火山作用会将宝石矿物（如红宝石、蓝宝石）带到地表。

泛非造山运动是一系列与冈瓦纳大陆拼合形成有关的地质事件，具有复杂的构造活动历史，包括变形作用、变质作用和岩浆作用。这次地质事件将现代的东非大陆与马达加斯加、斯里兰卡和印度南部联系在一起。它形成了莫桑比克造山带，这是一个巨大的地质构造，从埃塞俄比亚和苏丹南北延伸到莫桑比克和马达加斯加。这是世界上宝石矿床丰富的地区之一，被称为东非宝石带。宝石矿物包括坦桑石、石榴石、尖晶石、祖母绿、红宝石和蓝宝石。马达加斯加和斯里兰卡有着无数次和矿化相关的地质史事件，并且都以其惊人的宝石矿床财富而闻名。冈瓦纳大陆的形成也将南美洲东部和非洲西部拼合在一起。这些板块的碰撞和相关岩浆作用形成了巴西东北部广阔的伟晶岩区，该地区以出产电气石、绿柱石和黄玉等宝石而闻名。

印度板块和欧亚板块的碰撞导致了喜马拉雅山脉和阿尔卑斯山脉的形成。除了创造有利于宝石形成的高压和高温条件外,它还将地下沉积物推向表面。这造就了横贯阿富汗、巴基斯坦和缅甸到越南的富含宝石的大理石矿床,以及克什米尔的蓝宝石矿床。

地质学家将岩石分为三种类型:火成岩、变质岩和沉积岩。这三种类型可以互相转化,形成岩石循环。

火成岩是由岩浆冷却凝固形成的。侵入火成岩由来自地球深部的高温熔融岩浆上升到地壳内(并不到达地表),经缓慢冷却结晶而形成。喷出火成岩由火山喷发作用所形成。火成岩根据岩浆二氧化硅的含量可以进一步分成四种类型:超基性岩、基性岩、中性岩及酸性岩。岩浆化学成分不同,形成的矿物种类和数量也不同。这四类岩石具有各自特有的矿物及其含量关系,从超基性侵入岩到酸性侵入岩,铁镁质矿物(橄榄石、辉石)含量逐渐减少,长英质矿物(长石、石英)含量逐渐增多;颜色由深变浅,密度由大变小。

侵入酸性岩包括花岗岩,其中含有长石、石英、锆石和黄玉。侵入基性岩包括辉长岩,超基性岩包括橄榄岩和榴辉岩,它们与橄榄石、钻石、石榴石和铬透辉石的形成有关。另一种侵入火成岩是霞石正长岩,它含有方钠石。喷出火成岩通常粒度太细,无法形成宝石矿物,但它们能通过火山活动将蓝宝石和钻石等宝石带到地表。随着熔岩冷却,其中包含的气泡会留下空洞,宝石矿物可以在其中结晶。酸性岩(如流纹岩),与黄玉、

▲ 流纹岩空洞中的火欧泊,流纹岩是一种酸性火成岩

红绿柱石和火欧泊有关，而基性岩（如玄武岩），含有石英类宝石（紫水晶、玛瑙和碧玉等）。

伟晶岩是一种具有大晶体的特殊火成岩，是宝石矿物的主要来源之一。它们含有足够多的稀有元素，从而能让某些宝石矿物生长，比如铍（绿柱石、金绿石）、硼（电气石）、锂（锂辉石）和氟（黄玉、萤石）。伟晶岩形成于大型岩浆侵入体结晶的最后阶段。当岩浆主体慢慢冷却时，它会首先结晶成花岗岩，含有常见的造岩矿物（石英、长石和云母等）。在整个岩浆中含量很低的含水流体和稀有元素没有融入这些常见矿物，而是随着岩浆的上升逐渐浓缩。在结晶的最后阶段，剩余的岩浆被困在花岗岩上部的凹槽中，或渗入侵入体周围岩石的裂缝中。这种岩浆结晶形成伟晶岩，它因为含水性高，允许单个晶体快速生长，通常生长到非常大的尺寸。华丽透明的宝石晶体就形成于孔洞中。随着冷却和结晶的持续，元素耗尽，流体的成分发生变化。已经形成的晶体可以被继续蚀刻，这可以在绿柱石、黄玉和锂辉石中看到，也可以在电气石中看到多次生长形成的环带。

在地壳发展过程中，原来已存在的岩石受内动力地质作用影响，在基本保持固态的情况下发生结构、构造和矿物组成等改变，而形成了变质岩。区域变质作用规模较大，是通过大陆碰撞等构造事件引发的。接触变质作用则是因为岩浆侵入并加热围岩，在接触局部发生的变质作用。当变质作用涉及流体时，会使得原本的围岩发生化学改变，这称为交代作用。

通过区域变质作用形成的宝石

▲ 有色带的电气石晶体，与伟晶岩中的锂云母和石英共生。来自巴西米纳斯吉拉斯州巴拉萨利纳斯

▼ 变质岩片麻岩中的红宝石晶体，产自印度迈索尔

▲ 石灰岩矽卡岩中的钙铝榴石，产自美国马萨诸塞州

▼ 砾岩，一种由圆形碎屑构成的沉积岩，含有钻石晶体，产自巴西迪亚曼蒂纳

包括刚玉、石榴石、董青石、祖母绿、蓝晶石。与流体相关的接触变质作用形成的宝石包括祖母绿、金绿宝和青金石。

变质岩根据形成的压力和温度条件分为低级、中级或高级变质岩。变质岩的类型也由原岩的成分决定。石灰岩形成大理岩，花岗岩形成片麻岩，基性岩形成角闪岩，泥岩或页岩可以形成片岩。蛇纹岩是超基性岩经低温变质作用和相关的流体蚀变而形成的岩石。

在火成岩和变质环境中，热液在宝石矿物的形成中起着重要作用。当热的流体穿过地壳时，它们会溶解某些地区的矿物和浸出元素，并将其携带输送到其他地区。新矿物在岩层裂缝和断裂处结晶，形成热液矿脉，比如石英、菱锰矿和萤石。流体的流动可以将通常不在一起的稀有元素（如铬和铍）结合在一起，从而形成变石（也称亚历山大石）和祖母绿。它们还会在玄武岩的空洞中形成紫水晶和玛瑙。流体的交代作用会形成软玉（比如和田玉）。接触变质作用与交代作用相结合，能在石灰岩（碳酸盐岩）和侵入花岗岩之间的边界形成矽卡岩。富含二氧化硅的流体与碳酸盐岩发生反应，将其转变为含钙硅酸盐矿物，从而使宝石矿物（如蔷薇辉石、石榴石和透辉石）形成。

▼ 洗过的宝石砂矿，含红宝石和尖晶石。来自缅甸莫戈克

沉积岩是由其他岩石经风化和侵蚀分解成碎屑，然后经堆积、压实和胶结最终形成新的岩石。它们通常是层状的，并且较年轻的碎屑在上部。组成碎屑可以是有棱角的或圆形的，并且可以是任何大小。沉积岩通常由石英等较稳定（耐风化、耐剥蚀）的矿物组成。砂岩由沙级颗粒组成。石灰岩由碳酸钙矿物组成，可以通过贝壳和珊瑚碎屑的堆积形成。页岩和泥岩是颗粒非常细的岩石。

地下水中的流体可能与热液混合，导致在地表附近形成宝石矿物。雨水渗入地面并与矿物相互作用，可以溶解和运输元素。当这些物质被搬运到特定地质条件的地区时，它们会在溶液中结晶，形成新的矿物。富含二氧化硅的流体形成蛋白石，含铜的流体可以形成蓝铜矿、孔雀石和绿松石。

原生矿床是指在原地形成的岩石中含宝石矿物的矿床。虽然矿物晶体在这种类型的矿床中保存完好，但其丰度通常较低，而且往往是零星分布的，质量也参差不齐。这些矿床往往位于坚硬岩石中，使开采极具挑战性。可能需要使用重型机械和炸药清除成吨的围岩，而这可能会损坏矿物晶体。所以开采此类矿床还需要了解其地质条件和形成过程，以便有效利用。祖母绿和坦桑石等耐久性较差的宝石是从原生矿床中开采出来的。

次生矿床是指宝石矿物从其主要来源地经风化和侵蚀，然后运输和沉积到其他地方的矿床。这些被称为砂矿床，根据搬运介质和沉积过程可以进一步分类为：坡积砂矿（由重力沿斜坡向下沉积形成）、残积砂矿（被风化剥蚀后形成）、风积砂矿（通过风搬运和分选形成）和冲积砂矿（通过河流和溪流等水流体进行搬运形成）等。冲积砂矿是其中最重要的一种，比如斯里兰卡和缅甸的含宝石砂砾，冲积砂矿产出的宝石比任何其他类型的原生或次生矿床都多。超过四分之一的宝石矿物可在冲积砂矿中被发现，包括红宝石、蓝宝石、黄玉、尖晶石、石榴石、电气石、锆石、绿柱石、金绿石和其他许多稀有宝石矿物。

次生矿床相对更容易开采，因为它们靠近地表，而且往往并未固结成岩。它们可以不用重型机械或炸药，直接手工开采。虽然矿物晶体可能被磨圆或有水剥蚀的痕迹，但由于沿途经历自然分选，其品级反而更高。包体较多的和碎裂的石头会在自然分选的过程中被粉碎破坏，而质量更高的晶体则保留下来。这一过程还可以将较大的宝石从较小的宝石中分离出来，将密度较高的宝石从密度较低的宝石中分离出来，将硬度较高、耐久性较高的宝石从耐久性较差的宝石中分离出来。这种自然分选过程可用于定位原生矿床位置。橄榄石是受化学风化影响较大的宝石矿物之一，因此仅能在靠近原生矿源的砂矿中被发现。而以难以置信的硬度和稳定性闻名的钻石，可以被运输到很远，以至于找不到其主要来源。由于橄榄石有时候可与钻石共生，因此它被当作钻石原生矿床的指示矿物。

有些宝石是由动物或植物形成的，这些生物成因的宝石叫作有机宝石。珍珠和贝壳是由软体动物产生的。珊瑚是由被称为珊瑚虫的微体海洋动物的骨骼形成，形状通常如树枝。象牙是几种不同哺乳动物的牙齿统称，比如大象的獠牙。琥珀和煤精分别是由植物的树脂和木头形成的有机宝石，其通过埋藏环境下的沉积过程而成为化石。

宝石的采购

每一颗宝石都是独一无二的，在外观、质量和尺寸上都各不相同，其从产地到消费者手中，或者从合成宝石材料的工厂到消费者手中，都有不一样的过程。这个过程被称为宝石通道。许多宝石从矿山到市场都有一个简单的过程。一旦在天然状态下提取出来，即被称为原石，它们就会被分类、分级、卖给原石的经销商，送到切割中心进行加工，再卖给珠宝经销商或珠宝制造商，然后卖给零售商，最后卖给消费者。宝石的价格通常会随着过程的每一步而增加。过程中的其他步骤可能包括对原石或成品宝石的优化处理、宝石实验室的鉴定、估价和评价。随着宝石代代相传，或通过古董商、典当行或拍卖行重返市场，宝石还会在消费者手上继续流通。

钻石的宝石通道有很好的记录。大多数采矿由少数国际公司垄断，其中一些公司甚至控制整个过程（包括切割和零售）。与任何其他宝石相比，钻石行业的规模更大，机械化程度更高，安全性也更高。行业对原石的进出口管控极严，同时拥有明确的分级系统和全球定价指南。彩色宝石的通道则更加多样化。高达80%的采矿活动是由手工业者和小型采矿者进行的，宝石在到达消费者手中之前可能会经过更多的过程。

有些产地因为生产的宝石质量很高，所以会有地域增值效应，例如克什米尔蓝宝石、缅甸红宝石或哥伦比亚祖母绿。对于政治、伦理、经济和环境问题而言，了解宝石的来源也很重要。消费者（尤其是年轻消费者）对于宝石的开采过程更在意，希望知道他们的宝石是否以对环境负责和可持续的方式开采的。一些宝石保留了它们的形成历史，或者被认为来自单一产地，比如坦桑石。但对其他人来说，尽管追溯源头很重要，但在整个宝石通道中的无数步骤导致了它们本源信息的丢失。此外，在优化处理方法和合成宝石材料的生产方面的技术进步，让宝石材料的性价比和实用性增加，但推高了天然宝石和原石的价格，也会改变公众对宝石的看法。无论是有意还是无意，优化处理工艺和合成宝石技术的信息披露不充分，都会破坏消费者的信任，并对整个行业造成损害。

如今，消费者期望市场透明，并要求提供宝石的真实性证明，尤其是高端宝石。靠谱的宝石实验室会对宝石进行评估、鉴定、检查优化处理痕迹，并对产地国提出意见。确定地理来源并不简单，因为即使位于不同的国家，类似的地质矿床产生的宝石都差不多。相反，同一个国家可能会从不同的地质环境中生产出相同的宝石，例如马达加斯加的玄武岩和变质岩中的蓝宝石。原产地的重要性导致了新技术的发展，例如，将基于DNA的纳米技术颗粒应用于祖母绿开采，可以在切割、抛光和上油后保存下来，因此成品宝石可以借此追溯到其确切的开采地点。

政府服务机构，比如英国贸易标准局和美国联邦贸易委员会，为了保护消费者，会与其他组织（包括英国国家珠宝协会）合作，以确保信息的适当披露并防止使用误导性术语。国际珠宝首饰联合会是一个国际组织，其涵盖了从采矿到市场的整个行业，成员包括来自40多个国家的珠宝贸易组织。为了调整全球行业标准，国际珠宝首饰联合会制定了蓝皮书，定义了优化处理和合成宝石的命名、分级和披露标准。这些内容包括了钻石、彩色宝石、珍珠、珊瑚、贵金属以及宝石学实验室的鉴定标准和采购的靠谱流程。

这些众多的管理组织、规则和指导方针可以让消费者在购买宝石时做出自信而明智的决定。

宝石特性

宝石因化学成分和内部结构不同，有着不同的特征属性可供定义和识别，这些属性不仅影响了外观和造型，还影响着其使用和护理等各个方面。大多数宝石是矿物，为固态晶体，具有固定的成分和重复的原子结构，这种独特的组合决定了它们的物理性质。然而，要注意的是，矿物并不是完美的单一成分。它们往往含有杂质（原子级别的元素取代了晶体结构中的基本元素），或者缺少原子（在结构中留下一个空位），抑或晶体结构本身被扭曲。这些原子级的缺陷会对宝石的性质产生很大影响，例如改变颜色。对于宝石性质的研究应用很广，通过了解不同颜色的成因，可以设计出改变颜色的优化处理方法；通过确定自然形成过程，可以在实验室中复制该过程，以制造出人造宝石或用于工业。

晶体结构和对称性表				
晶系对称性	绘图示意	结构	晶体形状	举例矿物
等轴晶系（又称立方晶系）		三个轴长度一样且互相垂直	立方体，八面体，十二面体	钻石，石榴石，尖晶石
四方晶系		两个轴长度一样，第三个长度不同且互相垂直	正四棱柱或棱锥体	锆石，方柱石
三方晶系		三个轴长度相同并呈120度角，具有三重对称，第四个轴长度不同，与其他轴的夹角为90度	菱面体，偏三角面体	石英，刚玉，电气石
六方晶系		三个轴长度相同并呈120度角，具有六重对称，第四个轴长度不同，与其他轴的夹角为90度	六棱柱	绿柱石，磷灰石
斜方晶系		三个轴长度不同且互呈90度角	四棱柱，双棱锥体	黄玉，橄榄石，金绿石
单斜晶系		三个轴长度不同，两个呈90度角，与另外一个斜交	斜四棱柱	锂辉石，长石，透辉石
三斜晶系		三个轴长度不同，互相斜交	有着成对的晶面	长石，蔷薇辉石，蓝晶石

晶体和晶体结构

矿物晶体根据其内部结构的对称要素的组合特点分为七个晶系。对称方向由一个晶轴表示。等轴晶系是最对称的，相同的结构在三个方向以 90 度角重复。其他晶系的对称性较低，晶体在至少一个方向上不重复。

这种有序的内部结构也反映在矿物晶体的外部形状上。当形状或结晶习性为棱柱型时，称为棱柱体。其末端以一个晶端（如平面或棱锥）为边界。其他结晶习性有块状（缺乏明确的晶体形态或形状）、葡萄状（葡萄串状）、叶状和针状（像针一样）。小的具有晶端的晶体聚集体被称为晶簇，例如沿晶洞分布的紫水晶晶体。晶体表面可能是光滑的，或具有平行或垂直于晶轴的细平行线，称为晶纹。

双晶是晶体因结构方向的变化，形成两个或更多对称规则生长的连生晶体。能反映出构成双晶的两个单晶体重合的假想面叫双晶面。双晶可能很简单，镜像晶体在双晶面上相接触（接触双晶），或者两个晶体互生并相互穿插（穿插双晶）。聚片双晶是一系列薄层晶体页片状接触双晶，这在内部表现为重复的层状双晶面，或在外部表现为晶面上的条纹。刚玉和长石中常见聚片双晶。重复的双晶也可能辐射状循环，比如一些金绿石。

同质多晶是一种物质在不同条件下形成两种或两种以上不同结构的现象，不同结构形成不同的矿物。每种矿物在不同的温度和压力条件下都是稳定的，例如 Al_2SiO_5 的同质多晶有红柱石、蓝晶石和硅线石。

假象（假晶）是指一种矿物取代另一种矿物，但保留其晶体结构。这可以是一种矿物改变为另一种成分相似的矿物，如蓝铜矿变成孔雀石，或替换一种全新的成分，如蛋白石假同晶化的化石。

方向特性

由于矿物具有定向的内部结构，因此它们具有异向性。这意味着物理性质可以在由晶体结构决定的不同方向上发生变化，但并非所有矿物的光学特性具有方向性。等轴晶系的矿物在所有方向上具有相同的晶体结构，因此其光学性质（由其与光的相互作用决定）在所有方向上都相同，称为光性均质体。而其他晶系的矿物具有光学非均质体，具有异向的光学特性。一些宝石材料，如玻璃和蛋白石，缺乏规则重复的晶体结构，被称为无定形。这些宝石没有定向的物理特性，是光性均质体。识别方向特性对于宝石的研究和鉴定至关重要。

物理性质

重量和密度

宝石的重量以克拉为单位。一克拉等于 0.2 克。重量应精确到小数点后两位，仅当第三位小数为 9 时，才向上舍入，例如 0.99 记为 0.99 克拉，但 0.999 记为 1.00 克拉。许多宝石是按克拉作为出售单位的，按每克拉定价。价格通常在设定重量（如 1.00 克拉）上下浮动，较大的宝石由于相对稀有而更值钱。宝石的大小取决于它的重量，也取决于它的密度。密度随组成元素的重量和排列密集度而变化。宝石的相对密度以其重量与等体积水的重量之比来表示。同样的重量，低密度的宝石体积会比高密度的宝石体积大。

▲ 锆石（左）和电气石（右）的刻面宝石，重量相同，但由于锆石密度较高，所以尺寸较小

耐久性

宝石的耐久性通过三个方面来衡量：硬度、韧性和稳定性。耐久性影响宝石的制作、镶嵌和保养。耐久性也会影响宝石的产出位置。宝石越耐用，其从源岩搬运到次生矿床的距离就越远。

· **硬度**

硬度是宝石抗刻划研磨的程度，使用莫氏硬度等级表示。硬度高的矿物可在硬度低的矿物表面留下刻痕，反之则不能，而已知最硬的天然物质钻石的莫氏硬度为10。然而，硬度和数值不是线性的，因为钻石的硬度是数值为9的刚玉的几倍。硬度可以通过用不同的硬度物在宝石上仔细刻划来测试，但不建议进行这种破坏性实验。

石英的莫氏硬度为7。低于7的宝石被认为硬度低，不太适合日常佩戴。这在一定程度上是由于石英无处不在，比如石英会存在于灰尘中，因此擦拭硬度较低的宝石可能会划伤它们。一些宝石矿物，如蓝晶石，具有异向硬度，在晶体结构的不同方向刻划时，硬度会有所不同。定向（或异向）硬度在宝石成形中很重要，也是钻石可以被另一颗钻石切割和抛光的原因。

· **韧性**

韧性是指抵抗冲击的能力，它是由断口和解理决定的。断口是宝石在外力下的非定向破裂，发生在晶体和非晶材料中。断口可能是有特点的，其外形如参差状、锯齿状

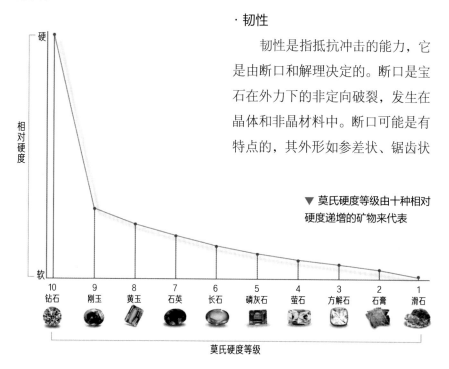

▼ 莫氏硬度等级由十种相对硬度递增的矿物来代表

硬

相对硬度

软

| 10 | 9 | 8 | 7 | 6 | 5 | 4 | 3 | 2 | 1 |
| 钻石 | 刚玉 | 黄玉 | 石英 | 长石 | 磷灰石 | 萤石 | 方解石 | 石膏 | 滑石 |

莫氏硬度等级

或碎裂状。贝壳状断口呈贝壳形，典型的为玻璃和石英。解理是沿着原子键较弱的平面，在晶体结构的某些方向上优先断裂的趋势。矿物在某些方向上具有特征性的解理，这是由其晶体结构决定的。解理从极不完全（基本看不到）到极完全（光滑平整）进行分类。一些宝石没有解理，如刚玉；而另一些宝石有多个解理面，如萤石和钻石中的

▼ 黄玉的完全解理（右图）和石英的典型贝壳状断口（下图）

八面体解理。黄玉中常见的底面解理方向垂直于晶体的长轴。解理是一种定向性质，在无定形宝石中不会发生。裂理，类似于解理，也是由于晶体受力分裂的趋势，但沿双晶面或出溶面发生。

· 稳定性

　　稳定性是宝石对光、湿、热和化学腐蚀的抵抗力。光线可能会使宝石变色或褪色，例如黄玉。湿度的变化会使蛋白石脱水，导致其开裂。温度的突然变化会引发热胀冷缩，这可能会使石英或坦桑石等宝石破裂。有些宝石，如珍珠，会与化学物质发生反应，会被香水、发胶甚至柠檬汁或醋等弱酸所破坏。根据经验，佩戴这些宝石时应"最后戴上，最先取下"（防止化妆和卸妆破坏珍珠）。

光学性质

　　光学特性是宝石与光相互作用的体现，决定其颜色、光泽和亮度，并影响其成形加工。光是一种传递能量的电磁波，其波长很小，可以用纳米来测量。光是电磁频谱的一部分，电磁频谱是从无线电波（波长大于1毫

米）到伽马射线（波长小于 0.01 纳米）的连续能量范围。波长越短，能量和频率就越高。人类能看到的电磁光谱的那一小部分称为可见光，包括红色到紫色（波长为 380 ～ 780 纳米）。白光由所有的可见光组成，因此所谓的白光实际上是所有颜色的混合。黑色则是没有光线。

偏振

在垂直光波的传播方向上的某一固定方向发生振动的光波称之为平面偏振光（简称偏光）。这是光如何与宝石相互作用的一个关键概念，也是偏振光滤光片（偏光片）的使用中的一个关键概念，偏振光滤光片只能通过特定平面上振动的光。交叉偏振是指两个偏光片以 90 度的角相互重叠放置，因此不会透光。

透明度

透明度是光通过宝石的容易程度。透明宝石允许所有光线穿过，因此是透明的。半透明宝石只允许一部分光线通过，而不透明宝石则不透光。包体、裂缝和晶体聚集方式（青金石和玉髓的结构）都会阻碍光的传播，降低透明度。

净度是基于夹杂物数量和外观的分级标准，与透明度无关。钻石的净度很高众所周知，但由于不同彩色宝石之间差别很大，它们的净度等级没有办法标准化。一些宝石（如海蓝宝石）基本是无瑕的，而其他宝石（如祖母绿）则很少没有杂质，但由于其颜色艳丽，较低的净度也是可以接受的。肉眼无瑕是被用来形容用肉眼看不到杂质的透明宝石。

反射和光泽

当光从宝石表面返回时，就叫反射。宝石外表面的反射使其具有光泽，而内部面的反射则产生亮光和特殊光学效应。光泽反映了光被反射的数量和质量。作为一种表面特性，它不受颜色或透明度的影响，然而，由于较硬的宝石可以更好地抛光，它们往往具有更高的光泽。不透明的黑钻经过切割和抛光，可以展示出其极高的光泽。矿物具有独特的光泽，可以在晶体表面看到，并通过抛光将其最大化。也有一些较为暗淡的特殊光泽（几乎没有反射）：树脂光泽（琥珀）、蜡状光泽（绿松石）、丝绢光泽（虎眼石）、珍珠光泽（珍珠）、油脂光泽（玉石）和油状光泽（橄榄石）。玻璃光泽是一种类似玻璃状的光泽，见于石英等许多宝石中，而金刚光泽则指如同钻石（金刚石）表面所呈现的光泽。

折射和折射率

光穿过宝石时就会发生折射。这是因为当光从一种介质（空气）传播到另一种光密度不同的介质（宝石）时，它会改变速度。如果光是斜向射入宝石面的话，它就会改变方向。这种光的变向就被称为折射。在观察水中吸管时就能看到折射现象。由于光线在水和空气界面发生折射，吸管看上去就是被折断的。

光所通过的材料的光密度决定了光在其中的传播速度。宝石的折射率是这种材料光密度的体现指标。它的计算方法是真空中的光速与宝石中的光速之比。考虑到光在真空中以 30 万千米／秒的速度传播，其在空气中的速度大致相同。钻石的折射率大约为 2.4，这意味着光通过钻石的速度比空气慢 2.4 倍。由于折射率对于每种宝石材料都是常数，因此它是一种重要的识别特性，可以在折射计上测量。光密度越大，

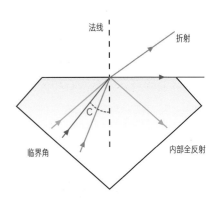

▲ 从法线测量的临界角是光线从光疏介质到光密介质通过时从折射变为反射的角度

折射率越大，光传播越慢，被宝石折射的角度就越大。折射率较高的宝石具有较高的光泽，看上去往往会更加明亮。

临界角

当光线射向物体表面时，它会根据入射角进行折射或反射。入射角度以及折射和反射的角度是以法线（垂直于曲面的假想线）作为基准测量的。而临界角就是折射角为90度时的入射角度。这个角度是由宝石的折射率决定的，折射率越大临界角越小，入射角度大于临界角时就不再发生折射而只发生反射，这就叫光的全反射。在切割宝石时为了产生最大亮度，会使用临界角和全反射的原理进行设计。

双折射

当光线通过具有非均质体的宝石时，会分解成两束偏振方向互相垂直、折射角不同的光波。这两束光波传播速度略有不同，会以不同的折射率进行折射，并形成不同的传播路径，这被称为双折射。双折射率的值为大小两个折射率的最大差值。在具有高双折射率的宝石材料中，双折射效应非常强，肉眼就可以观察到。方解石是典型的例子，透过方解石可以看到重影。刻面宝石也可以看到双折射现象，可以通过亭部或者内含的包裹体进行观察。而锆石和橄榄石可以在冠部观察到双折射。

▲ 锆石的强烈双折射很容易通过冠部观察到

色散和火彩

色散是白光通过棱镜时被分解成不同波长光谱的现象。这是因为不同波长的光传播速度略有不同，因此其减慢并折射的量也不同，从而扩散成不同的光谱。由于材料的折射率随波长变化，宝石的色散值为对红色光（687 纳米）和紫色光（431 纳米）的折射率之差。差别越大，色散越高，彩色光谱越宽。这种效应通常被描述为火彩。色散度被分为低（玻璃、石英等小于0.017）、中（刚玉、钻石等为 0.017 ~ 0.050）、高（钙铁榴石、石榴石、立方体氧化锆等为 0.051 ~ 0.071）

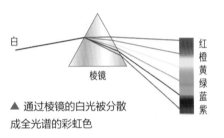

▲ 通过棱镜的白光被分散成全光谱的彩虹色

▼ 钻石型切割的宝石，色散和火彩递增（从左到右）：萤石、合成蓝宝石、钻石、立方氧化锆、钛酸锶

和极高（合成莫桑石、钛酸锶等大于 0.071）几个不同等级。

衍射和干涉

　　当光通过一个很小的孔或狭缝，或被微小的条纹或粒子反射时，也会发生光波的扩散，这就是所谓的衍射。有趣的是，与色散相反，红色光的衍射反而比紫色光多。衍射光栅是具有规则排列的多个孔洞。当两个沿同一方向传播的光波相互作用以增强或抵消颜色时，就会发生干涉。这就是产生彩虹色的原因。当白光发生衍射并扩散时，它会干扰从相邻缝隙衍射而来的光波。不同颜色波长的干涉产生明亮的多彩颜色。这就是蛋白石美丽的色彩、拉长石的晕彩的原因，以及珍珠柔和幻彩的部分原因。

▲ 在火玛瑙中，细微的分层所反射的光发生衍射和干涉，形成彩虹色

亮度

亮度是指当正面观看切割宝石时的亮度。这是从亭部内表面反射回来的光的数量和质量的表现。透明宝石，因为不含杂质（可能会阻挡光线），会显示出更高的亮度。亮度取决于宝石的反射率、临界角（光线从折射变为反射）、宝石的切割和亭部面的角度。这些决定了进入宝石的光线是否完全在内部反射，从而形成一块"生机勃勃"的石头，或者在亭面无法反射而是折射出去，使其"失去生机"。

闪耀性

闪耀性是宝石转动时的闪烁效果。如果光从数量较多但较小亭部内表面进行反射，则会被分解，形成明暗对比。当宝石转动时，这些光就会闪进闪出，产生闪耀的光芒。

颜色

宝石的颜色不是宝石的物理属性，而是宝石反射或透射的光的颜色。入射光与宝石相互作用，因为宝石的成分和结构，某些波长的光会被吸收，其他反射或透射的光被观察者看到的就是宝石的颜色。如果所有颜色的光都被反射，那它就是白色。而当所有的光都被吸收时，就会呈现黑色。如果所有入射光都被透射出去，它就是透明无色。

▼ 对不同波长光的吸收或反射决定了物体的颜色

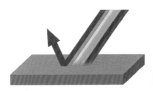
红色物体是因其反射红光并吸收白光中的其他颜色光

白色物体是因其平均反射所有颜色的光

如果一个物体吸收了所有颜色的光，那么它就是黑色

光波能量的吸收通常是由铁、铬这些元素引起的。所以这些元素就是导致宝石呈现颜色的原因，被称为致色元素。这些元素在晶体结构中的排列方式会影响所看到的颜色，例如铬既能造成祖母绿的绿色也能造成红宝石的红色。当致色元素是宝石的基本成分（如蓝铜矿和孔雀石中的铜）时，此矿物被称为自色宝石。而如果致色元素是一种微量元素（如红宝石中的铬），则是他色宝石。晶体结构中的缺陷也可以吸收特定波长的光，被称为色心。

虽然颜色可以说是宝石美丽的重要方面，但它是主观的。每个人"看到"的颜色都不同。不同类型的照明环境包含不同波长的光，都会显著影响感知的颜色。颜色由色调、明度和饱和度来描述。有些宝石是多种色调的组合，如黄绿色（其中绿色是主要色调，黄色是次要色调）。彩色宝石（如彩色钻石）是根据这些颜色质量进行评估的，但没有标准化的分级系统。

多色性

多色性意味着宝石有多种颜色。当光通过光学非均质体宝石时，其相互作用会根据其在晶体结构中的振动方向发生变化。这意味着吸收的光的波长会发生变化，导致宝石在从不同方向观看时呈现出不同的颜色。此外，由于进入宝石的光波也被分成两条以垂直角度振动的光线，每一条光线的相互作用不同，因此可以是不同的颜色。这可以用分光镜观察到。然而，眼睛会将两种颜色结合在一起，只在每个方向上"看到"合成的颜色。一轴晶矿物有可以显示两种颜色的多色性，称为二色性。这些是三方晶系、四方晶系和六方晶系中的矿物常有的，其对称性允许光通过晶体结构在两个方向上振动。二轴晶矿物可以显示三种颜色（尽管在任何一个方向上只有两种），称为三色性。这些矿物主要是斜方晶系、单斜晶系或三斜晶系，对称性允许在三个方向上振动。

多色性分为强多色性、明显多色性、中度多色性、弱多色性和无多色性。无色和光学均质体的宝石（等轴晶系和非晶质）不显示多色性。多色性对宝石的加工有着巨大的影响，切割师选择原石的切割方向，以获得最佳的多色性效果，或巧妙地将一种以上的颜色在同一面展示出来。

▲ 装在可旋转指环中的一种堇青石，其被切割成长方体，使每个面部呈现多色性，这张图上的竖直面显示为深蓝色，水平面显示为草黄色

▼ 当光线穿过这片海蓝宝石时，会被分散成不同的光线显示出多色性（深蓝色和浅蓝色），然而眼睛会将这些颜色组合在一起，因此晶体看上去是中蓝色

变色效应

变色宝石是那些在不同的光线下观看时会变色的宝石。这就是众所周知的变色效应，其名来源于金绿石中的变石，因其可以显现出显著的红色到绿色的变化。这种效应与多色性不同，且独立于多色性，尽管从多色性展示的方向观察时，颜色变化可能最强。当可见光谱上不同部分的光透过变色宝石时，就会发生颜色变化。变石可以透过红色和蓝绿色光。在蓝光和绿光比例很高的日光下观看时，由于眼睛对绿光更敏感，因此呈绿色；当在钨丝灯或烛光下观察时，红色光比蓝色光多，这足以打破平衡，使得变石被视为红色。其他有变色效应的宝石包括刚玉、尖晶石、石榴石和硬水铝石等，那些拥有强烈变色效应的宝石价值很高。

发光性

荧光是一种光激发光，是一种材料暂时吸收光能，然后以较低能量（较长波长）重新发射的现象。当宝石吸收紫外线，释放出可见光时，就会看到这种发光效应。荧光的颜色与宝石的正常颜色不同，短波（254纳米）和长波（365纳米）紫外线会激发不同的光效应。某些元素（铬、稀土元素和铀）会引起荧光，而铁的存在则会使这种反应消失。由于某些荧光效应具有特征性，所

▲ "穆钦森鼻烟盒"由16颗大钻石组成，在正常光（左）和紫外线（右）下可显示出钻石不同的荧光反应

以它是鉴别宝石、指示处理方法（如蓝宝石的加热或填充裂缝）和区分合成宝石（如合成钻石）的有用工具。在一些宝石中，荧光反应非常强烈，以至于日光中的紫外线就足以引起荧光效应，比如红宝石、萤石、蓝琥珀和一些透明蛋白石。而其他类型的荧光包括X射线的荧光则被用于宝石的分析和鉴定。

一颗宝石在紫外线光源被移除后还能继续发光的现象，就叫磷光，这在一些蛋白石和蓝色钻石中可以看到。除了通过吸收光能，其他方法也可以发光。摩擦发光就是在受到撞击或摩擦后发出的光，当材料受热时会发出热和光，比如萤石。

包体

包体（也有叫内含物或者包裹体，矿物学有包裹体概念，但是和宝石的还是有点差异）是宝石中的异物或不规则物体。它们可能是固体（如矿物晶体），也可以是被困在各种形状空腔中的液体或气体，或者是两相或三相的固态、液态和气态的组合。还有些结构也可以被归类为包体，比如颜色条带（由结晶过程中显色元素的变化引起）、双晶面、断口和应力裂纹以及早期解理（宝石已开始沿解理面裂开，形成镜面内表面）。当裂缝

部分愈合时，它会由困在裂缝中的流体形成小的包体或负晶（在主体宝石的晶体结构下形成结构类似的包体）。这些包体会形成羽毛状或指纹状。

原生包体比宝石形成还要古老，是在宝石生长过程中从周围俘获的。这些通常是其他矿物的晶体，例如石英中的包体。同生包体与主

▲ 丝状包体在蓝宝石形成后形成，在蓝宝石内沿三方晶系的对称性定向排列。由于其完好无损，这表明这块宝石没有被加热过。视场为 2.01 毫米

宝石同时形成，通常在宝石中定向结晶。这包括色带、多相（由固体、液体、气体组合）夹杂物、负晶和双晶。宝石停止生长后形成的包体叫次生包体。这可能是外来晶体溶液渗入造成的，如刚玉中的丝状包体，以及重新愈合的断口形成的羽毛状和指纹状包体。

包体通常会影响宝石的价值，尤其是钻石这些需要高透明度的宝石。然而，一些宝石的包体却有着特殊的含义和价值，如琥珀中保存的植物和昆虫具有科研和观赏价值，还有些包体能导致特殊的光学效应，如猫眼效应和星光效应。包体在宝石形成、地球历史和地质的研究中也极其重要，可以提供有关宝石形成条件的信息。包体可以用来指示矿物的来源，并可鉴定矿物是否为天然的，是否被热处理过或是否为合成宝石。

特殊光学效应

特殊光学宝石是那些表现出除其本来颜色之外的特殊光学效果的宝石。这些都是由包体或能引起光效应的内部结构引起的。猫眼效应是由多个互相平行的包体反射光线所造成的。这些矿物包体可以是细长的针状或毛发状，也可以是可引起丝状反射的管状空腔。当宝石被切割成弧面、底部平行于包体所在平面时，猫眼效应就会显现出来。反射光形成一条与针

状包体垂直的线或光带，其可在石头上移动。最好的猫眼石是金绿石，其在半透明的蜜蜡色宝石上有一条锐利的白色光带。许多其他宝石（包括电气石、绿杜石和石英）也表现出这种现象，但更为分散。猫眼效应最好用一个单点光源来观察。

▶ 一种罕见的具有十二条星光的蓝宝石。金红石包体的金色反射为三个方向，赤铁矿包体的银色反射也为三个方向，但偏移了30度角，形成了十二条星光。六方晶系的生长空间也能看得见

星光效应（源自希腊语"aster"，意思是星星）是一种类似猫眼效应的反射效应，平行的包体在同一平面上沿两个或多个方向定向排列。每一组反射一条光带，然后这些光带相交，形成一个四、六或十二条光线的星光。为了能显示出这种效果，宝石必须切割成弧面型，让底

◀ 石英雕刻中闪烁的绿色砂金效应是由微小的紫红色云母片造成的

面与包体平面平行。晶体结构决定了包体的方向，从而决定了星光的方向。例如，刚玉是三方晶系，通常含有三个方向呈60度角的细针状包体。这形成三个相交的条带、一个有六条光线的星光。星光透辉石为单斜晶系，包含两组包体。这导致两个光带在一个独特的四射星光中以斜角相交。星光效应也可以用单点光源看到。有趣的是，玫瑰石英不论通过透射光还是反射光都能观察到星光效应。

砂金效应是某些宝石中见到的一种密集的星点状反光效应，由宝石中散布的众多反光能力强的细小鳞片状包裹体对光反射引起的。这种现象见于砂金石、血滴董青石和日光石中。这个名字来源于意大利语"a ventura"，意为"意外"，据说是在17世纪早期被意外制造出的一种闪闪发光的含铜玻璃，称为砂金玻璃。

月光效应是在宝石表面下透出的乳白色或蓝色反射光。这种光泽是由宝石内部微小颗粒或层状结构的散射光引起的。当这些亚微观结构小于可见光的波长时，蓝光散射得更强烈，月光就呈蓝色。月光效应见于月光石和其他长石中，其名

◀ 这种蓝宝石含有丝状的精细包体，可以散射光线，产生乳状的蓝色光泽

也得自月光石。乳光是一种在蛋白石中看到的月光效应。

晕彩（源自希腊语"iris"，意为彩虹）是由光的干涉引起的类似彩虹颜色的色彩变化。光经一个或多个透明薄层反射，其中该层与其周围具有不同的折射率，例如层状结构、充气的裂纹、双晶或层状结构的内部分层。光波从每层的顶部和底部发生反射，并排传播，相互干涉，形成晕彩。彩虹石榴石、菊石和火玛瑙中存在薄膜干涉，而黄玉和石英的薄膜涂层也会造成晕彩。

拉长晕彩是一种薄膜干涉现象，可见于其名由来的拉长石中。拉长石含有交错的、不同折射率的亚微观内部层状结构（小于可见光波长）。这种现象的原因很复杂，光从各层反射、折射和衍射，干涉产生金属光泽般

▲ 这颗紫水晶宝石中的"虎纹"包体，是由裂缝造成的，其产生的薄膜干涉形成了明亮的晕彩。视场为 14.35 毫米

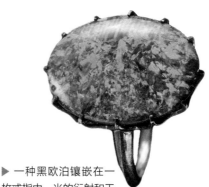

▶ 一种黑欧泊镶嵌在一枚戒指中，光的衍射和干涉形成漂亮的晕彩效应

的晕彩。

变彩效应是在珍贵的蛋白石中看到的五颜六色的闪光。它是由光的衍射和干涉引起的。蛋白石内由规则排列的二氧化硅小球组成，就像衍射光栅一样。球体之间的间隙接近可见光的波长，大小的微小变化决定了闪光的颜色和强度。

切割和加工

大多数宝石材料都需要经过切割和琢型，使其产生更强的光亮并突出颜色和光泽，从而展现或增强其美感。它们的加工方式取决于许多因素——外观、耐久性、光学特性、包体的存在和光学现象。钻石和有色宝石的切割的技术是不一样的。但两者都是在最佳颜色和亮度以及保持重量最大化上寻找平衡，最终目标都是让宝石获得最高价值。

数千年来，人类会把自然界的各种材料制成武器、工具、仪式用品和装饰品。早期的加工技术之一就是简单地钻孔来制作吊坠和珠子。随着技术的进步，人类会使用较硬的材料去磨制较软材料从而将其缓慢塑形，同时会利用解理将宝石分割成较小的可加工尺寸。雕刻技术可以追溯到数千年前，如古埃及人的圣甲虫护身符。虽然在加工上人们更喜欢色彩鲜艳、易于加工的宝石，如青金石、琥珀、绿松石和孔雀石，但对较硬的玉石和石英品种（玛瑙、玉髓、紫水晶）的雕刻也很熟练。

早期的切割样式之一是圆顶弧面型。刻面宝石的技术直到14世纪才开始，当时发明了一种被称为"磨光盘"或"磨盘"的扁平水平抛光轮。将不同硬度的磨料与水或油混合，用作润滑和防止原料过热。这彻底改变了宝石的切割方式，可以在特定角度上形成平坦对称的面。这些技术最初只用于钻石，大大改善了闪耀度和火彩，后又应用于彩色宝石的加工。

在过去的 500 年里，刻面宝石的历史发生了巨大的变化。18 世纪后期对矿物学、晶体结构和对称性的理解日益加深，而通过对光学性质的认识，则大大提高了切割的效率。1870 年发明的切割机和 1900 年左右发明的电锯将宝石切割机械化，将切割技术带入了全新时代。如今，利用虚拟 3D 建模、激光切割机和其他设备的精确技术可以生产出具有理想比例和对称性的高质量宝石。机器将经过校准的宝石切割成标准尺寸，用于珠宝设计。

切工类型

自由型

最简单的加工方法是简单地打磨宝石表面，凸显光泽、颜色和纹理，并遵循原石的原本形状。

弧面型

弧面型是古老、简单和流行的抛光形式之一。不透明和半透明的宝石以及透明度较低的透明宝石通常用此方法加工。凸面一侧的弧度可以自己选择。底部可以抛光，底面可以是平的也可以是凸的，尤其是稀有或高价值的宝石，可以做成凸面以增加重量，从而提高价格。有时，非常暗的宝石底面被切割成凹面，以允许更多的光线通过并使颜色变浅，通常用于深红色石榴石。圆润的外形无棱角，可保护脆弱的宝石免受损坏。椭圆形和圆形最为常见。高质量的弧面琢型在凸面、底面和腰形上都具有良好的对称性。

弧面型增强了宝石的颜色、质地和光泽，而对于像玉石这样的半透明宝石，弧面型能让颜色更鲜艳。

◄ 这件精致的苔纹玛瑙经过精心打磨，其表面显示出树枝状的包体，形成了一棵树的形象，并打磨对称

这种加工方式也能显示出特殊的光学效应。猫眼效应和星光效应是由许多平行包体的反射引起的。弧面琢型的方向必须使其底部平行于包体平面。非常细的针状包体会在半透明和透明的宝石中形成锐利的眼线或星光，而较厚或片状包体则会在不透明宝石中产生漫反射效果。

▼ 铁铝榴石通常采用凹雕设计，以允许更多光线穿透并使颜色变亮。这些通常被称为红榴石

中高质量的弧面会让光学效应更为明显，最优质的弧面型会让猫眼的眼线处于中心或让星光效应的每条星光直而均匀。天然星光宝石的形状通常稍有不对称，这是由原石特征导致的，并且可以切割较深从而保留更多的包体和重量。星光宝石是可以人工合成的，通常是红宝石和蓝宝石。它们在一般完全对称的弧面中展示出非常亮眼的星光。抛光度较差且底部平坦也表明可能是合成宝石。

　　弧面型也可以强化一些光学效应，如变彩效应（蛋白石中可见的明亮闪烁）和月光效应（月光石的乳白色光泽）。

珠型和球型

　　珠型和球型通常用于不透明或含有大量包体的宝石加工，但也可以用于透明宝石。珠型可以有多种形状，可以是圆形的、腰鼓形的，也可以是多面体形的，以利用显示光泽。珠型可以保护脆弱的宝石。球型用于装饰可以突出迷人的颜色和纹理，同时还可以显示出猫眼效应和星光效应。

刻面宝石

　　刻面型是以对称方式切割和抛

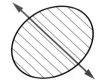 

▲ 包体的定向排列，可以显示猫眼效应

光平面（称为刻面）的宝石加工技术。主要用于透明宝石，刻面会产生耀眼的火彩，光线在宝石内部反射并全部返回给观看者。钻石和彩色宝石可选择不同的刻面风格。钻石因其透明无瑕而备受追捧，通过钻石型切割，可以最大限度地提高亮度、火彩和闪耀程度。具有高折射率的浅色宝石（如金绿石和石榴

▶ 金绿石形成了最好的猫眼效应，透明的本体和明亮的眼线

◀ 由于较大的针状包体，使得这种磷灰石更加不透明，并具有不显著的猫眼效应

石）被切割以使得光泽更亮，而具有高色散性的宝石（如锆石、钛铁矿和闪锌矿）则被切割以显出更强的火彩，尽管因其颜色较深会被略微掩盖。彩色宝石使用多种刻面切割方式（如混合型或阶梯型），以突出颜色并使其均匀。切割的风格和质量对成品宝石的呈色有着巨大的影响。不透明的宝石有时会被进行刻面琢型，以提高其光泽度。

　　从腰部上方的冠部反射的光线显示出宝石的光泽。光线通过台面进入宝石，然后被亭部面（位于腰部下方）完全内反射，创造出耀眼的光芒。倾斜的刻面表面也将反射光散射到光谱中，从而产生出火彩。

　　宝石的亮度取决于宝石的折射率和亭部刻面的角度。亭部决定了光线照射到刻面上的角度（入射角），而折射率决定了宝石的临界角，超过该临界角，光线将被反射而不是被折射。

　　如果宝石切割不够，使得光线的入射角小于临界角（即更接近法线），光线则会发生折射。光线会穿过宝石的背面，形成了一扇"窗"（鱼眼效应），使得宝石缺乏光泽。如果宝石切割得很好，以致入射角

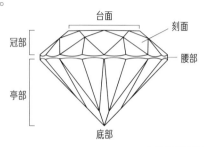

▲ 宝石的结构

▼ 光通过刻面宝石的路径以及亭部角度的效果。在切割良好的石头中，光线会反射给观察者。对于过浅的亭部，光线会从后面漏出，形成一扇窗，如果亭部太深，则从侧面射出，形成消光区域

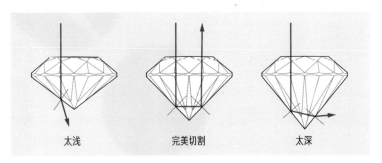

太浅　　　　　　完美切割　　　　　　太深

大于临界角（即离法线更远），光线则会完全在内部反射，反射给观察者。这会使得宝石闪耀夺目，在彩色宝石中则会强化颜色。如果石头切割得太过，光线仍会在内部反射，但会从侧面反射出去，形成称为黑底效应的黑暗区域。

通过了解折射率和临界角度，可以用完美的角度设计一块宝石，使所有进入台面的光线都能在内部反射，从而最大限度地提高亮度。具有高折射率的宝石具有较小的临界角，并且更有可能展现高亮度。低折射率的宝石必须有一个特别陡峭的亭部切割角度，以实现全内反射，因此切割通常为了颜色而非亮度。闪耀度是通过在亭部上使用许多较小的面来实现的。这会分解内反射，使宝石在转动时闪烁发光。

刻面宝石的质量取决于比例、对称性和抛光度。高质量的切工具有明亮的光泽，没有漏光或消光，明暗显示出优美的内部图案，具有规则对齐的刻面、锋利的刻面边缘和镜面抛光的对称形态。

·钻石型

钻石型切割是马歇尔·托尔科夫斯基于 1919 年设计的。现代钻石型切割有 57 个面（或 58 个，在底面上有一个小的刻面），这种切割的宝石

极为明亮，火彩十足。此切割当初专为钻石的折射率和色散而设计，具有精确的比例和角度，以实现光的全内反射，产生最大的亮度和火彩。钻石型切割有多种轮廓样式，包括圆型、椭圆型、心型、梨型（水滴型或吊坠型）、马眼型（船型）和坐垫型（带圆角的方形）。圆型是钻石常用的形状，这也是圆钻型切工的名字由来。

·阶梯型

阶梯型是在一个大台面的周围有一系列外延的矩形面。它有许多种轮廓，通常是长方形或正方形。由长方形构成的被称为法式面包型，而由带有截断角的矩形构成的被称为祖母绿型。因为这种琢型方式可以更好地保护易碎的宝石，因此被广泛用于祖母绿。阶梯型可以突出颜色，但不能很好地隐藏包体，因此更适合高纯净度的宝石。由于它不需要关注亮度和火彩，可以拥有更深或更浅的亭部而获得最佳的颜色效果。这种简单的风格还能突出颜色分区。

刻面宝石

刻面的切割样式和形状旨在充分利用宝石的特性。此处显示的是常见的刻面宝石样式。

钻石型

圆型 　梨型

椭圆型 　马眼型

心型 　坐垫型

阶梯型

阶梯型有矩形的台阶面

法式面包型 　祖母绿型

混合型

混合型结合了钻石型和阶梯型风格

剪型

剪型有着交叉的切割模式

花型

花型有着不同寻常的形状和刻面排列

绚烂型

绚烂型具有独特的刻面图案和形状，包括凹槽和凹面

· 混合型

混合型通常是一个带有阶梯型的亭部加上钻石型的冠部。这种风格通常用于彩色宝石，有助于平衡色调，也允许更深的亭部来增强颜色效果。其中椭圆型和坐垫型的样式最常见。

· 剪型

剪型有三角形的侧面组成交叉的 X 型。这种切割方式通常用于合成宝石或仿制宝石，因为它的面较少而容易加工，并且隐藏了由于切割质量较低而出现的不规则情况。

· 花型

花型切割不使用传统的刻面排列，而是采用不同寻常的组合，以创建独特的内部对比光图案。这种风格通常用于彩色和半彩色宝石。

· 绚烂型

绚烂型切割是一种具有不寻常轮廓、凹面或凹槽的艺术创作，可以创造出新的光效应和视觉效果。它们通常用于彩色宝石，并利用颜色分区进行设计。

宝石雕刻

宝石雕刻有着很多年的历史，以往被用于书信蜡封的纹章雕刻。雕刻对象一般使用较硬、较耐用的无解理宝石（包括石英、玉髓、电气石、刚玉、翡翠和海蓝宝石等），从而减少了破裂或碎裂的风险。其他不透明的装饰宝石（如菱铁矿、方钠石、绿松石、琥珀和煤精），也可以用来雕刻。

浮雕和凹雕是雕刻过的宝石，一般描绘人物肖像或场景。凸起雕

▲ 巧妙地在紫水晶晶簇上利用一层粉色玛瑙层雕刻成的浮雕，从曲线上可以看出，材料是紫水晶晶洞的一部分。可能来自巴西，由威廉·施密特雕刻

刻的是浮雕，而凹雕则将图像刻在宝石里。宝石雕刻师会使用具有层状和带状结构的材料，如贝壳或玛瑙，并巧妙地将不同的颜色融入设计中。雕刻技术在古代非常受欢迎，并在文艺复兴时期重新流行起来。

▲ 一套演示使用玛瑙黑白分层雕刻浮雕的示意

◀ 这颗绿色电气石宝石表面刻有凹雕图案。由威廉·施密特雕刻

镶嵌和马赛克

镶嵌一般使用的材料是宝石薄片。不透明、色彩鲜艳的宝石（如孔雀石、虎眼石和青金石），会被用来制作吸引人的图案，或贴成马赛克。镶嵌技术可以用于家具，如镶嵌桌面，也可以用于装饰物品和包括手镯在内的首饰上。

切割技术

钻石和彩色宝石的切割技术是两套流程，但是步骤基本相似。切割宝石的基本步骤是：

- 锯切或敲碎（敲掉易碎或断裂的部分）以去除不需要的部分，或将大块原石分成几块。锯切使用外边缘带有金刚石粉的圆形薄片。钻石也可以被切割成更小的碎片，或者用激光切割。

- 通过打磨（粗加工）和砂磨将原石做成所需形状的半成品，称为预形。预形后使用先粗后细的研磨料进行打磨操作。这是最重要的一步，因为它确定了宝石的基本形态，包括大小、形状、对称性和比例。然后，用蜡、环氧树脂或胶水将宝石和刻面宝石附着（涂抹）到木制或金属杆上。

- 刻面研磨是刻面宝石的下一步。将装有宝石的粘杆固定，这样可以在垂直方向和旋转方向上精确定位宝石。使用润滑剂和冷却液（如水）对刻面进行研磨、砂磨，然后通过旋转研磨盘进行进一步打磨。不停旋转宝石以创建平滑曲面。
- 最后一步是抛光，使用越来越细的磨料，甚至皮革、毛毡或软木，去除掉所有划痕。

钻孔和雕刻

钻孔是使用带有金刚石钻头（或其他磨料）的小型钻机或振动频率极高的超声波钻头操作的。宝石可以部分钻孔，以附着在立柱（如耳钉，或完全钻孔以形成珠串）上。雕刻可以用金刚石尖头刻刀手工完成，也可以用机器完成。

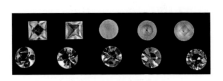

▲ 以水晶为模型，展示将一颗八面体晶体进行钻石型切割的不同阶段

滚磨

宝石可以在旋转的桶中，在含有越来越细的磨料的水中翻滚。这将在巴洛克风格的不规则形状上形成抛光的表面和圆形的边缘。滚磨后的宝石可钻孔用作珠子。

精加工

在切割宝石时，有许多因素需要考虑，以便在正面朝上（即通过宝石冠部）观看时获得最大的美感，并保持最高的宝石重量。透明宝石通常做刻面处理，因为光与这些平坦、有角度的表面无阻碍作用会产生高亮、火彩和闪耀的效果。无色和浅色的宝石会被切割以突出这些特点。对于彩色宝石来说，颜色是决定其价值的最重要因素，因此，精加工将专注于优化处理它。不透明到半透明的材料被抛光成圆形（如弧面型），以提升颜色、花纹和光学效应，而无须考虑亮度和火彩。

◀ 阶梯型切割的金绿柱石，以凸显其颜色、透明度和光泽，对比旁边未切割的晶体

切割毛坯时，最终宝石的形状和刻面方向取决于几个因素：

- 原石的形状——这将限制成品宝石的形状和重量。

- 透明度——透明宝石更容易做成刻面类型，而不透明宝石则会被打磨成珠子或其他装饰物。

- 包体——宝石的切割方向通常是遵循避开有害包体或裂缝的原则，或尽量减少其影响，如刚玉中的丝状包体。其他宝石（包括水晶）反而会强调其包体表现。

- 光学效应——弧面型的切割方式可以展现猫眼和星光等效应，并增强变彩效应和月光效应。

- 硬度——具有不同硬度的宝石在某些方向上更难抛光。较软的宝石无法达到较硬宝石的锐利而平坦的刻面。

- 耐用性——耐用性较低的宝石采用钻石型或阶梯型切割，以防受到撞击而损坏。

- 解理——宝石不能沿解理面抛光。原石的刻面加工方向不平行于任何解理面，也是为了降低后期碎裂的风险。

- 双折射——锆石等原石的切割方向要尽量减少双折射现象，否则宝石会因内部光折射的倍增效应而显得模糊。

- 颜色区块——不同颜色的区块可用于制作有吸引力的分色宝石，多见于电气石和萤石中。对于其他宝石来说则要尽量隐藏这些颜色区块，或做不对称切割，使其正面朝上看时颜色均匀，多用于蓝宝石和紫水晶的切割。

- 多色性——在切割多色性宝石的选向上需要重点考虑，因为它对最终的大小和形状有着巨大的影响，尤其是对于强多色性、较为细长的矿物，如电气石。对于深色宝石，需要台面显示最浅的多色性颜色；对于浅色宝石则正好相反。一些宝石需根据其最佳颜色进行切割，如坦桑石和堇青石的蓝紫色。一些宝石被巧妙切割，呈现出多色性，比如硬水铝石、红柱石和硅线石。

- 颜色变化——以强烈的颜色变化为切割的标准。

- 颜色的深度——颜色细腻的宝石（如锂辉石和绿柱石），被切割成更深的亭部以增强颜色，而颜色较浅的宝石则被切割成浅亭部以使其变亮。颜色的饱和度随着宝石的大小而改变。所以5克拉以上的坦桑石呈现出美丽的颜色，但是对于铬透辉石来说，大尺寸的颜色就会显得太暗，小尺寸的铬透辉石更受欢迎。

◀电气石的细长晶体和颜色条带显著影响成品宝石的形状和颜色

▼ 在这块宝石中，电气石的强烈多色性表现为中间的蓝绿色"蝴蝶结"，以及顶部和底部的黄绿色

▲ 这种特殊颜色的电气石宝石被切割以展示迷人的颜色分块

优化处理

优化处理是应用于宝石的一种方法流程，用以改善其外观或耐用性，要注意其与传统的切割和抛光不同。优化处理可以改善劣质材料的美感，从而提高利用性，可以让稀有宝石价格更实惠。例如，加热乳白色的牛奶石（Geuda，最早被发现于斯里兰卡。是一种白色的半透明的蓝宝石。由于其含有金红石包体，所以具有牛奶般的外观）可以使其变成漂亮的透明蓝宝石，而自然界中罕见的蓝色和粉色黄玉可以通过不同的优化处理方法制成。

对原石、坯料或成品宝石进行优化处理时，有时会涉及多个步骤以达到预期效果。鉴别这些处理手段可能很容易，例如通过观察不自然的颜色，有的处理方法需要进行更为精细的鉴定手段，有些则无法检测到。某些处理效果是稳定和永久的，而有些则可能会随着时间的推移而弱化或褪色。有些处理方法可以提高宝石的耐用性，而另一些最终则会削弱宝石的耐用性。由于处理可能难以检测，并对价值产生影响，因此一般法律都需要销售点标明宝石经过优化处理。除完整的书面标注外，还需要具体的处理信息，同时还需要在销售前和出售时口头告知。而处理程度较低的方法则只要求口头告知。所有的标签应标明处理方法。各国管理珠宝首饰贸易的部门和国际珠宝首饰联合会等理事机构会对此提供法规和指南。

优化处理类型
表面处理

在宝石表面镀一层薄膜或者涂层，可以填补缺陷，提高光泽、颜色或耐用性，并保护宝石不被皮肤油脂损伤。无色的涂层可以强化颜色、半透明性和光泽，并提高较软宝石的硬度。这些可能在销售时需要一般或具体的处理披露。蜡涂层通常用于玉石，而蛋白石、珊瑚、珍珠或绿松石则使用蜡、高分子聚合物或树脂涂层。彩色涂层则用于刻面宝石，以改善或改变色调，这都需要具体的披露。这种处理方法常用于黄玉、石英、钻石、电气石和坦桑石。金属镀膜采用分子沉淀工艺，在宝石表面形成一层分子级薄膜。这种镀膜通常涂在亭部，所以当宝石镶嵌在首饰中时，它不会暴露出来。金属镀膜会使用不同的金属或金属氧化物，

▲ 神秘的黄玉，其亭部上有一层薄薄的金属涂层，创造出晕彩。指环可保护这种较软的涂层

比如氧化钛可以在黄玉或石英上产生彩虹般的虹彩，而黄金镀膜则赋予了水光水晶漂亮的蓝色。合成钻石也可以通过化学气相沉积的方法进行薄层镀膜。

填充

无色蜡、油、环氧树脂或丙烯酸可对多孔、粉末状或开裂的宝石进行填充处理。这可以稳定宝石的性质，提高硬度、韧性、透明度、光泽和颜色。大多数绿松石以及青金石、蓝铜矿和孔雀石都是通过填充处理来稳定结构的。翡翠一般具有多孔颗粒状结构，通常需要填充处理，尤其是在漂白处理后，其结构会变得脆弱。蜡和油的持久性不如一些聚合物或树脂。填充处理需要具体披露在宝石说明上。

漂白

宝石可以用化学物质进行漂白，使其变亮、变白甚至褪色。养殖的珍珠通常用过氧化氢漂白，黑珊瑚可以漂白产生金色，翡翠使用强酸来去除棕色污渍。漂白通常在染色前进行。这样处理有时相对粗糙，会削弱多孔

宝石的结构，降低耐用性。漂白通常只需要一般披露。

染色

任何具备渗透性的宝石材料都可以染色，以增强或改变其颜色。染料和着色剂可以浸入相互连接的孔隙或裂缝，孔隙率较高的结构层可以吸收更多的染料。染色可以增强天然颜色（例如翡翠、绿松石和红珊瑚的颜色），或者产生一种非自然的颜色（如染色玛瑙和一些珍珠）。某些宝石会被染色来模仿更贵的宝石，如给橄榄石染色来模仿绿松石。自古以来，人们就采用了一些染色技术。蛋白石和玛瑙通常先在糖液中加热，然后再在硫酸中加热，使孔隙中的糖转化为炭黑，从而使宝石变暗。珍珠会用硝酸银溶液处理，硝酸银溶液在光照下会发生反应，分解成金属银，形成鸽灰色。石英可能会被加热并迅速冷却，导致其出现裂痕，从而允许有色染料渗透，成为淬火裂纹石英。染料通常添加到裂缝填充的油或聚合物中，同时提高透明度和颜色，常用于祖母绿和红宝石。染色是一种常见的处理方法，需要具体披露。染料可以通过裂缝中的颜色浓度和不同的荧光反应来检测。它们并不总是永久性的，可能会发生泄漏，或被酒精、丙酮和其他化学品溶解，因此必须小心避免接触。染料也可能随着时间的推移在阳光下褪色。

裂缝填充

其实裂缝填充可认为是上文填充大类中的一类。表面的裂缝可以用蜡、油、树脂或玻璃填充，以提高宝石的透明度和颜色。通过使用与宝石折射率相似的填充料，可以使得光线通过裂缝界面时基本不发生反射，这样被填充的裂缝就很难看出来。处理过程可以在真空中进行，以消除空气的影响，使得裂缝完全被填充。大多数的祖母绿都有缺陷，通常都是使用裂缝填充。祖母绿的涂油工艺自古以来就有，目前常用的是雪松油，以及具有

类似折射率的树脂。对红宝石和有
较小裂缝的钻石进行裂缝填充一般
使用高含铅量的玻璃。许多低质量
红宝石的铅玻璃填充比例很高，被
称为复合红宝石。其他可以进行此
处理的宝石包括电气石、红绿柱石、

◄ 淬火裂纹石英，
有含有红色染料的
裂纹，用于模仿红
宝石

蛋白石，偶尔还有变石、橄榄石和坦桑石。填充物通常会被上色以增强宝
石的色调。

　　涂油可以改善外观，但不会改变耐用性。可以通过将树脂和玻璃黏合
在宝石上来提高其韧性。由于少量的化学物质或热量就能损坏铅玻璃填充
物，所以经过处理的宝石，尤其是拼合红宝石，平时使用需要特别小心。

　　裂缝填充不是永久性的。油的填充会随着时间的推移泄漏、干燥或分
解，变得不那么透明或稳固。所以必须小心避免高温、洗涤剂和化学品，
以防止意外使得添加油出现问题，不过即使出现问题也可以进行再处理。
而树脂和玻璃则更稳定，但如果分解或损坏，则更难去除。裂缝填充物可
通过手持式透镜进行目视检查，因为填充物会具有不同的表面光泽或含有
残留的气泡。旋转宝石时，从内部裂隙界面反射的光会发出特有的彩色闪
光。填充物也可能导致裂缝中的颜色集中，或发出与宝石不同的荧光。填
充油的处理需要一般级别的披露，而树脂、玻璃和有色油的使用需要具体
的披露。

热处理

　　热处理是古老的宝石处理方式之一。热处理会改变颜色，并可能减少
杂质和裂缝的出现，提高透明度和亮度。由于许多宝石材料通常会被热处
理，所以此方法被宝石行业认为是可以接受的，因此它只需要一般性的披
露，除非与裂缝填充或扩散处理相结合。热处理使宝石中的元素发生化学

变化，改变了光与宝石相互作用的方式，从而改变了宝石的颜色。杂质可能被吸收，而裂缝可能愈合，从而提高透明度。蓝宝石中的金红石丝状包体就是一个很好的例子。当蓝宝石被加热到高温时，金红石溶解，提高透明度和亮度，同时释放出所需的钛，使宝石呈现理想的蓝色。

　　许多宝石可以进行热处理，包括红宝石、蓝宝石、锆石、紫锂辉石、紫水晶和玛瑙。由于产地、杂质和包体不同，宝石对热处理的反应也不同。其中一些，如坦桑石，处理是永久和稳定的。其他宝石，如紫锂辉石，会随着光或热的作用而褪色。热处理也会使锆石等宝石变得更脆。热处理可通过破坏包体来检测，包体的熔点通常低于主体，表现类似融化的雪球或辐射状应力断裂。一些宝石需要由宝石学实验室进行分析，以确定热处理情况，但对于大部分宝石（如海蓝宝石、红绿宝石、坦桑石、电气石和黄玉）则无法检测是否经过热处理。

　　热处理是在烤箱或熔炉中进行的。影响结果的因素包括加热和冷却的速度、达到的最高温度、总时间、压力条件以及处理过程是否富氧（氧化）或缺氧（还原）。一些宝石（如坦桑石）会被加热到几百摄氏度，而其他的宝石则需要更高的温度（包括加热到1 800℃的刚玉）。在处理过程中故意迅速降低温度会导致石英破裂从而形成淬火裂纹，琥珀中的圆盘状应力破裂称为"太阳斑"。而某些钻石，特别是合成钻石，会经过高温超高压法（HPHT）处理以脱色或改变颜色。高压和高温处理越来越普遍地应用在蓝宝石上。在硼砂等熔融物中加热红宝石会导致薄裂缝的内表面熔

▲ 经过热处理的锆石，从原来的红棕色变为蓝色、金色或无色。生成的颜色取决于它们的来源、成分、使用的温度以及加热环境（是富氧还是缺氧）

化和再结晶，从而愈合裂缝。热处理经常用于缅甸孟素产的有严重裂纹的红宝石，除了需要披露热处理外，还需要再具体披露处理方法。

扩散处理

扩散处理是化学元素在加热过程中分散到宝石晶体结构中的过程。这会改变宝石的化学成分，并且是永久和稳定的，因此需要具体的披露。

扩散处理主要用于刚玉。在含有扩散元素的氧化铝粉末中，将宝石加热至极高温度（1 700～1 900℃），扩散元素因其与宝石元素的相对原子大小不同而渗透到不同的深度中。钛会产生深蓝色，但由于钛原子比铝原子和氧原子大，不能扩散很远，这就是表面扩散。这将在厚度小于0.5毫米的曲面上创建一个蓝色薄层。这种处理适用于成品宝石，并可以通过浸没进行检测，因为颜色变化遵循扩散面而非晶体生长。重新切割或抛光会去除这层薄色层，使其失去颜色。钛扩散还可以通过增强金红石丝状包体来改善星光效应。镍、铁和铬也用于表面扩散。较小的元素铍渗透得更深，这称为体扩散。它被扩散到粉红色的蓝宝石中，形成一个黄色的外部区域，呈现出令人满意的粉橙色（帕帕拉恰蓝宝石）。红宝石的铍扩散可以改善红宝石的颜色。铍处理的鉴定需要先进的分析测试，如激光剥蚀电感耦合等离子体质谱仪（LA-ICP-MS），因为某些分析技术无法检测像这样的较轻元素。

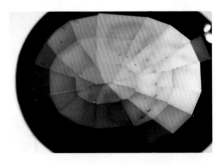

▲ 当蓝宝石浸入二碘甲烷中时，可以看到热处理过程中钛的扩散产生的扩散面边缘的蓝色

辐照处理

将宝石暴露在辐射下会改变其颜色。一些宝石由于靠近放射性矿物，会在地下自然经历这一过程，例如烟水晶。而人工辐照处理则会

复制这一过程以产生相同的结果或产生非自然的颜色。辐照一般使用反应堆，使用电子、中子或伽马射线。然后通常会进行热处理，称为退火。通过除去不需要的或不稳定的色调来进一步修改颜色，从而产生纯色效果。很好的例子之一是蓝色黄玉，通过辐照处理进行生产，市场上几乎所有蓝色的黄玉都经过

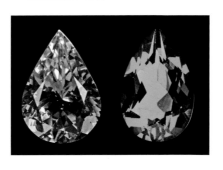

▼ 未经处理的无色黄玉（左）和经伽马射线辐照处理然后加热至200℃以产生蓝色的黄玉（右）

辐照处理。辐照处理还可用于处理电气石、海蓝宝石、钻石、珍珠和石英。

　　一些辐照处理后的宝石颜色不稳定，会随着光照而褪色。而大部分情况下，处理过的颜色都很稳定，但应避免加热，否则可能会使颜色恢复。这种处理方法通常无法被检测到或需要高精度的实验室分析。如果看到宝石上有些自然界中比较罕见的颜色，那就有可能是辐照处理造成的。辐照宝石的销售受到严格管制，以确保宝石不含任何残留的辐射。

仿制宝石和人工宝石

　　直到最近几个世纪，随着科学的进步以及对化学和地质学的了解日益深入，人工宝石才孕育而出。如今，仿制宝石和人工宝石的使用已司空见惯，大大拓宽了许多宝石的来源范围，而且价格合理。仿制宝石是用一种材料（天然或人造）模仿另一种材料外观的宝石。而人工宝石则是由人类制造的宝石。人工宝石的化学成分和晶体结构与天然矿物相同，因此具有相同的化学、物理和光学性质。由于生产仿制宝石和人工宝石价格较低，并且难以将其与更有价值的天然宝石区分开来，因此在营销和销售时对披

露有严格的要求。应避免使用"真"之类的术语——比如人造翡翠和天然翡翠都是"真"翡翠，它们的不同之处在于一种是人类制造的，另一种是自然形成的。

仿制宝石

任何宝石都可以仿制，仿制原料通常是用产量更大和更便宜但外观类似的替代品。宝石矿物也可以被用作仿制原料，例如无色石英、黄玉、蓝宝石和锆石长期以来被用来仿制钻石。有机宝石也经常被仿制，尤其是被禁止或限制交易的大类。牛角会用来仿制龟甲、珊瑚、煤精以及象牙，琥珀由出现较晚的树脂进行仿制。天然宝石可进行一些处理来模仿其他宝石的外观，染色是很普遍的方法。方解石用来仿制翡翠，橄榄石用来仿制绿松石，淬火裂纹石英则用来仿制红宝石或祖母绿。

在人造仿制宝石的材料中，玻璃是最常见的一种，其使用历史长达数千年。玻璃的制造成本很低，有多种颜色和光学效果，可以仿制红宝石、玉石甚至煤精。它可以模仿许多天然宝石的质感和玻璃光泽，但其韧性和硬度都较低（莫氏硬度约5.5），意味着它不如大多数普通和商业宝石耐磨。玻璃是非结晶的，缺乏方向性。其他鉴定特征包括贝壳状断口、圆形的刻面边缘，以及缺乏天然包体，包含圆形气泡、旋涡和流动结构。其成分和性质范围广泛，折射率通常为1.50～1.70。许多其他著名的均质体宝石则没有这个范围的折射率，这有助于将玻璃区分开来。

17世纪开始有了向玻璃中添加铅的方法，改善了玻璃的外观，增加了折射率、亮度和分散度，代价是降低了硬度。玻璃其他成分产生颜色，如钴产生蓝色、硒或金产生红色、稀土元素产生变色效果。夹杂铜会创造出闪闪发光的金星玻璃，而仿蛋白石的玻璃则是由散射光线的微观薄片造出来的。光纤维玻璃会产生猫眼效应，而宝石背面的涂层会产生星光效应。

塑料也是常用的仿制材料。与玻璃相似，它是无结晶的，通常有模制痕迹和圆形的刻面边缘，但它摸起来更软，重量更轻。**塑料被用来仿制许多宝石，包括龟甲、珊瑚、绿松石、所有类型的刻面宝石、珍珠。塑料是琥珀的常用仿制材料，其仿制的琥珀有着现代动植物的内含物。**

合成宝石也可被用作仿制品。尖晶石和刚玉可以很容易地合成出精确的颜色，而且价格低廉，可以仿造出海蓝宝石、黄玉、电气石、橄榄石和昆锌矿等明亮耐磨的对象。一种有淡蓝色月光效应的合成尖晶石可以仿制月光石，而一种粒状的

▲ 放大后的吉尔森蛋白石显示出明显的颜色分区，有一种称为"蜥蜴皮"的规则多边形图案

◀ 天然蛋白石也可以在放大镜下进行比较，显示随机可变的彩色闪光

蓝色合成尖晶石则可以仿制青金石，其由钴着色并有薄薄的金色内含物和薄的金包体。立方氧化锆和碳硅石在自然界中仅以小颗粒形式存在，它们被合成用来仿制钻石。

20世纪70年代，法国化学家皮埃尔·吉尔森创造了几种极为逼真的绿松石、蛋白石、青金石和珊瑚的仿制品。这些人造产品与天然宝石接近，但并非完全对应。绿松石、青金石和珊瑚是通过烧结制成的，即将粉末成分加热到接近熔点，然后压实，使颗粒融合在一起。吉尔森蛋白石与天然蛋白石一样，是由硅质小球组成的规则阵列，具有令人目眩的色彩。

拼合宝石

拼合宝石是由两种或两种以上的材料组合而成的一种宝石。二叠石由两层组成，而三叠石有三层。制造拼合材料是为了仿制其他宝石，或者通过在易碎宝石表面拼合其他材料来增加耐用性，例如石榴石双叠石。石榴

石双叠石由一片薄的天然石榴石（通常为红色）拼合在彩色玻璃上，并刻面切割而成。这使得这个宝石具有了玻璃的颜色，当从冠部观看时，其具有天然宝石的光泽、硬度和包体。石榴石双叠石的区别在于石榴石和玻璃的结合部反射光的光泽差异，尽管珠宝的处理可能会掩盖这一点。折射率依旧还是显示为石榴石。石榴石双叠石可以用来仿制许多

▲ 一种苏德祖母绿，由无色的冠部和亭部拼合绿色层，正面呈绿色

宝石，包括祖母绿、红宝石和蓝宝石，而今天大部分这类仿制宝石已经被合成宝石取代。

其他二叠石包括坦桑石或玻璃上拼合祖母绿薄片。天然蓝宝石或红宝石薄片覆盖在合成刚玉基底上，也是一种常见的仿制品，其颜色、包体和折射率与天然宝石相同。沿着界面的扁平气泡则显示其为拼合宝石。苏德祖母绿是由水晶、浅绿柱石或合成尖晶石制成的复合材料，通常为绿色，可以仿制祖母绿。

三叠石包括用玻璃夹层彩色塑料的仿制电气石。蛋白石三叠石是用一块非常薄的蛋白石片附着在铁矿石上，用来仿制烁石蛋白石，或者用黑色玻璃、塑料或玛瑙来仿制黑色蛋白石。这些都是由曲面的水晶或玻璃覆盖，以保护宝石和扩大色彩的光学效果。

人造宝石

许多宝石，特别是钻石、祖母绿、红宝石和蓝宝石，都是可以人工合成的。有几种方法可以让晶体进行生长。每一种都需要提供必要的化学元素、适当的形成条件（通常是重建自然过程）和生长时间。大多数人造宝石材料都是为工业用途而生产的，包括磨料、电子产品、手表、陶瓷和光

学产品，只有一小部分用作宝石。

　　虽然仿制宝石已经被使用了数千年，但宝石的人工合成直到 19 世纪才实现，直到 20 世纪才达到商业水平。红宝石是第一颗合成的可用作刻面宝石的透明宝石，这是因为其高价值和简单的化学成分（Al_2O_3）。在 19 世纪的几次尝试之后，奥古斯特·维尔纳叶的焰熔法于 1902 年面世，从而实现了商业化生产。合成蓝宝石和尖晶石很快就出现了，至今这种方法仍然被广泛使用。直到 20 世纪 40 年代，其他通过不同方法生产的宝石（如合成祖母绿）才进入市场。由于合成宝石与天然宝石具有相同的特性，因此包体（尤其是缺少天然包体）是鉴定它们的关键。

焰熔法（维尔纳叶法）

　　焰熔法通过高温氢氧火焰融化原料粉末。熔化的熔滴滴落在旋转的基座上，并一层一层地再结晶，形成一个称为梨晶的圆柱形晶体。这种廉价的方法每小时生长约 1 厘米，只需几个小时即可完成一个产品。大多数合成刚玉都是用这种方法制成的，使用氧化铝粉末与少量着色剂（掺杂剂）混合，例如红宝石用铬，蓝宝石用铁和钛。添加二氧化钛（金红石）以形成星光石，重新加热的金红石可在诱导下形成金红石丝状包体。尖晶石因为成分简单，也非常适合这种方法，几乎可以生产各种颜色。合成尖晶石需要比天然尖晶石略多的镁，使其具有略高的折

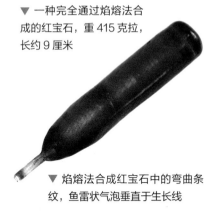

▼ 一种完全通过焰熔法合成的红宝石，重 415 克拉，长约 9 厘米

▼ 焰熔法合成红宝石中的弯曲条纹，鱼雷状气泡垂直于生长线

射率和内部张力，在偏光镜上能看到独特的消光平纹。

焰熔法合成宝石的透明性不太稳定，可以通过其弯曲的生长线检测出来。尽管检测起来很困难（尤其是在浅色宝石中），但在放大的情况下，可以看到色带或条纹。它们还可能包含气泡，气泡沿弯曲生长区分散或呈90度角生长。指纹状、羽毛状包体都是可以诱导生成的，可以用来模仿天然宝石的外观。

提拉法（丘克拉斯基法）

1917年左右，扬·丘克拉斯基开发了提拉法，与焰熔法类似，该法也从熔体中生长晶体。配料（包括着色剂）在铱质坩埚中熔化，将定向晶种浸入其中，然后缓慢旋转并取出，每小时可以从熔体中拉出一个晶体，最大可达25毫米。这创造了一种几乎不含杂质的大型高质量晶体，主要用于工业，如用于激光工业的红宝石。提拉法的宝石很少包含细长的气泡或微弱的弯曲生长线。以这种方式制造的宝石包括刚玉、金绿石、变石、人造钇铝榴石和人造钆镓榴石，以及一种强多色性的合成镁橄榄石（因含钴成蓝色，可以用于仿制坦桑石）。

助熔剂法

助熔剂法（或熔剂法）使用熔剂进行宝石制造，将一种固态材料（如金属合金或氧化物）当成熔剂熔化时，其可溶解宝石成分，并允许宝石晶体在低于其正常生长温度下生长。熔融的熔剂和宝石成分保存在铂、铱或石墨制成的坩埚中，当熔液缓慢冷却时，晶体会自发成核，或在天然或合成的籽晶上成核。可根据需要向坩埚中添加其他成分。这种方法可以生长出具有独特表面的晶体，因此助熔剂法生产的宝石可能会显示出生长条纹。熔剂中未溶解的包体以面包屑状、油漆状、扭曲面纱状、烟雾状，或者天然液态指纹状的形式出现。其他包体是坩埚中的籽晶和金属片，没有液体包体，也没有天然固体包体。

助熔剂法的过程受到严格控制，需要长达一年的时间才能生长出晶体。虽然耗时且昂贵，但合成的宝石质量很好。该工艺可生产祖母绿、红宝石、尖晶石（包括难以通过焰熔法生产的红尖晶石）、变石和人造钇铝榴石。有几家公司因为生产助熔剂法宝石而出名，这些

▲ 一种具有晶面的助熔剂法合成红宝石，形状与天然红宝石晶体截然不同

宝石通常以制造商的名字命名，例如查塔姆公司生产的祖母绿和红宝石。

水热法

水热法再现了从溶液中生长晶体的自然地质条件。此方法使用水而不是助熔剂，将宝石成分放在一个叫作高压釜的密封容器中，在高温和压力下使其溶解。当溶液缓慢冷却时，晶体在悬浮的籽晶上逐渐形成。这种方法速度慢、成本高，但比熔剂熔化快。由于高压釜是密封的，因此无法添加其他成分。该工艺主要用于生产祖母绿、红宝石和紫水晶。市场上还可以看到热液变石、红宝石、蓝宝石、红绿宝石和红绿柱石。水热法合成的宝石可能是非常纯净的，有波浪形分带，内部外观有起伏。它们很难与天然宝石区分开来。

▶ 一种俄罗斯的水热法合成祖母绿。沿着中心可以看到它的扁平籽晶

高温超高压法

高温超高压法主要模拟钻石的自然形成条件，通过顶压机或年轮式高压模具产生超高压。中央的生长室添加一种助熔剂，在其中溶解工业钻石粉末或石墨，可添加诸如氮（黄色）或硼（蓝色）等着色剂。钻石从溶解的碳中生长到天然或人造钻石的籽晶上，此法的生长温度低于自然界的要求。20 世纪 50 年代，第一批高温超高压法钻石通过此方法成功生长，并可以复制。大多数高温超高压法钻石都会发出荧光，与天然钻石相比，它在短波紫外线下的反应更强。此外，当在偏光镜上观察时，它们缺乏内部应变。高温超高压法还用于去除天然钻石和化学气相沉淀法钻石中的棕色杂色，如今还用于处理蓝宝石。

化学气相沉淀法

化学气相沉淀法钻石在含有甲烷（CH_4）和氢（H_2）蒸气的生长室中生长。通过化学反应，碳原子从甲烷中沉淀出来，层层沉积在晶种板或衬底上，形成单晶。该过程发生在高温、低压条件下。化学气相沉淀法钻石最早是在 20 世纪 50 年代出现的，但直到 20 世纪 90 年代末才开始商业化生产。可以使用偏光镜通过内部应变的异常柱状图案来识别，但通常需要进一步的实验室分析。

宝石鉴定

对宝石的鉴定分析可以了解它的成分，鉴别是天然的还是合成的，以及是否经过处理。鉴定分析还可以指示产地地层的地质背景，有时还可以指示地理位置。然而，这不是一个简单的过程。宝石种类繁多，不仅有矿物、岩石，还有有机物、人造材料，所以每种宝石的物理性质也会有所不同。而新的宝石矿物和矿床也在不断被发现，这都需要鉴定技术与时俱进。

宝石鉴定往往极为复杂，因为有很多无法检测到的处理方法、市场上未公开的新修补处理方法，以及与天然矿物具有相同性质的合成矿物。鉴定通常仅限于非破坏性的方法，当鉴定镶嵌在珠宝中的宝石

▲ 在宝石显微镜上观察到的宝石，光源在下方

时，更是只能接触到宝石的一部分。宝石学是一个不断发展的领域，必须跟上这些新进展的步伐。因此，宝石学家必须让自己成为一个侦探，使用多种方法建立证据以确定宝石的真正身份。

宝石学家最伟大的工具就是观察，通过眼睛或借助放大镜的帮助。不论是用手持放大镜，还是显微镜，都是很重要的工具。宝石鉴定的显微镜上可以使用不同的光学装置，这对于观察不同类型的宝石或突出其中的包体至关重要。

对外部特征的观察为宝石的鉴定提供了许多线索。宝石特有的光泽明亮度高可能表示折射率很高。而磨损程度体现宝石的硬度和韧性：硬度低的宝石更容易出现划痕，同时韧性差的宝石更容易出现损坏。有的宝石有独特的断口，例如石英或玻璃中的贝壳状断口。刻面棱线圆润可能表示其为模压玻璃或相对较软的宝石，而刻面棱线尖锐边缘则是需要高度抛光的高硬度宝石，如钻石。也可以观察处理痕迹，如涂层磨损、

▲ 放大后观察到，相对锐利的刻面棱线和相对干净的刻面，揭示了锆石的特性

裂缝中染料的颜色浓度、裂缝填充物的不同表面光泽以及拼合宝石上的连接线。

内部特征（尤其是包体）也很重要，为鉴定种类、处理方式和宝石起源提供了重要线索。因为包体与天然和人造宝石的形成过程和环境直接相关。刚玉或尖晶石中的弯曲色带可鉴别焰熔法合成宝石，而天然宝石是直纹色带。祖母绿中的方解石和黄铁矿表明其来源于哥伦比亚，而所含云母表明其为片岩型矿床，如产自赞比亚或巴西的祖母绿。一些包体非常具有特征性，如海蓝宝石中的"雨状包体"，或翠榴石中的"马尾状包体"。包体周围的应力断裂意味着宝石经过加热处理。

未进行珠宝镶嵌的宝石密度可以用静水天平测量。此法基于阿基米德原理，测量宝石在空气中和水中的质量，以确定其相对密度。虽然测量对精度要求较高，但密度数据有助于区分外形类似的宝石，如软玉和翡翠。

宝石的光学特性也是鉴定的重要参考，光学效应能为其内部结构、成分和光密度提供线索。手持式宝石鉴定设备的测试是非破坏性的，实践中相对简单。

偏光镜使用平面偏振光分析透明和半透明宝石，区分均质体（单折射）和非均质体（双折射）材料。它由两个偏光片组成，位于光源上方。上面的叫偏振滤光片，可以旋转90度角。通过下滤光片传输的平面偏振光无法通过上滤光片传输。宝石被放置在两者之间，其自身对通过底部滤光片的光线进行过滤。旋转时，均质体宝石保持黑暗（称为全消光），非均质体宝石一开始黑暗（称为四明四暗），然后每转90度角变亮一次。异常消光效应是由于均质体宝石的内部应变引起的，可能是具有特征识别性的。天然钻石因形成环境较为复杂而有异常消光，而人造钻石

◀ 偏光镜有两个偏振滤光片，一个在另一个之上，彼此成90度角，中间放宝石

则没有。

有趣的是，合成尖晶石因合成压力而显示出异常消光，而天然尖晶石则为全消光。

宝石的折射率是用折射仪测定的。由于每个可见光波长都有不同的折射率，因此宝石的折射率是使用一个波长为589纳米（使用的钠光灯的黄色光）的光源测量的，这允许不同的宝石进行比较。折射仪

▼ 折射仪，一块宝石正面朝下放置在玻璃台面上。后面的黄色光源照射到折射仪中，通过前面的目镜观察刻度

是使用宝石的全内反射原理来测量折射率的。宝石被放在折射仪的小玻璃台上（具有较高的折射率），在界面处使用一滴接触液以确保光学接触。黄色光线通过玻璃内部照射，根据入射角的不同，在宝石内部全内反射，照亮一个刻度。折射光和反射光的划分由宝石的临界角决定，在刻度上显示为明亮的反射光和暗影之间的边缘。阴影边指示的值就是宝石的折射率。接触液的折射率通常为1.79或1.81，这限制了测试的上限。因此，折射率较高的宝石（如石榴石和钻石），很难用标准折射仪测量。

对于双折射矿物，每条光线都有自己的阴影边缘，可以确定其折射率。两个折射率之间的最大差异是双折射率。旋转宝石可以收集更多有关光学性质的信息：观察一条或两条阴影边缘是否移动，以及如何移动，可以表明宝石是单轴还是双轴；是否带有明暗交替的光学效应可以识别具有双折射值的宝石，如石英和方沸石。天然祖母绿和尖晶石可通过略有不同的折射率和双折射率来鉴定是否为合成宝石。

二色镜是一种简单而有效的工具，可以通过宝石的多色性特点来识别宝石。它通过透射光测试透明的彩色宝石。伦敦二色镜由两个90度角并排设置的偏振滤光片组成。当观看双折射宝石时，每个滤光片都会阻挡两

条透射光线中的一条，使它们可以单独看到，并可以并排显示每个光线的多色性。多色性的检测也可以鉴定出单一折射率的宝石，例如区分红宝石与石榴石、红色尖晶石和玻璃。

查尔斯滤镜只允许传输深红色和黄绿色波长的光。这意味着只有通过滤光片传输深红色波长光的宝石才会呈现微红色。含有铬的绿色宝石（如祖母绿和深红色石榴石），

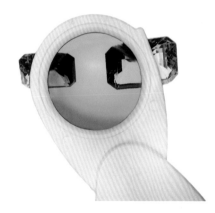

▲ 查尔斯滤镜可区分这两种浅蓝色宝石。海蓝宝石（左）呈蓝绿色，而合成尖晶石（右）呈红色。请注意，这是一张合成照片

以及含有钴的蓝色宝石（如蓝色尖晶石和玻璃），也会透射红色波长，因此呈现红色。这个简单的工具可以快速分离类似颜色的宝石，如海蓝宝石（呈淡蓝色）、蓝色黄玉（呈淡橙色）、蓝色玻璃和蓝色合成尖晶石（呈红色）。它还可以鉴定一些处理痕迹，如翡翠中的含铬的绿色染料。

分光镜是将可见光传播到全光谱的工具。这揭示了宝石可以透射或吸收的波长。透射光通过狭缝进入分光镜，并通过衍射光栅或棱镜被分散。吸收的波长从光谱中去除，形成暗线或暗带，被称为吸收谱带。研究已经确定了每种化学元素吸收的波长，一些显色元素（如铁），会呈现出独特的谱带。虽然手持式分光镜不够精确，无法检测出准确的波长，但呈现的图案足以指示致色元素。许多宝石都有可以识别它们的特征光谱。

在长波和短波紫外线照射下，有些宝石可见荧光，这也是鉴别宝石、鉴定处理痕迹和区分合成宝石的有用工具。

有时宝石需要更复杂的鉴定测试，超出了标准宝石学设备的能力。在过去40年中，宝石处理和合成宝石取得了重大进展，加上对明确宝石地理来源的需求不断增加，通常需要由宝石实验室使用复杂的分析鉴定方法。

随着设备的不断改进，技术不断发展，现在可用无损微纳米分析进行鉴定。这些方法允许在原子尺度上检测宝石处理，鉴定高质量的合成宝石，进行详细的化学和结构评估，以及精确分析出含量低至十亿分之一的微量元素。这些宝石的微量元素反映了宝石形成的地质环境，成了可用于确定宝石地理来源的地球化学"指纹"。

用于观察人体内部骨骼的 X 射线也被用于鉴定珍珠等不透明宝石，以揭示其内部特征。X 射线分析可以区分珍珠是自然核还是培养核，以及珠核的存在与否。测试透明宝石可以识别裂缝填充物，因为用于钻石和红宝石的铅玻璃对 X 射线的透光性差。扫描电子显微镜使用一束电子从纳米级样品中获取信息，这项技术也发现了蛋白石的光学效应的结构是一系列的微小球体。

先进的光谱仪可以分析从紫外线到可见光的波长吸收。这会产生一个吸收光谱，检测吸收光的确切波长和强度。由于吸收光谱直接代表了宝石中引起颜色的元素和缺陷，因此它可以识别宝石的成分和呈色因素，并指示地质背景和地理起源。该过程通常用作识别玄武岩成因和变质岩成因的蓝宝石，以及变质岩成因或岩浆成因的祖母绿的第一步。

拉曼光谱仪通过激光撞击材料并测量散射的激光来分析材料的结构。这产生了宝石材料特有的拉曼光谱，可通过与已知光谱的比较来鉴定宝石。

拉曼显微镜可以分析微小的粒子（例如包体），即使它们位于宝石内部，也可以确定其成分。拉曼光谱通常与 X 射线荧光等化学测定方法结合使用。

X 射线荧光能谱仪通过测量向宝石发射的 X 射线来确定其成分。宝石材料由 X 射线或电子束（在扫描电子显微镜中）激发，以 X 射线的形式重新释放能量。这一过程可以识别元素，估计其相对丰度，但无法检测出比钠轻的元素。这种无损检测技术被广泛应用，例如，通过锰含量区分海水珍珠和淡水珍珠，并检测宝石的硝酸银处理。

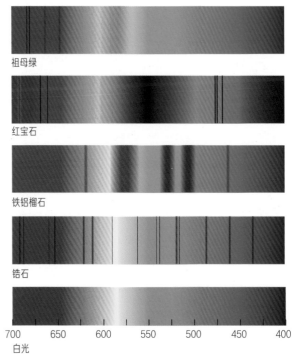

◀ 不同宝石的吸收光谱，用手持式衍射光栅光谱仪观察。从上到下：天然祖母绿光谱（来自铬），红色为双峰，橙色为两条微弱窄带，黄色为弱吸收，但透射所有绿色；红宝石光谱（来自铬），发射双峰为红色，两线为橙色，广泛吸收黄色和绿色，三线为蓝色；铁铝榴石光谱（来自铁），在 576 纳米、527 纳米和 505 纳米处有三个特征带；锆石光谱（来自铀），在未经处理的石头中可以看到许多细纹和弱带；具有纳米级可见光波长的白光光谱（无吸收）

祖母绿

红宝石

铁铝榴石

锆石

| 700 | 650 | 600 | 550 | 500 | 450 | 400 |

白光

　　在 21 世纪初出现铍扩散处理的蓝宝石之后，就需要一个能够检测较轻元素的分析方法。激光剥蚀电感耦合等离子体质谱仪可以检测到低浓度的铍等轻元素，它会剥蚀一个大约人类头发一半宽度的微小斑点（因此被认为是半破坏性的），然后使用质谱仪来确定元素及其数量。这是一个用于确定含铜的帕拉伊巴电气石地理来源的检测方法。这些美丽的宝石如果原产于巴西的帕拉伊巴，每克拉售价可高达 15 万美元，而来自非洲的同等宝石的价值不到其四分之一。由于来源对价值的影响很大，准确分析低含量的微量元素对于确定来源至关重要。

宝 石

本书描述了常见的宝石，以及一些稀有的宝石。这些宝石根据其地质起源，由不同的矿物和岩石形成。最后一章讨论了有机宝石，它们因生物起源而被单独拿出来描述。

对宝石的地质成因进行科学分类很重要：

- 由地质作用所形成的、一般为结晶态的天然化合物（绝大多数为无机化合物）或单质。矿物种类清单由国际矿物学协会下属的新矿物命名和分类委员会（CNMNC）管理。

- 不同种类的矿物在外观、晶体形状或光学现象上表现出明显的区别。品种名称也可以表示来源，或具有其他含义。有些矿物品种具有相同的内部晶体结构，成分相同或略有不同，但变化不足以被定义为新矿物。例如，红宝石是矿物刚玉的红色品种，帕拉伊巴电气石是巴西帕拉伊巴州产出的电气石品种。宝石品种名称不受矿物限制，范围广泛。一些种类（如月光石），存在于多种矿物中。

- 矿物族由密切相关的矿物种类组成，通常具有相同的晶体结构，但成分不同。由于有时很难区分单个矿物种类，一些宝石（如电气石），因其族名而为人所知。

- 矿物类质同象系列是从一种矿物种类（称为端员矿物）到另一种矿物种类的连续变化的一系列矿物组合，通常是由于一种元素逐渐被不同的元素取代，直到第一种矿物成为第二种矿物。石榴石族形成类质同象系列，由于石榴石宝石成分通常是混合物，很难确定其确切的矿物种类。

宝石的分类很复杂。已知宝石的名称可能是科学名称（矿物种类名或族名）、颜色品种，甚至是商品名。宝石的排序也没有标准化——它们可能按首字母排序，也可能按重要性和受欢迎程度排序。

在这本书中，我选择了按矿物种类的首字母顺序排列知名和稀有的宝石，因此它们很容易能够在本书中找到。在每个不同的宝石种类中，都会讨论其更详细的品种，如果其品种众所周知或特性略有不同，则会给出各自部分的说明。不同品种按颜色变化或光学现象进行排序，方便进一步说明矿物关系，如类质同象系列。石英分为显晶质和隐晶质（玉髓）两种。

例外的是长石、石榴石和电气石族和玉石的矿物种类。由于它们之间的相似性、难以区分单个品种、组成成分不纯以及品种名称重叠，因此这些都是按矿物族或者大类而不是按单种矿物进行讨论的。在这些矿物大类中，对重要的宝石种类或品种进行了单独描写。列出的属性包括每种宝石最常见的观察范围。

2 常见宝石

本章介绍了最常见的宝石和一些著名的宝石品种。从钻石、红宝石到电气石和锆石，这些宝石是市场上极受欢迎的装饰品，每一个都有自己独特的属性，使得这些宝石拥有别具一格的美丽外观，从而诱惑着世人的双眼。

红柱石

成分：硅酸铝（Al_2SiO_5）
晶系：斜方晶系
莫氏硬度：7～7.5
解理：中等
断口：参差状、半贝壳状
光泽：玻璃光泽至油脂光泽
相对密度：3.05～3.21
折射率：1.627～1.651
双折射率：0.007～0.014
光性：二轴晶负光性
色散：0.016

红柱石多为褐色，偶尔有红色和粉红色的种类。它在 1798 年被发现，其英文名"Andalusite"来源于西班牙安达卢西亚区的地名，当时人们误认为安达卢西亚是这些宝石的发源地，但它们实际上来自北部卡斯蒂利亚－拉曼查区的卡多索山脉。有趣的是，著名的红柱石品种空晶石在 44 年前就已经在西班牙被发现并被描述过。

红柱石常见于变质岩中，偶尔也能出现在伟晶岩中，它与蓝晶石和硅线石具有相同的成分，但有着不同的晶体结构。不同的同质多象体诞生于不同的压力和温度条件，红柱石

◀火玛瑙美丽的层状晕彩

▶巴西红柱石的水蚀晶体

形成于低压环境，温度从低温至高温都可。由于它们很少同时出现在同一岩石中，因此这些同质多象体往往用来指示赋存岩石经历的变质条件。宝石级的红柱石非常罕见，大多数是在宝石砾石砂矿中发现的水蚀晶体或碎片。主要产地是巴西、斯里兰卡和缅甸，次要产地包括马达加斯加和中国。工业用红柱石产自南非，因其耐高温的能力而用于熔炉。

▲ 来自澳大利亚南澳大利亚州宾波里的一块打磨过的空晶石晶体断面

红柱石具有斜方晶系的对称性。它可以形成具有方形横截面的等长棱镜状晶体，或者纤维状或块状晶体。它有两个方向几乎呈 90 度角的解理，这降低了它的韧性和耐用性，再加上它的产量稀有，这意味着它通常只能是收藏家的玩物。其内含物可能是棕色云母片、透明晶体、叶状或管状平行包体或初始解理。

红柱石具有强烈的多色性，这也是它备受喜爱的原因，最好的种类是绿色或红色的红柱石。它的红棕色、绿色、黄绿色的三色性可以在切割宝石时，很容易地从不同的方向看到。红柱石有典型的透明至半透明的玻璃光泽，大多数情况被做成刻面宝石。原石被切割成可以从正面看到两种或两种以上的颜色。红色和绿色，或黄色和绿色的耀眼的闪光是以损失重量的切割方式得到的。长矩形或椭圆形切割最为常见，中间显示一种颜色，末端则显示另一种颜色，而圆形切割则尽可能地呈现多色性。尽管存在较大的红柱石宝石，但大多数不到 20 克拉。

红柱石有两个品种：其中美丽的深绿色含锰品种主要产自巴西，被称为锰红柱石；另一种是空晶石，这是一种非常特殊的、主要是不透明的品种，具有独特的十字形内部图案。这些晶体会被切割和抛光成薄片或圆片。

它们的体色有淡白色、灰色、淡黄色或粉红色，以及由碳质包体形成的黑色十字。空晶石的著名产地有西班牙、澳大利亚和美国，其他一些国家（包括俄罗斯）也会产出一部分空晶石。

红柱石一般不做处理；极少数情况下会用加热处理以改善颜色，或填充裂缝以提高清晰度。保养时最好用温肥皂水清洗。应避免使用超声波和蒸汽清洁器，以免产生裂开的风险。红柱石和电气石很相似，特别是经过切割凸显多色性后，但可以通过其不同的双折射率在折射仪上进行区分。它也可能与类似颜色的橄榄石和金绿石混淆，但这些宝石缺乏红柱石那种强烈的多色性。

▲ 产自巴西米纳斯吉拉斯的 23.96 克拉阶梯型切割红柱石。它显示出强烈的多色性，在每个方向上都有不同的颜色。从左至右：顶视图（绿色）、侧视图（黄绿）、底视图（红棕色）

磷灰石

成分：含钙磷酸盐 $[Ca_5(PO_4)_3(F,OH,Cl)]$
晶系：六方晶系
莫氏硬度：5
解理：不发育
断口：贝壳状
光泽：玻璃光泽
相对密度：3.10 ~ 3.35
折射率：1.628 ~ 1.662
双折射率：0.002 ~ 0.010
光性：一轴晶负光性
色散：0.013

磷灰石因其具有令人惊讶的各种颜色而受到矿物收藏家的追捧，是一种很有吸引力的宝石。然而，它的低耐久性限制了它在珠宝中的应用。磷灰石的英文名字来自希腊语，意思是欺骗，这是因为它的颜色和晶体形状极具迷惑性，人们经常将其误认为如绿柱石这样的其他矿物。

磷灰石最有趣的地方是在我们生活中扮演的角色——它是在生物体系中发现的为数不多的宝石矿物之一。磷灰石是骨骼和牙齿釉质的矿物质成分。事实上，由于氟化物与牙釉质中的磷灰石会发生反应，使其更耐酸侵蚀，所以其被添加到饮用水中以防止蛀牙。磷灰石在工业上的主要用途是制造肥料。

磷灰石是一种含钙磷酸盐，从矿物学角度讲，它是一组由三种矿物组成的矿物总称，根据其附加的阴离子浓度，可以分为氟磷灰石、羟磷灰石、氯磷灰石。氟磷灰石是最普遍的，但在宝石行业中一般只使用磷灰石这个名字。

磷灰石是六方晶系，它形成六面细长、短粗或扁平的棱柱状晶体。它们通常有扁平或棱柱形的晶锥以及侧面的条纹。晶体标本特别好看，是一些矿物收藏家的最爱。

磷灰石是一种常见的矿物，发现于许多类型的岩石中，比如火成岩、变质矽卡岩、大理岩，以及磷酸盐沉积岩等。宝石级晶体主要与伟晶岩或热液矿脉有关，也可在冲积砂矿中发现。

磷灰石重要的产地包括巴西（生产蓝色，黄色和绿色的磷灰石）和墨西哥（生产黄色的磷灰石），葡萄牙的帕纳斯凯拉矿以其黄绿磷灰石和紫色磷灰石而闻名。其他产地包括俄罗斯、缅甸、加拿大和美国的几个地方（包括以紫色磷灰石闻名的缅因州）。马达加斯加生产的品种非常好，拥有蓝绿色，颜色类似于帕拉伊巴电气

◀ 六方晶系的磷灰石晶体，长 5 厘米，具有发育完好的晶锥，来自墨西哥杜兰戈

▶ 阶梯切工的紫色磷灰石，重 1.08 克拉，内含许多微小的包体，来自美国缅因州

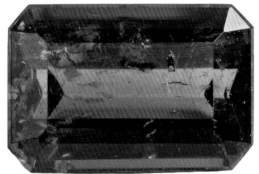

▲阶梯切工的深蓝色磷灰石，重 1.24 克拉，来自巴西

▼ 来自缅甸的磷灰石，重 16.56 克拉，带有平行的针状包体，弧面型切割使其形成弥漫的猫眼效应

▲阶梯切工的椭圆形绿色磷灰石，重 1.99 克拉，来自东非

石。在挪威阿伦达尔首次发现了一种蓝绿色的蓝磷灰石。显示猫眼效果的宝石产自缅甸、巴西、斯里兰卡和坦桑尼亚。

磷灰石有多种吸引人的颜色——蓝色、绿色、黄色、紫色、粉色以及无色。透明的类型通常做成刻面宝石。它很少是完美无瑕的，可能有空心管和重新愈合的裂缝包体。含有许多平行针状包体的可以形成猫眼效应，可以切割成弧面型来凸显这种效应，常见于黄色或绿色磷灰石。有些磷灰石会发出荧光，一部分是由于稀土元素的杂质引起的。

颜色是磷灰石最令人向往的方面，对于原石的切割是为了充分显示颜色。原石自身的形状是长条形还是扁平形也将决定最终宝石的形状。

典型的切割形状有圆形、椭圆形或长条形。大多数刻面宝石都很小。较不透明的材料可打磨成珠子或装饰物。

磷灰石是一种软质矿物，易划伤，莫氏硬度为5，且易碎。由于它的低耐用性，通常作为收藏。它可以作为首饰佩戴，但需要做保护处理，最适合作为耳环和吊坠。磷灰石对热非常敏感，易受化学侵蚀，因此不适合日常佩戴，需要小心处理。磷灰石的颜色通常经过热处理进行了改善，特别是蓝色的类型。

蓝铜矿

成分：碳酸铜 [$Cu_3(CO_3)_2(OH)_2$]
晶系：单斜晶系
莫氏硬度：3.5 ~ 4
解理：完全
断口：贝壳状
光泽：玻璃光泽
相对密度：3.70 ~ 3.90
折射率：1.720 ~ 1.850
双折射率：0.108 ~ 0.110
光性：二轴晶正光性
色散：无

▼ 在澳大利亚昆士兰州的一座矿中，片状蓝铜矿晶体在以玫瑰晶簇的形状交织生长

蓝铜矿的英文名因其灿烂的天蓝色于1824年被正式命名。自古以来，人们就以不同的形式描述和识别它，罗马哲学家普林尼于公元77年完成的《自然史》中也提到了它。其蓝色较为丰满，曾被用作蓝色颜料，但矿物粉尘的毒性和随时间变绿的趋势导致其逐渐被其他颜料（比如普鲁士蓝）所取代。

蓝铜矿是一种碳酸铜矿物，并不是主要的铜矿石。它是一种次生矿物，赋存于铜矿石风化蚀变形成的铜矿外围。蓝铜矿具有单斜晶系结构，以多种棱柱状和板状晶体形式存在，常呈复杂的放射状。晶体通常不透明，有玻璃光泽，通过薄薄的晶体棱线可以看到靛蓝色。蓝铜矿形态还可以为层状、葡萄状、钟乳状以及块状。

由于在法国切西矿山的铜矿床中发现了壮观的晶体，这种矿物在 19 世纪被称为"切西石"。纳米比亚的楚梅布、墨西哥的米尔皮拉、美国亚利桑那州的比斯比、摩洛哥的托伊西特和秘鲁也产出较为优质的晶体标本，这些优质蓝铜矿深受收藏家的追捧。其他产地包括澳大利亚、德国、希腊和俄罗斯。

铜是产生蓝铜矿呈浅蓝、亮蓝或深蓝色的原因。明亮的蓝色以波浪状分层的方式显示在抛光表面，它用于装饰物。为了突出不透明条带的美丽，也由于 3.5 ~ 4 的莫氏硬度非常低，宝石通常被打磨成弧面、珠子或平片。高质量的透明晶体是可以做成刻面宝石的，但非常罕见。

蓝铜矿通常与孔雀石共生，孔雀石是一种和其成分类似的绿色碳酸铜矿物。两者经常交织生长从而展现明亮的蓝色和绿色交错的外观，也被称为蓝孔雀石。这种不透明的宝石往往被做成装饰物。由于孔雀石比它更稳定，蓝铜矿晶体经常转变成孔雀石，其会保持原始晶体的形状从而形成假象。蓝铜矿应小心对待，因为它很容易划伤。它对热很敏感，也可能在阳光下褪色。作为一种碳酸盐矿物，它易受酸的影响，因此应避免接触家用清洁剂、香水和发胶。蓝铜矿可涂上透明涂层，以提高其硬度和光泽。已知一种由压缩的蓝铜矿和孔雀石构成的重构蓝孔雀石，可以通过浸渍树脂使其稳定，从而产生一种既漂亮也耐用的材料。

绿柱石及其相关品种

绿柱石族中最著名的品种是祖母绿和海蓝宝石，也包括摩根石（粉绿柱石）、金绿柱石、透绿柱石和罕见的红绿柱石。其因颜色、耐用性和透明度俱佳而备受推崇，成为美丽的宝石大类之一。而其中的祖母绿被认为是重要的有色宝石。

绿柱石族

成分：铍铝硅酸盐 $[Be_3Al_2(Si_6O_{18})]$
晶系：六方晶系
莫氏硬度：7.5 ~ 8
解理：不完全
断口：贝壳状
光泽：玻璃光泽
相对密度：2.60 ~ 2.90
折射率：1.560 ~ 1.602
双折射率：0.003 ~ 0.010
光性：一轴晶负光性
色散：0.014

绿柱石是一种铍铝硅酸盐，铍是一种稀有元素，在上地壳中这种矿物相对少见。宝石品种通常以其艳丽的颜色来进行分类，这些颜色是由不同的微量化学杂质造成的。在同一矿床中常发现透绿柱石、海蓝宝石、金绿柱石和摩根石，且具有相似的特征。它们主要是在与大型火成岩侵入相关的伟晶岩中形成的。在这种环境里，像铍这样的稀有微量元素在结晶后期浓缩，其含量足以形成绿柱石。伟晶岩中的空洞为巨大的晶体生长提供了空间。红绿柱石通过热液作用出现在铍质火山流纹岩中，祖母绿则形成于片岩和矿脉中。

绿柱石具有六方晶系的对称性，且所有品种的晶体均呈现出形状良好、六方且板状的棱柱体。非宝石级的绿柱石可长到数米大小，是铍的主要矿石。记录在案的最大晶体是在马达加斯加发现的，长18米宝石级别的晶体，特别是海蓝宝石和金绿柱石，也可以长得很大，而罕见的红绿柱

◀ 绿柱石不同颜色的品种（从左至右）：金绿柱石（黄色）、祖母绿（绿色）、海蓝宝石（蓝色）、红绿柱石（红色）和摩根石（粉色），所有品种均呈六方棱柱结构

石只能长到几厘米。绿柱石是一种经久耐用的宝石矿物，可被风化并从母岩处被搬运，聚集在宝石砾石等次生砂矿中。

▲ 粉红色的六角形摩根石晶体，顶端为海蓝宝石

纯净的绿柱石是无色的（透绿柱石）。含铁杂质会产生蓝色（海蓝宝石）到黄色或绿色（金绿柱石），含锰则产生粉红色（摩根石）到红色（红绿柱石），含铬或钒产生深绿色（祖母绿）。所含的杂质不一致会导致颜色深度的变化，甚至会导致同一晶体中绿柱石种类的变化。所有颜色的绿柱石都具有明显的多色性，表现出两种颜色变化。

宝石级的绿柱石从透明到半透明都有。透绿柱石、海蓝宝石、金绿柱石和摩根石通常较为纯净，而祖母绿和红绿柱石则包体较多。包体是典型的同生流体包体，反映了晶体生长的富热液环境。与晶轴平行的细长空心或充液管道是典型的包体类型。

绿柱石的切割主要以突出颜色为目的。海蓝宝石、金绿柱石和摩根石通常颜色较浅，为了最大限度地增强颜色，通常采用较深的切割方式，以拥有较大的台面。成品宝石可以在台面看到强烈的多色性。

包体较多的材料可进行弧面型切割。当平行生长的管状包体出现的数量足够多时，弧面型切割的绿柱石可能会表现出猫眼效应，或比较罕见的星光效应。

这种较为耐用的宝石的莫氏硬度为7.5～8，但有一个不完全的解理，这使得它略有点脆。除非进行过裂缝填充处理，否则它可以很好的抵抗化学侵蚀。除了祖母绿的所有绿柱石品种，都可以放心地戴在身上，并适用于所有类型的珠宝镶嵌。含有少量杂质的宝石可以用超声波或蒸汽清洁器清洁，但祖母绿比其他品种更脆，通常会进行裂缝填充处理，因此需要更为小心的保养。

透绿柱石

成分：铍铝硅酸盐 [$Be_3Al_2(Si_6O_{18})$]
晶系：六方晶系
莫氏硬度：7.5 ~ 8
解理：不完全
断口：贝壳状
光泽：玻璃光泽
相对密度：2.60 ~ 2.90
折射率：1.561 ~ 1.602
双折射率：0.004 ~ 0.009
光性：一轴晶负光性
色散：0.014

▼ 来自巴西米纳斯吉拉斯的透绿柱石，宽约 7.2 厘米

　　透绿柱石是一种无色或近乎无色的绿柱石。它的英文名是以发现它的美国马萨诸塞州戈申的地名命名的，它的晶体呈棱柱形。颜色范围从白色不透明到透明，大多数做成刻面宝石后都很纯净。透绿柱石具有相当好看的玻璃光泽，但由于色散低而缺乏火彩。它本身并不被视为一种常规宝石，但是经常被用来仿制钻石或祖母绿。由于硬度较低且缺乏火彩，因此可以很容易地把它和钻石鉴别开来。透绿柱石和祖母绿则比较难以区分，因为它们具有几乎相同的性质，但透绿柱石没有祖母绿的包体，用于模仿颜色的底衬在放大镜下可能会观察到起皱或变色。

　　宝石级的透绿柱石产量相对丰富，常与海蓝宝石一起被发现。其产地包括巴西、巴基斯坦、加拿大、俄罗斯、中国、缅甸、斯里兰卡和纳米比亚。它可以被辐照处理以产生其他颜色，产生的颜色取决于它所含的杂质。但它通常不做处理，可能与其他无色宝石（如石英、水晶、黄玉、蓝宝石和锆石）相混淆，但可以通过折射率和密度来区分。

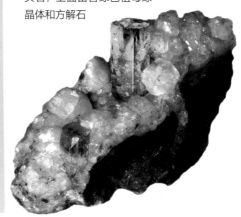

▼ 来自哥伦比亚穆佐的黑色页岩，上面富含绿色祖母绿晶体和方解石

祖母绿是绿柱石的绿色品种，几千年来一直备受追崇。它以饱满的绿色而闻名，是重要的宝石之一，与钻石、红宝石和蓝宝石齐名，长期以来都被视为具有治疗能力的圣石。祖母绿在埃及已有 2 000 多年的历史，"smaragdus"（意为绿石）在普林尼的《自然史》中被许多历史学家解释为祖母绿。所以这个名字间接地从希腊语的"smaragdos"演变成英语的"emerald"。

在 18 世纪晚期，这种宝石曾被直接归为绿柱石，而并没有被特别分类。它的颜色范围可以从蓝绿色到黄绿色，而最有价值的是拥有浓厚饱满的纯绿色或稍微带点蓝的绿色。这种颜色是由铬或钒的微量杂质引起的，这些杂质在晶体结构中替代了铝。含铁则会具有蓝色或黄色。一般来说，除非用铬、钒着色，不然绿柱石不可能达到祖母绿的颜色标准。仅由铁杂质引起的颜色变化较轻，这种不够饱和的绿色只能算作价值较低的金绿柱石。不过，也有一些宝石学专家和经销商是根据宝石绿色的深度和饱和度来定义是否为祖母绿，而不是考虑其化学成分。祖母绿多为蓝绿色、黄绿色。由于铬的存在，它可能会有淡粉色到红色的荧光，不过只要其中含铁就无法看到荧光效应。

祖母绿通常形成细长的、带有扁平晶锥的六方柱状。它主要以单晶形式出现，但也可以以辐射状集体生长。虽然祖母绿晶体也有大尺码的，但和伟晶岩中的绿柱石超大晶体不可比，宝石级祖母绿晶体通常径长小于10厘米。

不同于其他绿柱石品种，祖母绿的形成局限于铍、铬和钒聚集在一起的环境中。其矿床位于侵入基性岩、侵入超基性岩的伟晶岩和石英脉接触带中，侵入伟晶岩或区域变质作用有关的暗色变质片岩中，以及构造褶皱和断裂的沉积黑色页岩中。在这些环境中，热液循环将元素聚集在一起，使祖母绿在矿脉、空洞或片岩中结晶发育。

地质环境的构造活动，导致祖母绿常含有裂缝（通常会重新愈合）和大量包体，晶体也有可能会略微破碎。由于这些"缺陷"，祖母绿不太耐用。它不耐受风化和搬运，因此在次生砂矿中很少发现。

埃及是古代祖母绿的主要产地，从公元前330年就开始在东部沙漠地区进行开采（还有一些历史学家认为早在公元前1900年就开始了）。这些矿床被称为埃及艳后的矿山，据说祖母绿是她最喜爱的宝石（虽然这可能是个误解，她最爱的可能是一种绿色橄榄石）。来自埃及的祖母绿通常颜色较浅，包体较多，被认为比其他产地的质量要差。

哥伦比亚是著名的祖母绿产地，出产令人难以置信的美丽晶体，并为祖母绿的颜色设定了标准。在这里，祖母绿由石灰岩中构造断裂的黑色页岩中的热液形成，常与方解石和黄铁矿晶体共生。几个世纪以来，当地原住民一直在开采它，并与玛雅人、印加人和阿兹特克人进行贸易。西班牙人在16世纪把这

▲ 坐垫混合型切割的祖母绿，重1.82克拉，具有良好的清晰度，可能来自哥伦比亚

些美丽的祖母绿抢回欧洲后才使得欧洲人知晓此宝石。今天，哥伦比亚仍然是最大的祖母绿生产国，其生产的祖母绿被认为是最高质量的。

赞比亚在卡福布地区拥有大量的祖母绿矿床，其产量约占世界产量的20%。其中卡基矿山是众多矿山中主要的一座。1928年就在该地发现了祖母绿，但直到20世纪60年代末才开始商业开采。这些祖母绿晶体发育在伟晶岩和侵入片岩的矿脉之间的接触带中，一些包裹在石英晶体内的祖母绿能生长为壮观的晶体标本。与哥伦比亚祖母绿相比，赞比亚祖母绿呈蓝色（由于含铁量较高），透明度更好。非洲大陆的其他重要产地包括津巴布韦（以小而精致的亮绿色祖母绿而闻名于世）、尼日利亚、马达加斯加、坦桑尼亚、莫桑比克和南非。南非拥有世界上最古老的祖母绿，有29.7亿年的历史。近年来，埃塞俄比亚生产的优质祖母绿已经可与哥伦比亚的相媲美。

巴西是继哥伦比亚和赞比亚之后的第三大祖母绿产地，自20世纪60年代开始商业开采祖母绿，到80年代则发现了优质的宝石级晶体。巴西祖母绿可能比哥伦比亚祖母绿颜色更浅，更偏黄绿色。其他产地包括阿富汗、巴基斯坦和俄罗斯（19世纪30年代在乌拉尔山脉的马利舍沃片岩中发现，同时还发现了其他含铍矿物，包括金绿石品种的变石和硅铍石）。在中国、印度、澳大利亚、美国、挪威和奥地利等国也有发现。

与其他绿柱石品种相比，祖母绿由于其饱满的颜色和稀有性，其肉眼可见的包体被认为是可以接受的。一颗精致的祖母绿的价值是同等大小的无瑕的海蓝宝石的数倍，而且极为罕见的无瑕的精致祖母绿的价格可以与钻石媲美。其所含的包体会被描述为内部花园——含有少量包体的祖母绿可能是做过处理的。包体是区分天然和合成祖母绿的关键，也是确定祖母绿生长的母岩信息的关键，它可能指示祖母绿的来源。典型的包体有生长面、六边片晶、固体矿物包体、部分再填充裂隙和多相组合包体。

赞比亚、津巴布韦、马达加斯加、坦桑尼亚、巴西和俄罗斯拥有典型

◀ 巴西祖母绿中细长的竹状角闪石包体。与下面的哥伦比亚祖母绿相比，它的颜色更偏黄绿色。视场为2.56毫米

▶ 来自俄罗斯乌拉尔山的祖母绿晶体

◀ 哥伦比亚祖母绿中的锯齿状的三相包体，含有方盐（石盐）晶体和液体中的圆形二氧化碳气泡。视场为0.91毫米

的片岩型矿床。这种矿床里的祖母绿可能有重新愈合的裂缝，以及不稳定的热液生长造成的内部形状扭曲。能够表明母岩是片岩的常见包体为金云母和闪石矿物，包括棱柱状角闪石、有着类似竹子节理的无色阳起石晶体和毛发状透闪石（典型的就是津巴布韦的祖母绿）。赞比亚和巴西祖母绿中常见同向的两相包体。而俄罗斯祖母绿具有很有特色的薄层流体包体，能形成平行的晕彩。

哥伦比亚祖母绿则不是片岩成因，其中包含了指示其为黑色页岩和石灰岩母岩的包体，如菱形方解石晶体和金色的黄铁矿（硫化铁）。三相包体、方晶石盐（岩盐）和二氧化碳气泡都是祖母绿生长的热液（矿物卤水）所产生的特征。多年来，这些特征都是判断祖母绿产地的主要方法，不过这些特征也可以在尼日利亚、阿富汗、赞比亚和埃塞俄比亚产出的祖母绿里发现。

类似于其他绿柱石品种，祖母绿可能有薄而空心、管状的包体平行于晶体的主轴。当其存在数量足够多时，被切割成弧面型的祖母绿就会出现猫眼效应，或者会出现极为罕见的六道星光效应。达碧兹祖母绿是在哥伦比亚发现的一种罕见的类型。其在横截面有六角形的黑色条纹从中央向外辐射，名称"trapiche"是西班牙语的甘蔗厂榨汁的磨轮。达碧兹祖母绿早在 19 世纪末就已为人所知。中心的核心通常是祖母绿，其上有六个生长区域也为祖母绿，分别由不透明的黑色包体材料区分开。这些晶体被抛光成片状或弧面型，以显示结构，可能有轻微的猫眼现象。这种引人入胜的祖母绿是如何形成的还是未知。

祖母绿的切割以强调华丽的颜色为主，这比清晰度或亮度更重要。切割是在保留重量、最小化包体和最大化颜色之间的折中。祖母绿切割会利用原石的长条状进行设计，并为脆弱的角落提供保护。质量较差的材料可制成圆珠或珠串。

祖母绿通常经过处理以改善其外观。表面裂缝用类似折射率的油或树脂进行浸渍，以降低裂缝可见性并提高清晰度。这些填料可能含有绿色染料，以增强浅色祖母绿的颜色。推测市场上 90% 以上的祖母绿是通过裂缝填充处理的。注油被视为标准处理操作，只要求进行一般披露，而使用染料或树脂填充裂缝则要求进行具体披露。上油自古就有。杉木油的折射率和祖母绿相近，所以现在常用。这种处理不是永久性的，因为随着时间的

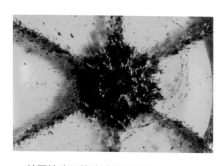

▲ 特写镜头下的达碧兹祖母绿，显示六个辐射条和生长部分。视场为 3.06 毫米

▲ 合成祖母绿使用的一种矩形阶梯式切割，被称为祖母绿型切割

推移，油会变干或泄漏，甚至变黄、变白或结块，需要重新给宝石注油。聚合物或环氧树脂是一种更稳定的处理方法，但如果它们发生分解，则更难去除。它们的折射率比油更接近祖母绿，使得裂缝更隐蔽。在放大镜下，可通过表面光泽、内部捕获气泡、流动结构、浑浊区或树枝状干燥区的差异来检测裂缝填充物。从内部裂隙界面反射的光会产生特征性的黄色、橙色、粉色或蓝色闪光效果。裂缝填充物在长波紫外线下也会发出白色至黄色的荧光。鉴别染色处理可以通过识别裂缝中的颜色浓度。热处理和辐照处理，通常用于其他绿柱石品种，因为祖母绿的化学成分，这两种处理方法无法改善祖母绿的颜色。

祖母绿的佩戴应特别小心，不建议日常使用。它比其他绿柱石品种更脆，其中的包体和裂缝使其不太耐用。如果需要在订婚戒指中使用，请选择包体尽可能少的祖母绿。还要避免敲击、加热和温度突变，尤其是在包体很多或断裂的情况下。由于大多数天然祖母绿宝石经过裂缝填充，所以需要避免化学品和洗涤剂，这些都可能会溶解填料。洗手或洗碗前，请先取下祖母绿戒指。用软湿布擦拭是最安全的清洁方法，不要使用超声波或蒸汽清洁器。

祖母绿最早是在 19 世纪中期进行人工合成的，但直到 20 世纪 40 年代才开始商业化生产。所有的合成祖母绿都需要披露，在珠宝行业中使用实验室生长、实验室制造或直接用制造商名称作为人造祖母绿的标签，实验室制造用得比较多。人造祖母绿的包体比天然祖母绿少得多，可以通过包体来判断它是否为人造。人造祖母绿有两种主要的生长方法：助熔剂法和水热法。两者

▲ 祖母绿宝石裂缝填充中反射出的黄色、橙色和蓝色闪光效果。视场为 2.48 毫米

都使用铝、铍、铬金属氧化物和石英或玻璃这样的二氧化硅。

助熔剂法是最常见的，它使用助熔剂将宝石成分溶解在铂或石墨坩埚中。通过加热和加压，宝石成分溶解和再结晶，在天然或合成祖母绿的籽晶上成核。此法的晶体生长较为缓慢，达 8~12 个月。助熔剂法祖母绿包含云翳状、烟雾状或羽毛状的助熔剂残留。铍矿物硅铍石和金绿石的同生晶体也可能以包体的形式存在，与寄主祖母绿同时生长。查塔姆祖母绿，由查塔姆公司生产，使用铂坩埚有时会导致铂小片包体的出现。

水热法是模拟天然祖母绿的水热生长环境。在一个被称为高压釜的密封容器里装满水、配料和悬浮的籽晶。在高温高压下，成分溶解并在籽晶上再结晶。这种方法比助熔剂法快得多。包体特征包括人字形、剑状和图钉状。虽然水热法形成的祖母绿在外观上也较为粗糙，但并没有天然祖母绿的六角形分带。

合成祖母绿与天然祖母绿的特性略有差异，但差异并不始终如一。结合对包体的研究，可能依然需要几种测试方法才能可靠地区分它们。有时甚至需要进行高级测试才能识别。合成祖母绿可能表现出强烈的红色荧光，以区别于大多数天然祖母绿，但有些合成的则没有此现象。许多（但不是全部）人造祖母绿在查尔斯滤镜下呈现出强烈的红色，而天然宝石通常呈

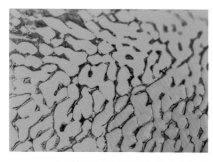

▲ 助熔剂法合成祖母绿的部分愈合断口含有白色的助熔剂残留物。视场为 1.09 毫米

▲ 图钉状包体和粗糙表面的水热法合成祖母绿。视场为 1.88 毫米

现出弱红色。助熔剂法祖母绿比天然祖母绿具有更低的密度和折射率。水热法祖母绿这方面只是较低，而这种较低的数值也属于天然祖母绿的范围。

祖母绿可以和玻璃或低质量的祖母绿一起制造拼合祖母绿。也可以用绿色玻璃、钇铝石榴石、立方氧化锆和砂金石制造。或者使用石榴石作为冠部材料，亭部则使用绿色玻璃。

三叠石用祖母绿晶体或浅色绿柱石形成的冠部和亭部，中间夹一层绿色层，这被称为苏德祖母绿。祖母绿可能与钙铝榴石品种沙弗莱石、铬电气石和铬透辉石混淆，但可以通过不同的光学性质和铬引起的独特吸收光谱来区分。

海蓝宝石

成分： 铍铝硅酸盐 [Be$_3$Al$_2$(Si$_6$O$_{18}$)]
晶系： 六方晶系
莫氏硬度： 7.5 ~ 8
解理： 不完全
断口： 贝壳状
光泽： 玻璃光泽
相对密度： 2.65 ~ 2.80
折射率： 1.563 ~ 1.596
双折射率： 0.004 ~ 0.010
光性： 一轴晶负光性
色散： 0.014

▼ 一种巨大的、近乎完美无瑕的海蓝宝石，来自俄罗斯，重达 898.7 克拉

海蓝宝石是天蓝色到海绿色的绿柱石品种。其因颜色而得名，名字源于拉丁语 "aqua marina"，意思是大海中的水，水手们相信它能带来好运。这种广受欢迎的宝石具有很高的耐用性，通常能发现巨大的无瑕晶体，可以进行各种类型的切割从而形成相当大的宝石成品。清澈透亮的海蓝宝石超过 15 克拉是常见的，有的甚至可以达到数百克拉。

其中最著名的多姆·佩德罗（以巴西第一任皇帝之名命名）是已知

最大的切割后的成品海蓝宝石，它被雕刻成一座方尖碑状，高约 35 厘米，重 10 363 克拉。它是 1992 年在德国伊达尔奥伯斯坦用一块约 1 米长的原始晶体雕刻而成，原石于 20 世纪 80 年代末在巴西米纳斯吉拉斯的佩德拉蓝苏尔被发现。晶体不小心跌落，裂成三块，其中最大的一块变成了多姆·佩德罗。它现在收藏在美国华盛顿特区的史密森学会。英国自然历史博物馆收藏着一块近乎完美无瑕的 898.7 克拉的刻面海蓝宝石。

海蓝宝石的颜色从近乎无色到浅蓝色，再到深蓝色、蓝绿色或绿色。大多数为浅色调。最理想的颜色是中蓝色到微绿蓝色。海蓝宝石具有强烈的二色性，表现为近无色至淡蓝色、深蓝色。颜色是由铁的杂质造成的，颜色范围与金绿柱石的绿色差不多。

海蓝宝石典型的晶体形态是细长的六方柱状。晶锥扁平，有时带有棱锥晶面斜边或锥形。晶体可沿主轴方向产生条纹，有时还有美丽的表面图案。海蓝宝石的形状好、尺寸大、自然特性清晰，深受收藏家喜爱。

海蓝宝石主要形成于花岗质伟晶岩中。巴西自 19 世纪初以来一直是最大的生产国，其最优质的晶体来自米纳斯吉拉斯州的伟晶岩和宝石砾石矿床。1910 年，迄今为止发现的世界上最大的宝石晶体在马兰巴亚山谷帕帕梅尔矿的冲积层中被发现，尺寸为 48.5 厘米 ×38 厘米，重量为 110.5 千克。这是一个水蚀晶体，双端晶锥，完美无瑕，晶体极为清晰透彻，你甚至可以透过它进行阅读。大部分晶体都为蓝绿色的，估计能制作出 20 万克拉的宝石。在 20 世纪 50 年代，圣玛利亚海蓝宝石被发现于圣玛利亚德伊塔比拉矿。由于其拥有异常饱和的蓝色，没有一丝黄色或绿色，是稀有

▲ 纳米比亚产的宝石级长条六方棱柱状海蓝宝石晶体

和昂贵的海蓝宝石。这种颜色不能
通过热处理产生。非洲大陆发现的
类似颜色的珍贵海蓝宝石也会使用
圣玛利亚海蓝宝石这个名字。

▼ 二色镜显示两种多色性，这两种颜色结合在一起形成了这种越南晶体的中蓝色

马达加斯加生产优质蓝色海蓝
宝石，巴基斯坦也是重要的生产国。
其他产地包括阿富汗、肯尼亚、赞
比亚、尼日利亚、莫桑比克、纳米比亚、俄罗斯、美国、乌拉圭、印度、
斯里兰卡、缅甸、中国和澳大利亚。

大多数刻面海蓝宝石不含任何包体。当有包体时，空心或充液的细管
包体平行于原始晶体的主轴，会产生降雨的外观。此特点非常出名，因此
被用来进行鉴定。其他包体包括波浪状的再填充裂缝、二相或三相包体、
云母等矿物的固体晶体和针状孔洞。拥有猫眼包体的材料可以打造迷人的
猫眼海蓝宝石。

由于强烈的多色性，海蓝宝石原石的切割方向选择显示最深的颜色面
朝上。幸运的是，这样的切割方向正好平行于晶体主轴，允许从长条状的
原石获得最佳的最终重量。阶梯型切割是一种流行的切割方式，较深的切
割方式增强了颜色。然而，比例均匀的宝石会显示出更大的亮度，圆形或
椭圆形的钻石型切割也很常见。

海蓝宝石的绚烂型切割方式很受欢迎，也很适合做成雕刻品，特别是
对于较大的原石。这种坚硬、耐用的宝石可用于各种形式的珠宝。除非含
有流体包体或裂缝，否则使用超声波或蒸汽清洁器清洁是安全的。然而，
它的脆性意味着它很容易破碎，并且需要避免加热，这可能会使石头破裂。

大多数海蓝宝石会进行热处理，以提高蓝色并消除绿色的色调，这是
一个无法被检测到的处理方式。绿色、蓝绿色，甚至黄色的石头被加热后
会产生稳定的蓝色。未经处理的海蓝宝石和热处理过的并没有很显著的价

▶ 花型切割重 6.85 克拉（左）和绚烂型切割重 9.23 克拉（右）的马达加斯加海蓝宝石

格差异。辐照处理可以产生金绿柱石的黄色，也可以产生不稳定的蓝色或绿色。表面断口很少被填充。合成海蓝宝石是有的，但在市场上不常见。

　　海蓝宝石可能与类似颜色的蓝色黄玉和锆石混淆，但通过较低的折射率很容易进行区分。它也可以由浅蓝色玻璃和合成尖晶石进行仿制，但两者都不具有多色性。查尔斯滤镜的颜色过滤器是快速分离这些蓝色宝石的有用工具，其中海蓝宝石呈淡绿蓝色、黄玉呈淡橙色、玻璃和合成尖晶石呈红色。

金绿柱石

成分：铍铝硅酸盐 [Be$_3$Al$_2$(Si$_6$O$_{18}$)]
晶系：六方晶系
莫氏硬度：7.5 ~ 8
解理：不完全
断口：贝壳状
光泽：玻璃光泽
相对密度：2.66 ~ 2.87
折射率：1.562 ~ 1.602
双折射率：0.005 ~ 0.009
光性：一轴晶负光性
色散：0.014

　　这种绿柱石品种因拥有温暖的阳光般的颜色而得名，源于希腊语"doron"，意为礼物和太阳神赫利俄斯。黄色的绿柱石几个世纪前已为人所知，但直到 1910 年才在纳米比亚被大量发现，并被命名为金绿柱石。金绿柱石的颜色范围从黄绿色到黄色到橙黄色，颜色由铁杂质引起。此类宝石没有很明确的定义。一些较深的金黄色种类被称为金色绿柱石，由铁（不是铬）

引起的浅绿色种类被称为绿色绿柱石，而金绿柱石仅用于黄绿色种类。然而，这些名称在市场上可以互换使用，都被归类为一个品种。黄色至绿色的金绿柱石有二色性（柠檬黄及褐黄色），与其他绿柱石品种相比，其多色性并不明显。

金绿柱石晶体为细长的六角形棱柱，通常沿晶轴方向排列有矩形的凹坑组成的有趣图案。虽然在宝石质量方面不如海蓝宝石，但金绿柱石可以生长成超大的透明晶体，可以制作出大型的无瑕刻面宝石。美国史密森学会就拥有一颗重2 054克拉的完美宝石。大多数刻面的金绿柱石中少见包体，通常为平行细管状的两相液气包体、负晶、再愈合的裂隙和固体矿物晶体。如果包体较多则会被进行弧面型切割，并且当这些细管状的包体数量充足且平行排列时，可以产生锐利的猫眼效应。

▲ 阶梯型切工的金黄色金绿柱石，重3.48克拉

◄ 来自巴西的弧面型切工的金绿柱石，重5.57克拉，具有锐利的猫眼效应

金绿柱石出现在花岗质伟晶岩中，并且经常与海蓝宝石产在相同的位置。巴西和马达加斯加是主要产地，其他产地还有乌克兰、俄罗斯、纳米比亚和美国。

热处理可以去除金绿柱石中的黄色，产生蓝色。由于海蓝宝石更值钱，因此没经过处理的天然颜色的金绿柱石在市场上不太常见。而有些看上去很饱和的金黄色或柠檬黄色可能是由海蓝宝石和一些含铁的方辉石经过辐照处理产生的。这些处理方式是不可能检测到的，市场上的许多金绿柱石都是通过辐照处理产生的。这种处理方法是应当披露的。合成金绿柱石已经可行，但合成成本相对较高，市场上不常见。

金绿柱石可能与金绿石、黄色磷灰石、黄玉或黄水晶混淆，尽管后两者通常有褐色或橙色的色调。它们可以通过测量折射率来进行区分。

摩根石

成分：铍铝硅酸盐 [Be$_3$Al$_2$(Si$_6$O$_{18}$)]
晶系：六方晶系
莫氏硬度：7.5 ~ 8
解理：不完全
断口：贝壳状
光泽：玻璃光泽
相对密度：2.71 ~ 2.90
折射率：1.572 ~ 1.602
双折射率：0.005 ~ 0.009
光性：一轴晶负光性
色散：0.014

▶ 摩根石晶体，宽8.8 厘米，来自巴西米纳斯吉拉斯

▼ 这颗 598.7 克拉的无瑕摩根石宝石来自马达加斯加，于 1913 年获得，距首次发现摩根石仅 3 年

摩根石是绿柱石的一种浅粉色到橙粉色的品种，其颜色包括桃红色、鲑鱼红色、泡泡糖粉色。通常这些微妙的色调是由锰的杂质引起的。饱和的粉红色则是其中最理想的，大多数的摩根石都经过处理以形成这种颜色。有趣的是，这导致了鲑鱼红的摩根石的流行，因为这种颜色的宝石没有经过处理。摩根石最早于 1910 年在马达加斯加发现，以当时著名的宝石收藏家、美国金融家约翰·皮尔庞特·摩根的名字命名。虽然发现于相同的伟晶岩环境中，但摩根石比海蓝宝石和金绿柱石更为罕见。它可以与海蓝宝石或金绿柱石形成带状晶体，表明随着

晶体生长，地质环境（因此也包括所含杂质）发生了变化。马达加斯加盛产美丽的玫瑰色晶体。而其他产地包括巴西、阿富汗、巴基斯坦、莫桑比克、纳米比亚、津巴布韦、缅甸、斯里兰卡和美国。

像所有的绿柱石一样，摩根石也是六角形的棱柱状晶体，与细长的海蓝宝石和金绿柱石相比，它更为短粗。晶锥通常是平的，一般还带有斜边。晶体通常不完整。摩根石晶体可以生长得很大，重量甚至可以超过 10 千克，所以刻面宝石可以做出各种各样的尺寸。英国自然历史博物馆收藏了一颗重 598.7 克拉的马达加斯加泡泡糖粉色的宝石，被认为是世界上最大的无瑕刻面摩根石。

这种矿物是透明到不透明的，刻面宝石通常看上去很透亮。如果包体较多则会被做成弧面型或者用于雕刻。流体包体是一种常见的多相包体。摩根石呈现出明显的蓝粉、淡粉二色性，因此切割机将原石定向切割，以获得最佳的正面颜色。大多数摩根石都是浅色的，因此常用深的亭部琢型来增强颜色。宝石越大，颜色就越深。阶梯型和混合型切割也很常见，较大的尺寸允许进行花型切割。摩根石一般在紫外灯源下没有或者有很弱的粉红色或者紫色荧光。

摩根石通常通过热处理来改善颜色。鲑鱼粉可以用加热去除橙色和黄色，加深成纯粉色。这种处理是不可检测的，产生的颜色也是稳定的。摩根石也可以进行辐照处理，以改善粉色，但辐照和未经处理的摩根石均可在强光下随时间缓慢褪色。含锰的方辉石可经辐照产生粉红色用来仿制摩根石，此方法也无法检测。

市场上可以看到通过水热法生长的合成摩根石，此类应予以披露。摩根石可能与锂辉石类的紫锂辉石、粉黄玉、玫瑰石英、粉磷灰石和方柱石混淆。可以通过荧光反应和不同的光学性质来区分。

红绿柱石

成分：铍铝硅酸盐 [$Be_3Al_2(Si_6O_{18})$]
晶系：六方晶系
莫氏硬度：7.5 ~ 8
解理：不完全
断口：贝壳状
光泽：玻璃光泽
相对密度：2.66 ~ 2.87
折射率：1.560 ~ 1.577
双折射率：0.004 ~ 0.008
光性：一轴晶负光性
色散：0.014

▼ 来自美国犹他州沃沃山，重 1.19 克拉的六方红绿柱石晶体

红绿柱石是所有绿柱石中最稀有的，宝石级的更是罕见。这种深红到覆盆子红的品种产地很少，仅在美国犹他州产出矿物标本和宝石原石。1904 年在托马斯山脉因勘探黄玉矿而首次发现。第二次发现是 1958 年在美国沃沃山，此地后来成为红宝石矿，这是唯一一个可以生产大量宝石原料的矿山，但由于产量低，矿山如今已不再生产。红绿柱石常见于火山岩流纹岩中，它是由后期的流体与流纹岩中的铍反应形成的。

红绿柱石拥有典型的小的六角棱柱形晶体，两侧晶锥通常较为扁平。这些可爱晶体的矿物标本，生长在浅色的流纹岩中，因为极为好看而受到收藏家的追捧。晶体一般为 1 厘米或更小，因此刻面宝石很小，重量小于 1 克拉，但也存在几克拉的较大宝石。

红绿柱石独特的深红色到粉红色是由锰的杂质引起的。红绿柱石也含有铁，在紫外线下无荧光。它通常为不透明到半透明，很少是透明的。常见包体为裂缝、固体矿物和波浪状流体或指纹状包体。大多数红绿柱石会用树脂或油填充处理以提高透明度，高质量的未经处理的宝石要价极高。市场上已有合成红绿柱石，可通过缺乏天然包体和内部人字形分带来区分。

红绿柱石最初被命名为比克斯比（bixbite），以发现它的矿物勘探者梅纳德·比克斯比命名。然而，由于该名称与方铁锰矿的名称相近，因此不再使用。要注意也不能使用红色祖母绿等具有误导性的名称。

金绿石

成分：铍铝氧化物（$BeAl_2O_4$）
晶系：斜方晶系
莫氏硬度：8.5
解理：中等
断口：不均匀
光泽：玻璃光泽
相对密度：3.68～3.82
折射率：1.739～1.777
双折射率：0.007～0.013
光性：二轴晶正光性
色散：0.015

▼ 一种产于巴西埃斯皮里托桑托的金绿石，有三对 V 形双晶，呈环状

这种透明的黄绿色矿物既好看又经久耐用，因此非常适合用作宝石。"chrysoberyl"这个名字来源于希腊语，"chryso"意思是金色，而"beryllos"是含铍的意思。在 19 世纪到 20 世纪初，它被称为"贵橄榄石"，与橄榄石这样的金色宝石同名，为避免混淆，如今这个历史名称已不再使用。

金绿石有两个稀有的品种——猫眼石和变石，都有非常显眼和明确的光学现象。猫眼石的名字很贴切，它源于希腊语，意为"闪动的光"，因为它展示的是一条猫眼般的光线在其表面闪动。这一品种也可能被简单地称为猫眼，它是所有拥有此光学效应的宝石中唯一不需要用矿物名称备注的特例。变石是一种稀有且广受欢迎的金绿石，它呈现出从绿色到红色的颜色变化。它最早发现于俄罗斯，据说其英文名是以沙皇亚历山大二世的名字命名的。

这种宝石是一种铍铝氧化物，含有稀有元素铍，需要足够高的浓度才能生长成形。因此，它是在形成伟晶岩的过程中产生的，这些稀有微量元素在大型火成岩侵入体的结晶后期开始富集。金绿石可能产于伟晶岩中，也可能产于接触变质过程中富铍、富铝流体与围岩相互

▲ 一块重 57.1 克拉的改进钻石型切割的金绿石

作用的围岩中。由于其高耐用性，金绿石会被风化并将其从母岩处搬运走，与刚玉和尖晶石等其他宝石矿物一起，以水蚀卵石的形式出现在宝石砾石砂矿中。

金绿石的主要产地是巴西、斯里兰卡和缅甸，通常从砂矿中开采。其他产地包括津巴布韦、坦桑尼亚、马达加斯加、印度、巴基斯坦、俄罗斯、澳大利亚和美国。

作为斜方晶系的一员，金绿石更易形成板状或短棱柱状晶体。双晶形式是常见的 V 形穿插双晶。三连晶以三重循环的形式重复，双晶呈 120 度角，外形为伪六边形。不同类型的双晶可由晶面上的条纹和晶面之间的重入角来区分。

金绿石形成黄色、金色、黄绿色、绿棕色和绿色的晶体。金黄色或黄绿色是最理想的。颜色通常偏浅，较深的颜色则价值更高。这种颜色是由少量的铁杂质引起的，由于含铁，金绿石通常不发荧光。金绿石具有多色性，从不同的方向呈现不同的颜色，这种现象在棕色类型中表现得最强烈，呈现棕色和棕黄色的多色效应。

虽然许多天然晶体是不透明的或包体较多的，但宝石级的金绿石是透明的，往往透彻无瑕。常见的包体是指纹状和羽毛状的。重复的双晶在内

▶霍普金绿石，一颗重 44.94 克拉的无瑕宝石，曾为英国的银行家亨利·菲利普·霍普收藏，现保存于英国自然历史博物馆

部平行或呈阶梯状排列。而所含的细长的管状、针状矿物包体一般来说是金红石。

金绿石通常做成刻面宝石，最常见的是各种形状的钻石型和阶梯型。虽然有大而透明的宝石存在，但大多数不到几克拉。金绿石具有明亮的玻璃光泽，由于其高折射率，可以形成非常闪亮的宝石。然而，由于它的低色散，因此没有太多的火彩。

金绿石是一种非常耐用的宝石，莫氏硬度高达 8.5（是硬度在钻石和刚玉之后的天然宝石），解理不完全至中等，韧性极佳。它也是一种非常稳定的矿物，耐化学侵蚀。加上它的透明度和高光泽，使它成为一种美丽和多功能的宝石，适合每天佩戴，也适合所有类型的珠宝。大多数清洁方法都是安全的，但不建议对猫眼材料加热，如珠宝商用来鉴定宝石的手电筒。

金绿石一般不进行处理。它可能与许多黄色或绿色宝石（如绿柱石、黄玉、红柱石、橄榄石、蓝宝石、电气石、石榴石和黄铁矿）混淆，但其区别在于不同的折射率。

猫眼石

少部分金绿石会表现出猫眼效应，被称为猫眼石。此类品种从黄色或金色到绿棕色或灰色，由铁杂质着色。猫眼效应由多个平行的针状、管状

包体引起。这些包体通常很小，使得宝石看上去为透明到半透明。当底部与包体平行切割时，出现猫眼现象。价值最高的是"牛奶和蜂蜜色"，这是一种半透明的浅黄棕色石头，带有一条白色的反射光带。金绿石的猫眼效应是所有宝石中最好的。天然的猫眼通常被切割成双弧面型，以保留更多的包体来增强效果，同时增加重量。

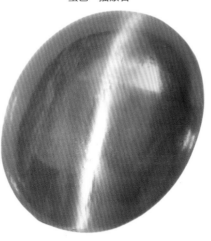

▼ 重 5.28 克拉的"牛奶和蜂蜜色"猫眼石

在金绿石的大多数产地都能发现猫眼石，斯里兰卡和巴西的猫眼石最为山名。其他产地包括中国、坦桑尼亚、印度、津巴布韦和缅甸。猫眼石英、猫眼电气石、猫眼方柱石、漂白的虎眼石、猫眼蛋白石，甚至人造纤维玻璃都可以仿制猫眼石，分辨方法可能就是其硬度较高了。

变石

变石是一种罕见的金绿石，根据观察光源的不同，它呈现出从绿色到红色的不同颜色变化。

变石的化学成分与金绿石相同，但被铬的杂质着色。铬和铍通常不会同时存在于自然界中，因此这种矿物仅在世界上少数地方被发现。19 世纪 30 年代早期，随着祖母绿矿的开采，变石首次在俄罗斯乌拉尔山脉被发现，据说是以沙皇亚历山大二世的名字命名的。

变石晶体通常是不透明的或包体很多、低清晰度和有较多裂缝，因此不适合用作宝石。宝石级是极其罕见的，而刻面宝石超过 2 克拉更是极为罕见。超高透明且超过 1 克拉的变石的价值可以媲美最好的红宝石、蓝宝石和祖母绿。由于其稀缺性，以及缺乏高品质和大尺寸晶体，变石是一种非常受追捧的宝石。更为罕见的是猫眼变石，它具有猫眼效应和变石的颜色变化。

▲ 来自俄罗斯乌拉尔山的一组细晶变石，宽13厘米

这种变色效应是由于变石能够透过红光和蓝绿光。它出现的颜色由观察光源决定。在日光或冷光下，蓝色和绿色的波长更丰富，它呈现绿色、蓝绿色或黄绿色。这是因为人眼对绿色波长的探测能力强于红色。在温暖的光线下，如白炽灯或烛光，它含有更多的红色波长，这足以打破平衡使变石出现红色、紫色或紫褐色。

最理想的颜色变化是从鲜绿色到强烈的覆盆子红，被描述为"白天翡翠，晚上红宝石"。变石的这种效应极为显著，以至于任何宝石中出现这种变色现象都被称为变石效应。变石也有很强的多色性，从不同的方向看，呈绿色、橙色、紫红色。这种光学性质不受颜色变化的影响，但在一个多

▲ 来自俄罗斯乌拉尔山的一块变石，重17.25克拉，含有许多包体，在日光下呈绿色（左），在白炽灯下呈紫红色（右）

色性方向上观察时，颜色变化最强烈。在长波和短波紫外线下，由于铬含量的原因，变石可能表现出微弱的红色荧光。

许多品质好的变石产自俄罗斯乌拉尔山的云母片岩，不过这些拥有很长历史的矿山如今产出很少。巴西现在是精良标本的主要产地。其他重要产地包括缅甸、斯里兰卡、坦桑尼亚、马达加斯加、印度、津巴布韦和赞比亚。

宝石级的变石可进行切割，以在正面观察时显示最佳的颜色变化。切割时还必须考虑到原石多色性的方向。混合型、钻石型、阶梯型都是常见的切割类型，形状往往是椭圆形或垫形。拥有猫眼的材质则进行弧面型切割以显示猫眼效应。

变石一般不进行处理。可对表面裂缝进行填充处理，以提高清晰度和耐久性。用温肥皂水清洗是安全的。避免使用超声波和蒸汽清洁器，特别是在包体较多或裂缝进行过填充的情况下。还应避免敲击和极端高温。

自 20 世纪 70 年代以来，人们就可以合成变石并具有良好的颜色变化。最常见的是用提拉法，产品呈现紫红色到蓝色。这些合成品看上去无瑕，但在放大镜下可能看到内部弯曲条纹，可以通过包体来区别于天然变石。其他合成材料则采用焰熔法或浮动法，颜色由紫红色变为绿色。在能生产高质量的合成

▲ 重 43.18 克拉的斯里兰卡变石，几乎没有瑕疵，在日光下呈深绿色（上），在白炽灯下呈深红色（下）

变石之前，掺钒的合成刚玉常被用来仿制这种宝石。令人困惑的是，它常被当作"人造变石"出售。该仿制宝石显示了助熔剂合成物的具有特色的曲线分带，颜色从紫粉色变为石板蓝色，外观更接近紫水晶。变色合成尖晶石（绿色到红色）、变色石榴石（蓝绿色到紫红色）和含钕的变色玻璃（蓝绿色到紫粉色）也被用作仿制变石。

刚玉——红宝石和蓝宝石

红宝石和蓝宝石是两种最珍贵的宝石，因其丰富的颜色、明亮的光泽和耐用性而在几千年来被人类视若珍宝。令许多人惊讶的是，它们是同一种矿物——刚玉。宝石之王红宝石是红色的刚玉，而蓝宝石是指所有其他颜色的刚玉，最著名的则是蓝色。红宝石和蓝宝石，再加上祖母绿，组成了彩色宝石的"三大台柱"。

刚玉

成分：氧化铝（Al_2O_3）
晶系：三方晶系
莫氏硬度：9
解理：无
断口：不均匀、贝壳状
光泽：金刚光泽、玻璃光泽
相对密度：3.95～4.10
折射率：1.756～1.780
双折射率：0.008～0.010
光性：一轴晶负光性
色散：0.018

红宝石和蓝宝石是非常受欢迎的宝石，占全球有色宝石产量的50%以上。这在一定程度上是由于在过去几十年中，新的产地和处理方法的发现，使得供应量增加。刚玉这个名字很可能源于梵文"kuruvinda"，意思是红宝石。直到18世纪末，随着科学知识的进步，红宝石和蓝宝石才被确定为同一种矿物，并区别于其他红色和蓝色的宝石。

刚玉是一种氧化铝。当成分纯净时，它是无色的，但大多数含有杂质（如铁或铬，替代了晶体结构中的铝）。刚玉具有三方晶系的对称性，通常形成六方棱柱体，但晶体形状随颜色和产地而异。红宝石通常有扁平的晶锥，晶体可以是板状的。蓝宝石通常是桶状，或细长的双锥状。晶面很少是平坦的，通常是不均匀的或阶梯状的。晶体上的横纹与晶轴垂直，扁平晶锥则显示三角形条纹。晶体有油腻到暗淡的光泽。接触双晶或聚片双晶通常在晶面上以两个方向几乎呈90度角的条纹形式出现。

▲ 爱德华兹红宝石，一块重162克拉的板状红宝石晶体，带有三角形标记，被认为来自缅甸

◀ 蓝色蓝宝石的细长双锥状晶体，其条纹垂直于晶轴

刚玉形成于富铝、贫硅的地质环境中。因为二氧化硅（SiO_2）在地壳中普遍存在，所以刚玉是比较少见的，宝石级的则更加稀有。即便如此稀少，得益于人类的欲望，刚玉还是被从全世界的原生和次生矿床中开采出来。

刚玉的形成需要高温中压条件。这与大规模的构造事件有关，包括大陆碰撞与造山作用，以及与大陆裂谷作用相关的火山作用。这些事件也导致刚玉能够露出地表。因此，刚玉的原生矿床产于大理岩（变质灰岩、白云石）、角闪岩（变质基性岩）、矽卡岩（交代作用形成）、片麻岩和片岩等变质岩中，以及主要产于碱性玄武岩、正长岩和煌斑岩脉的火成岩中。

研究表明，刚玉的形成经历了三个主要时期。第一个时期是在泛非造山运动期间（7.5亿—4.5亿年前），冈瓦纳超大陆形成。大陆碰撞形成莫桑比克造山带，为宝石矿物的形成创造了有利条件。斯里兰卡、印度南部、

马达加斯加和东非（肯尼亚、坦桑尼亚）宝石带的红宝石和蓝宝石矿床位于该造山带内，形成于6亿—5亿年前的变质作用的高峰期间。第二个时期是在欧亚板块和印度板块的碰撞时期（4 500万—500万年前），它推高了阿尔卑斯山和喜马拉雅山。挤压作用在中亚和东南亚形成了变质带，形成了一条通过阿富汗、巴基斯坦、缅甸到越南的大理岩型红宝石矿床。第三个时期与地壳伸展区碱性玄武岩（6 500万—100万年前）的火山挤压有关。宝石刚玉在地壳深处的岩浆或变质环境下发生结晶，在玄武质岩浆中被带到地表。这些矿床位于澳大利亚、尼日利亚、喀麦隆、埃塞俄比亚和马达加斯加等国。

刚玉具有较高的硬度、耐久性和密度，可以经受风化和搬运。它可以在数百万年的时间里累积成次生砂矿（如冲积宝石砾石矿），与尖晶石、绿柱石和金绿石等其他坚硬宝石一起被发现。大多数刚玉是从砂矿中开采出来的，这比开采坚硬的岩石原生矿更容易、成本更低，而且刚玉已经自然地被分选和浓缩。大多数采矿方式都是小规模或手工的，通常是通过一些机械进行人工挖掘，挖到含宝石层后再对沉积物进行筛选。

受到声望、道德、环境和政治因素的影响，红宝石或蓝宝石的地理来源对其价值有着巨大的影响。由于其处理较为普遍，未经处理的宝石也能卖出很高的价格。因此，对宝石产地和处理的鉴定是宝石学研究的一个重要推动力。对包体的研究可以指示母岩和物源位置，或其综合成因，也可以提供任何经过处理的证据。更为详细的分析方法（如微量元素地球化学、光谱分析和

▼ 一种深红色半透明红宝石的晶体，附着在大理石基体上，产于缅甸莫戈克

氧同位素测量），可以指示变质与岩浆成因和潜在的地理来源。高价值的宝石通常由一个或多个宝石学实验室进行评估和鉴定，以验证其天然来源信息和是否经过处理。

红宝石和蓝宝石有许多类似的包体。

- 丝状包体，是最普遍的，为一种细小的薄雾状晶体。它们主要为细长针状的白色颗粒、钛氧化物（如金红石）以及微小片状的氧化铁（如赤铁矿和钛铁矿）。根据刚玉的三方晶系的对称性，它们在基面上以60度角在三个方向上定向排列。非常细的丝状包体会形成云状，而较大的针状包体会形成网格。丝状包体被认为是由刚玉中的杂质形成的，这些杂质在主体冷却时发生溶解从而形成这种包体形式。

- 直角生长带，通常为六角形，由丝状包体的色区、生长线或生长带定义。

- 其他矿物晶体，包括尖晶石、磷灰石、方解石、长石、云母和带有暗晕（圆形应力裂缝）的锆石。

- 负晶（遵循主体晶体形状的微小内部空洞），可以是液体或气体填充的。

- 聚片双晶，看上去为平行条纹。

- 部分愈合断口的羽毛状或指纹状包体。沿断裂面、细小的孔洞或液体包体，呈细小、脉状或指纹状分布。

当丝状包体的数量足够多时，就会产生星光效应，当红宝石或蓝宝石被切割成弧面型时就会出现星光。当丝

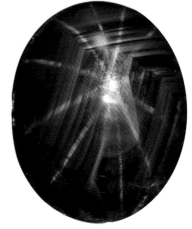

▲ 由金红石（金红石臂）和赤铁矿（银臂）的丝状包体形成的一种罕见的12射线星光宝石。六方生长区也可见

▶ 越南红宝石中的虹色丝状包体，呈三个方向60度角排列。视场1.84毫米

状包体在三个方向结晶时，能产生一种有 6 条光线的星光效应。在极少数情况下，会产生一颗 12 射线的星光，通常是黑色的蓝宝石。这种情况一般发生在金红石和赤铁矿－钛铁矿丝状包体都存在时，因为它们的结晶偏移了 30 度角。星光宝石的价值取决于颜色的饱和度、星光的锐度和宝石的透明度。最著名的是印度之星，一块 536.35 克拉的蓝宝石，产自斯里兰卡，收藏于美国自然历史博物馆。而更大的星光宝石则另有其石。

刚玉的硬度仅次于钻石，是莫氏硬度为 9 的矿物。硬度在晶体的不同方向上不太一样，抛光时必须予以考虑。它没有解理，但是可能较脆，并且沿着包体所在的平面（其中一个是基面）在三个方向上有一个裂理。红宝石和蓝宝石因其硬度而具有良好的抛光效果，具有玻璃光泽至亚金刚光泽。刚玉具有多色性，从不同的方向看有两种颜色。它有着高折射率，这使得它非常的亮，但其色散较低，因此缺乏火彩，但是它那令人惊叹的颜色弥补了这一切缺憾。

刚玉硬度和韧性给了其非宝石用料和合成刚玉许多工业用途。包括作为磨料（金刚砂是刚玉，含有氧化铁和其他杂质）、手表轴承、防划伤光学元件以及电子和科学仪器，例如红宝石是第一种用于激光的材料。

作为高价值的宝石，红宝石和蓝宝石会被切割加工，以保持最大重

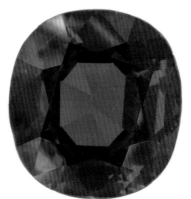

◀ 刚玉不同
风格的切割:
混合型红宝石
(左) 和阶梯
型紫色蓝宝石
(右)

量, 同时显示最好的颜色。切割师必须考虑到其多色性, 使原石展示出所
需的颜色。混合型常用于颜色强烈的材料, 而浅色或无色的石头可能使用
钻石型切割。形状一般使用椭圆形和垫形。低质量的材料会被制成珠子或
雕刻成装饰物。带有星光效应的刚玉被切割成弧面型。大多数宝石级的刚
玉都不大, 宝石级红宝石一般不超过 3 克拉, 宝石级蓝宝石则一般不超过
5 克拉。

　　市场上大多数红宝石和蓝宝石都被处理过。加热处理可以用于改善颜
色和清晰度, 并愈合裂缝。由于刚玉是在高温下形成的, 因此它可以承受
2 000 ℃的加热。然而, 它的包体熔点较低。鉴别热处理的主要证据是具
有融化雪球外观的固体矿物包体, 或因不均匀膨胀产生的盘状拉伸裂纹迹
象。丝状包体的矿物被再吸收, 留下丝状遗迹。而拥有完整天然丝状包体

▶ 负晶包体周围的盘
状拉伸断裂表明该蓝宝
石经过热处理。视场为
2.47 毫米

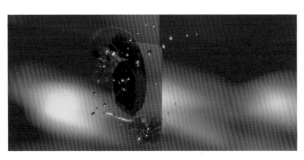

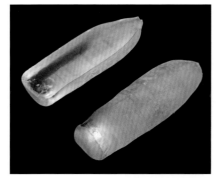

◀一种无色的合成蓝宝石，长5.5厘米，纵向裂开以释放内应力

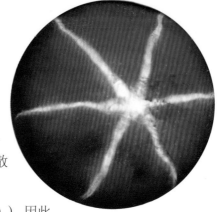

▼一颗4.95克拉的弧面型切割合成红宝石，宝石正中展现星光效应

的宝石表明它们没有被加热到高温。其他的处理方法，如裂缝填充和扩散处理偶尔出现。

刚玉具有简单的化学组成（Al_2O_3），因此很容易合成，红宝石是第一个被制造的主要宝石种类。尽管第一次合成是在19世纪，但直到1902年法国化学家奥古斯特·维尔纳叶发表了焰熔法之后，才开始商业化生产。这种方法可以在几个小时内生长出一种称为晶锭的圆形单晶，非常便捷。1947年首次制造的合成星光宝石，也是在氧化铝粉料中加入金红石通过焰熔法合成产生的。有着非常锐利、均匀的中心星光和平坦的抛光背面的弧面型宝石是可疑的。因为天然星光宝石通常有弯曲的背部，以增加宝石的重量。其他使用较少的合成方法包括助熔剂法（大约一年生长期）、水热法（大概几个月生长期）和提拉法（很少使用）。掺杂各种杂质可以产生一系列的颜色。

合成刚玉往往是肉眼无瑕的，没有天然包体，但有合成过程产生的独特包体。

焰熔法合成宝石有弯曲的生长线形成的条纹或色带，有时难以发现。圆形或细长的气泡很常见，细云般沿曲线分布。值得注意的是，天然宝石外观上的一些缺陷，如指纹状纹，可以人工制造。助熔剂法和水热法合成的红宝石都是由晶面生长的，因此具有直角分带。助熔剂法的产品缺乏天然的固体或液体包体，但里面常常包含了籽晶或坩埚中的金属片。未溶解的助熔剂以面包屑状、彗星状或羽毛状包体的形式出现，类似于天然的液体指纹状包体，具有扭曲的面纱状或线状外观，类似于助熔剂法生长的祖母绿。提拉法可产生干净的晶体，其中含有少量细长气泡。

由于合成刚玉的价值较低，往往在切割的过程中不太注意，以致抛光和切割质量较低，快速抛光产生的过热会在小平面上产生小波状平行裂纹的颤振痕迹。这也可以在低质量的天然宝石上看到。

红宝石

成分：氧化铝（Al_2O_3）
晶系：三方晶系
莫氏硬度：9
解理：无
断口：不均匀、贝壳状
光泽：金刚光泽、玻璃光泽
相对密度：3.90 ~ 4.10
折射率：1.756 ~ 1.780
双折射率：0.008 ~ 0.010
光性：一轴晶负光性
色散：0.018

▲ 一颗品质极好的粉红色天然星光红宝石，镶嵌在拥有 20 颗钻石的戒指上

红宝石是令人垂涎的宝石之一，它的鲜红颜色被与权力、财富、爱情和欲望联系在一起。它的名字源于拉丁语"ruber"，意为红色。然而，红宝石在古代文物中并不常见，这可能是因为它的稀有性和高硬度使其难以加工，许多所谓的"红宝石"后来被确定为石榴石。红宝石也一度被认为与红色尖晶石是同种矿物，这是可以理解的，因为它们都存在于大理石和砂矿矿床中，具有类似的外观和性质。事实上，许多珍贵的"红宝石"，包括英国皇冠上的"黑王子红宝石"，实际上都是尖晶石。

红宝石的颜色范围从充满活力的红色到紫色或中深色调下的橙红色。最理想的颜色是深红中略带蓝色，在缅甸这种宝石传统上被称为鸽血红。浅红色的宝石则通常被称为粉红蓝宝石，这些并没有正式的颜色边界。红宝石具有强烈的紫红色、橙红色的多色性。

▲ 钻石型切割的红宝石呈鲜艳的鸽血红，重 1.15 克拉，来自缅甸

红宝石的饱满的红色来自铬，此元素也是祖母绿的饱满绿色的来源，其含量至少需要 1%。铬也会产生红色荧光，这种荧光很强，强到在日光下都会产生红色荧光，从而增强颜色。然而，铁杂质的存在会使荧光消杀，减弱其颜色的活泼性并使其呈现褐色。红宝石不如蓝宝石常见，因为铬不像其他杂质那样普遍。宝石级的红宝石是非常罕见的，特别是较大的尺寸，绝大部分的宝石都低于 2 克拉。颜色是决定价值的关键因素，在所有宝石中，拥有最佳红色的红宝石是价格最高的，有时甚至可以卖到每克拉 100 多万美元。

因为含铬，红宝石有一个独特的吸收光谱，吸收紫光和绿光，同时在红光区透射红光和蓝光（两个紧密的吸收线）。这一光谱在一定程度上表现为含铬的粉红色、紫色和独特的橙粉色，这就是极为罕有的帕帕拉恰蓝宝石。在一些红宝石中，双峰是发射线而不是吸收线，表示红色荧光的波长。这就是为什么红宝石被用于激光器。

对于红宝石来说，完美无瑕是非常罕见的。其包体的可见性会影响价格，虽然它通常会降低价值，但少量的丝状包体实际上可以通过散射光线来改善颜色，创造出更明亮、更红的宝石。红宝石通常含有比蓝宝石更多的裂缝。星光红宝石是比较有名气的。

有一些不常见的红宝石可能会显示出六个生长区的达碧兹模式，这些生长区由轮状辐条等大量包体包围，类似于达碧兹祖母绿。已知能产出这类红宝石的产地包括缅甸、越南、塔吉克斯坦、巴基斯坦和尼泊尔。

红宝石存在于变质岩中，主要是大理岩和角闪岩中，也与火成碱性玄武岩伴生。最著名的产地是缅甸的抹谷中的岩石，这里提供了几个世纪以来最好的红宝石。大多数红宝石是从含其他宝石矿物的宝石砾砂矿床中开采的，而另一些则是从大理岩中提取的，但这种开采难度很高。缅甸红宝石含铬量高，呈强烈的鸽血红色，荧光性强。抹谷还生产优质的星光红宝石。缅甸其他地方也会出产红宝石，特别是1992年在苏孟发现的大型矿床。这些红宝石核心呈现紫色，并且断裂严重，需要进行热处理，以消除紫色，并填补裂缝。

斯里兰卡出产粉红色或紫色的优质红宝石，具有强烈的荧光。此地以星光红宝石而闻名。红宝石是从拉特纳普勒和伊莱赫拉地区的大量宝石砾石矿床中开采出来的。母岩为变质岩。

泰国也是一个重要产地，其次是柬埔寨。红宝石（和蓝宝石）与碱性玄武岩有关。此处红宝石富含铁，会抑制荧光，因此呈不太鲜艳的棕红色或紫红色。它们也缺少丝状包体以散射光，外观较暗。如今产量有限，泰国更为人所知的是红宝石的切割加工、处理和贸易。自20世纪80年代以来，越南一直是红宝石的主要生产国。大理岩原生矿床和次生砂矿矿床产于其北部，此地红宝石常带有略粉红色至略紫色的色调。

▶两个对称的未加热处理过的马达加斯加红宝石，混合切割，总重量为2.66克拉

2009 年莫桑比克蒙特普埃兹矿藏的发现改变了红宝石市场，此地的优质红宝石储量巨大，供应稳定，使莫桑比克一举跃升为红宝石大国。宝石级红宝石的主要来源是次生崩积层矿床，但也有原生角闪岩型矿床。其他的角闪岩型矿床产地有东非的肯尼亚、马拉维和坦桑尼亚。

▲ 天然红宝石中玻璃填充裂缝反射光线产生的蓝光效果。视场为 2.90 毫米

▼ 祖母绿切割合成红宝石

在塔吉克斯坦、阿富汗、巴基斯坦和尼泊尔的变质大理岩中也都发现了红宝石。角闪岩型红宝石产于美国（北卡罗来纳州）、澳大利亚（北部）和日本，与澳大利亚（昆士兰州、新南威尔士州）的碱性玄武岩有关。其他矿床分布在中国、挪威、马其顿、印度等地。格陵兰岛拥有最古老的红宝石矿床，有 29.7 亿年的历史，是通过交代作用形成的。

红宝石通常需要处理，以提高颜色和清晰度，处理方法应予以披露。低温热处理可以去除蓝色，且不会破坏包体，使其难以检测。加热到高温会溶解丝状包体，提高透明度，去除紫色或褐色。表面的裂缝处理使用浸渍油、聚合物或玻璃，以提高清晰度，这些填料往往含有红色，以改善色调。铅玻璃具有与红宝石相似的折射率，使得填充的裂缝几乎看不见。玻璃可通过所含气泡、裂纹面上的不同表面光泽以及从内部裂纹界面反射的光可能产生蓝色闪光效应这些特征来鉴别。许多低质量的红宝石含有很高比例的铅玻璃填充，它们被称为拼合红宝石，而不是处理后的红宝石。

较薄的裂缝可以通过在硼砂等助熔剂中加热红宝石来愈合，使内表面溶解并重新结晶。这是对严重断裂的红宝石的常用处理方法，通过玻璃状残余助熔剂和困在愈合裂缝中的气泡可以将其检测出来。一些宝石学家认为这种再结晶的红宝石算人工合成的，除了热处理外，还必须进行公开说明。

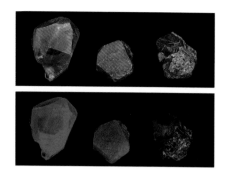

▲ 从左至右：纯合成红宝石、富铬缅甸红宝石和高铁坦桑尼亚红宝石，在自然光（上）和长波紫外线（下），荧光响应减弱

红宝石可以进行扩散处理，宝石在准备扩散到晶体结构中的元素的环境下被加热到非常高的温度。钛的表面扩散增加了金红石丝，改善了星光宝石的造型。铍的晶格扩散在对热处理不敏感的紫色或褐色宝石中会产生强烈的红色。这些处理方法需要披露。

红宝石经久耐用，因此用温肥皂水清洗是安全的，用超声波和蒸汽清洗机清洁通常是安全的，除非红宝石是经过断裂填充或染色的。特别注意铅玻璃填充的复合红宝石，因为它的耐久性很低，即使是温和的酸性物质（包括柠檬汁）也会损坏填充物。

虽然大多数天然红宝石含有一定量的铁，但是合成红宝石可以是非常纯净的，这使其颜色更生动，荧光更强。不过需要注意的是，一些制造商可能会故意添加铁，以减少荧光，让宝石看上去更自然。应研究包括包体在内的多种特征组合，以便和合成红宝石进行区别。

作为一种珍贵的宝石，红宝石有许多仿制品。红色玻璃和塑料的鉴别在于气泡和涡状包体及其非结晶的性质。染色裂纹石英可以通过不同的折射率来区分。拼合宝石包括双叠石榴石顶部，在玻璃基底上有一个铁铝榴石的冠部，可以通过石榴石的折射率和铁吸收光谱来鉴定。更难发现的是在合成红宝石基底上带有双层天然蓝宝石冠部，因为它具有天然红宝石的颜色、内含物和折射率，可以通过从侧面看连接线和被困在连接中的扁平气泡来鉴定。

红宝石所含铬的吸收光谱可以用来区分其与许多红色宝石。尖晶石和石榴石也因其光学性质为均质体而不同，石榴石和红色电气石缺乏荧光。要小心那些具有误导性的商品名称，如波希米亚红宝石其实是石榴石。

蓝宝石

成分：氧化铝（Al_2O_3）
晶系：三方晶系
莫氏硬度：9
解理：无
断口：不均匀、贝壳状
光泽：金刚光泽、玻璃光泽
相对密度：3.90 ~ 4.10
折射率：1.757 ~ 1.780
双折射率：0.008 ~ 0.010
光性：一轴晶负光性
色散：0.018

▼ 帕帕拉恰蓝宝石的高度艳丽的色彩范围。重 9.35 克拉（左）和 57.26 克拉（右），来自斯里兰卡

大多数人认为蓝宝石是蓝色的，实际上它是除红色以外的所有颜色的刚玉的总称。蓝宝石被尊崇了几千年，被认为代表诚实、信任和忠诚，并被古罗马人和希腊人当成护身符。它是继钻石之后订婚戒指的第二选择，是颜色、美观和耐用性的完美替代品。这个名字源于希腊语"Sapheiros"，意思是明亮的蓝色石头，虽然在古代这个名字是指青金石。还有些其他颜色的名称，如紫色的紫刚玉，黄色的黄刚玉，但今天并不鼓励使用这些误导性的术语。相反，蓝宝石的前缀是多种多样的，比如使用颜色，例如粉红色蓝宝石。只有一种颜色有一个独特的名字——帕帕拉恰（也称帕德玛）。这种娇嫩的粉红到橘红色在斯里兰卡据说是莲花与日落的浪漫结合。这个名字来源于僧伽罗语中莲花的颜色。

大的蓝宝石比较罕见，但比红宝石多一些，有的可以达到数百克拉。然而，大多数宝石级刻面蓝宝石小于 5 克拉，帕帕拉恰蓝宝石很少超过 2 克拉。美国史密森学会的洛根蓝宝石，是世界上著名的刻面蓝色蓝宝石之一。这种完美的坐垫式切割的宝石来自斯里兰卡拉特纳普拉地区，重422.98 克拉。另一个世界著名的蓝宝石是剑桥公爵夫人的订婚戒指，继承自已故威尔士王妃的遗赠。这枚 12 克拉的椭圆形宝石镶嵌在钻石戒指中。最大的帕帕拉恰蓝宝石被收藏在美国自然历史博物馆，是一枚重 100.18 克拉的椭圆形宝石。

蓝宝石最有价值的颜色是强烈的如天鹅绒般的中蓝色，被称为矢车菊蓝或克什米尔蓝，还有深度饱和的皇家蓝也价值不菲。带一点紫色也是可以的，并且随着颜色饱和度的增加价值也会增长。帕帕拉恰蓝宝石的颜色更为精致，同样具有极高的价值，其中顶级宝石的售价为每克拉数万美元。然而，对于如此昂贵的宝石，其颜色的评价相对较为主观，帕帕拉恰蓝宝石是否应该简单地称为橙色或粉色蓝宝石尚存在分歧。同样，

▲ 这款重 1.92 克拉无色的蓝宝石巧妙地与底面中的蓝色区域切割在一起，在台面呈现出均匀的蓝色

◀产自美国蒙大拿州洛克克里克的蓝宝石显示了广泛的颜色范围，个别重量高达4.62 克拉

对于浅红色的宝石，红宝石和粉红蓝宝石之间也没有正式的颜色界限。有些蓝宝石具有变色性，通常在日光下为蓝色或紫色，在白炽灯下为紫色或红紫色。

由于颜色是价值的关键，所以它影响着宝石的切割方式。宝石的颜色通常是分区的，因此宝石切割时将颜色浓缩程度最高的区域放在底面，这会导致整个宝石从正面看呈均匀的颜色。彩色蓝宝石也具有强烈的多色性，蓝色的宝石呈现蓝紫色、蓝绿色。原石的切割方向以获得更理想的紫蓝色为标准。

铁是蓝宝石中最常见的杂质，会产生绿色和黄色。蓝色要求同时存在铁和钛的前提下，铁浓度仅为 0.01%。粉红色是由铬引起的，而帕帕拉恰蓝宝石是由铬与晶体结构的缺陷结合产生的。一些杂质的组合会产生其他颜色，如铁、钛与铬的紫色。许多黑色和深棕色蓝宝石是由微小包体着色的，实际上其宝石本体颜色可能并不如看到的那样。钒的存在可能产生变色蓝宝石。

含铁的蓝宝石（蓝色、绿色、黄色）具有独特的吸收光谱，其中蓝色有三条吸收线。紫色、橙色和一些自然变色蓝宝石可能显示铁和铬的组合光谱。合成的变色蓝宝石具有与钒不同的光谱。虽然很少有含铁的蓝宝石能发出荧光，但也有一些明显的例外，如黄色和橙色的斯里兰卡蓝宝石显示出特有的杏黄荧光。在短波紫外线下可见随着晶体生长显示的白垩蓝色荧光带，这可鉴别热处理。

蓝宝石往往比红宝石有更好的清晰度，但无瑕的很少。丝状包体是最常见的包体，细小的云雾状微小包体可以散射光线，使光线呈现

▲ 重 1.10 克拉的花色澳大利亚蓝宝石，经热处理使颜色变浅，由约翰·戴尔打造

天鹅绒般的外观，而不影响透明度。
这种朦胧有时被描述为昏昏欲睡，
在克什米尔的蓝色蓝宝石中很明显。

▼ 克什米尔蓝的蓝宝石，因微小的丝状包体而呈现天鹅绒般的外观

矢车菊蓝的蓝宝石是 1881 年左右在
海拔 4 500 米的地方发现的，为蓝
宝石的颜色定义了标准。据说一次
山体滑坡揭露了蓝色的晶体。许多
蓝宝石一直开采到 1887 年，当时矿
床被认为已经枯竭，此后仅零星开采。这些稀有而瑰丽的宝石偶尔出现在
古老的珠宝首饰中，价格也很高。

　　大多数颜色的星光宝石都很受欢迎。黑色或深棕色的星光宝石比较常
见，由赤铁矿－钛铁矿包体引起。星光蓝宝石被做成弧面型，以显示星光。
然而，黑色的星光宝石较为脆弱，因为有很多包体，并沿着它们所在的平
面分裂，因此使用较浅的弧面型切割。

　　一些蓝宝石有着类似达碧兹模式的包体，有一个类似于六辐条的轮状。
然而，由于这些部分不是增长的晶体，因此它不是一个真正的达碧兹蓝宝
石。有些地方生产这样的蓝宝石，比如越南和澳大利亚。

　　蓝宝石的形成既有变质成因，也有岩浆成因。那些通过变质作用形成
的宝石出现在大理岩、片麻岩和片岩中，颜色多样，包括帕帕拉恰蓝宝石。
岩浆成因的蓝宝石与碱性玄武岩有关，含铁量高，通常形成蓝色、绿色和
黄色的蓝宝石，花色的不太常见。母岩和地质成因极大地影响宝石价值，
因为会直接影响透明度、颜色，甚至因受到晶体形状的限制而影响重量和
切割方式。

　　缅甸数百年来一直是优质蓝宝石的产地，以其皇家蓝而闻名。还产出
星光蓝宝石和一些奇特颜色的品种。蓝宝石来源于与含红宝石大理岩相关
的正长岩，在冲积宝石砾石矿床中也可少量开采。斯里兰卡生产蓝宝石已

有两千多年的历史，以产出大尺寸的宝石而闻名。它如今仍然是蓝色蓝宝石和星光蓝宝石的重要产地。此地所产蓝宝石铁含量较低，呈淡至中蓝色，略带紫色。斯里兰卡还出产各种花色蓝宝石，也是帕帕拉恰蓝宝石的主要产出国之一。这里产出大量的乳白色宝石，这些宝石经过热处理后会有非常好的呈色，这增加了市场上平价蓝宝石的数量，其为变质成因，但很少发现原生矿床。泰国昌塔武里和柬埔寨佩林地区边界沿线的大量矿床中出产蓝宝石，这些矿床是从砂矿中开采的。这里的蓝宝石成因与玄武岩有关，因为含铁量较高而呈现深墨蓝色并带有一丝绿色。同时也产出黄色和绿色的蓝宝石，以及金色和黑色的星光蓝宝石。越南北部有几个与变质岩母岩有关的矿床，产出灰色、蓝色、紫色和帕帕拉恰蓝宝石。玄武岩伴生的蓝色、绿色和黄色蓝宝石产于南部。这些都是从冲积砂矿中开采出来的。

几座宝石矿藏的重大发现使马达加斯加成为当今重要的蓝宝石产地之一，其蓝宝石产量超过斯里兰卡和缅甸的总和。1994 年，在南部的安德拉努丹布发现了非常特别的变质成因蓝宝石，其颜色堪比克什米尔蓝宝石。不久之后，蓝色、绿色和黄色的玄武岩伴生蓝宝石在北部被发现，1998 年，在西南部的伊拉卡卡发现了蓝色和花色蓝宝石的大型砂矿。马达加斯加拥有丰富的彩色宝石矿藏，大多数采矿都是靠手工开采。东非国家生产一系列类型的蓝宝石，特别是坦桑尼亚（包含被一些人归为帕帕拉恰蓝宝石的彩色和深橙色品种）、肯尼亚（包含花色类型）、莫桑比克、马拉维、津巴布韦（包含星光蓝宝石）和埃塞俄比亚。尼日利亚和邻近的喀麦隆也是与玄武岩有关的墨蓝色、绿色、黄色和花色蓝宝石的主要来源地。

澳大利亚是一个重要的产地，新南威尔士州和昆士兰州的砂矿中进行的商业开采已持续了一个世纪。这里的蓝宝石与碱性玄武岩共生，铁含量高，颜色深。常见墨蓝色、绿色、黄色和浅色宝石，罕见花色的橙色、粉色、紫色和星光宝石。产量在过去的几十年中已经开始下降。在塔斯马尼亚州、维多利亚州和西澳大利亚州也发现有蓝宝石矿。

美国蒙大拿州有几座蓝宝石矿床，其独特的岩浆来源与刚玉的主要三个形成时期无关。约戈地区以出产高透明度和不需要热处理就能呈现出均匀蓝紫色的宝石而闻名遐迩。这些蓝宝石是从煌斑岩脉中开采出来的，首次发现于 1895 年。因为晶体为较薄的片状，这里产的宝石做成刻面宝石后很小，很少超过 1 克拉。美国本地的产出规模小且零星，但国内的需求却很高。其他的冲积砾石矿床则产出灰蓝色和一系列花色宝石。其余宝石来源包括中国、巴西、巴基斯坦、哥伦比亚、俄罗斯和英国。

市场上的大多数蓝宝石是经过热处理的。未经处理的蓝宝石至少贵50%，因此对于处理的披露和检测是至关重要的。加热至 800～1 200 ℃将使玄武岩来源的蓝宝石的深蓝色变浅。加热至 1 200～1 800 ℃可溶解丝状包体，使钛被吸收到晶体结构中。这会提高透明度，也通过钛提供的蓝色改善了含铁蓝宝石的颜色。斯里兰卡产的乳白色宝石颜色很浅，但有大量的丝状包体，所以加热所产生的效果非常显著，可以产生高清晰度的蓝色、橙色或黄色宝石。而高温高压处理现在越来越普遍的用来增强色彩。加热后的蓝宝石在短波紫外线下会呈现白垩蓝色的荧光。热处理后的颜色相当稳定。

蓝宝石可以经过扩散处理以增强或改变颜色。当宝石被加热到非常高的温度（1 700～1 900 ℃）时，某些元素会被扩散到晶体结构中。自 20 世纪 70 年代后期以来，人们常使用钛进行表面扩散到无色或浅蓝色的宝石中从而产生非常饱和的蓝色，因不能穿透整个宝石而形成了一个浅的色层。钛也可以增强丝状包体，从而产生星光效应。2001 年左右，市场上出现了大量帕帕拉恰蓝宝石，引发了顾客们的怀疑。宝石实验室确定了其为一种新的处理方法，将铍扩散到粉红色的蓝宝石中，使其呈现黄色，从而形成帕帕拉恰蓝宝石的颜色。由于铍原子比钛原子小，因此这种扩散可以穿透整个石头，被称为晶格扩散。这种处理方式能产生明亮的黄色和橙色，并使深蓝色变亮。扩散处理需要披露，有时可通过浸泡宝石来进行检测，以显示跟随刻面宝石形状（而不是晶体生长形状）的颜色浓度变化，以及高温损坏的包体。然而，一些晶格扩散蓝宝石需要宝石实验室进行高级的分析鉴定，才能查出处理方式。

一些少量的无色或浅色的蓝宝石被辐照处理后能产生明亮的橙色，从而冒充天然帕帕拉恰蓝宝石，但这种颜色不稳定，会随

▲ 重达 4.62 克拉的刻面宝石（左）和蓝宝石原石晶体（右），产自美国蒙大拿州洛克克里克

着曝光而褪色。合成蓝宝石则是通过添加不同的杂质而产生各种颜色。它主要通过焰熔法生长，较少采用助熔剂法、水热法和提拉法生长。焰熔法合成的宝石一般不发出荧光，也不显示完全独特的铁吸收光谱。添加钒可以在合成宝石中创造一个从紫色、粉红色到石板蓝色的颜色变化。这被用作模拟变石，虽然其颜色更类似于多色性的紫水晶。可以用钒的吸收光谱来鉴定。

仿造蓝宝石使用各种颜色的玻璃和塑料。二叠石是用一片天然的绿色蓝宝石镶嵌在合成蓝宝石亭部上，或者用一片石榴石镶嵌在钴蓝玻璃上。当正面朝上看时，宝石呈蓝色，可以看到天然包体。这可以通过连接处的气泡来鉴别，也可以通过检测石榴石不同的折射率来鉴定。

蓝色的坦桑石、蓝晶石、尖晶石、蓝锥矿、电气石的外观和蓝宝石相似，容易混淆。而堇青石甚至有令人误解的商品名"水蓝宝石"。花色蓝宝石可能会与金绿石、黄玉、黄水晶、紫水晶、紫锂辉石、绿柱石、尖晶石和电气石混淆。变色尖晶石表现出类似于蓝色到紫粉色的颜色变化。这些都可以通过不同的光学性质来区分。

钻石

　　钻石是宝石中的精华。其令人难以置信的光泽、亮度和火彩完美地结合在一起，使它变得异常宝贵和珍稀，它比任何其他宝石都卖得多（这主要得益于营销）。它是已知最坚硬的天然物质，唯一能划伤它的是另一颗钻石，非常适合作为珠宝首饰。它的名字来源于希腊语"adamas"，意为不可征服或坚不可摧的石头。钻石不仅因为它的美丽和物理特性而被珍视，它的科学性也同样宝贵——它形成于遥远地质年代的地下深处，是一个将地球内部的科学信息带到地表的时间胶囊。

钻石

成分：碳（C）

晶系：等轴晶系

莫氏硬度：10

解理：完美

断口：贝壳状

光泽：金刚光泽

相对密度：3.50～3.53

折射率：2.415～2.420

双折射率：无

光性：均质体

色散：0.044

▼ 来自津巴布韦的一颗重 0.38 克拉的钻石，使用钻石型切割

　　钻石是由单一元素碳组成的，它的化学成分与石墨相同，但碳原子以不同的方向排列组合，从而赋予它们截然不同的性质。石墨是黑色且不透明的，并且非常软，而钻石是透明的，密度要大得多，而且无比坚硬。那么碳是如何形成钻石而不是石墨的呢？钻石是在高压和高温的条件下结晶的。它需要 900～1 250℃ 的温度和 4～5 吉帕的压力。这些条件是在地

表 80 千米以下的深度达到的。而在较浅的深度，碳会结晶成石墨，这是相对稳定的低压和低温形式的碳。钻石所需的压力相当于在软饮料罐上放一座埃菲尔铁塔。钻石一般形成于深 120～200 千米的上地幔处。有些钻石被称为超深钻石，形成于岩石圈（地壳和上地幔最上部的刚性部分）下方 400～750 千米深处的地幔中。

◀ 德累斯顿绿钻，世界上最著名的绿色钻石。其颜色为天然形成，重 41 克拉，切割成梨形镶嵌在华丽的帽饰中

形成的碳源推测为含碳流体，与上地幔的超基性岩（橄榄岩和榴辉岩）发生反应，释放了碳，使它结晶成钻石。后来，钻石在快速、猛烈的火山喷发中以熔岩（岩浆）的形式被运送到地表。岩浆的快速上升和快速冷却阻止了钻石转化为石墨。

这些特殊的喷发形成了一个漏斗状或碗状顶部的管道，称为岩管（或者岩筒、通道）。有两种不同类型的喷发：一种形成称为金伯利岩的岩石，另一种类似的岩石称为煌斑岩。两者都是由岩浆结晶和从上地幔带上来的碎片混合而成。金伯利岩管是钻石的主要来源。

然而，并非所有的金伯利岩管都含有钻石，只有那些侵入最古老、最厚的地壳（已经稳定了 25 亿年以上）的岩管才含有钻石。金伯利岩侵入体要年轻得多，大多数不到 5.5 亿年，但基本为 0.5 亿～12 亿年。它们与大规模地质事件有关，如冈瓦纳超大陆的裂解，或更年轻的巨型火山事件。钻石比它的金伯利岩母岩要古老得多。已知最古老的钻石有 35 亿年的历史，而最年轻的钻石也有 6.6 亿年的历史。钻石的年龄鉴定是由它的包体的年龄决定的。包体是一种微小的固体矿物，它被认为与宿主同时形成，然后被捕获并保存在里面。有趣的是，由于碳 -14 的放射性会在几万年后逐渐减弱，而且钻石的年龄很大，所以用放射性碳同位素测年法无法确定钻石的年龄。

当钻石从它的寄主金伯利岩或煌斑岩岩管中开采时，称为原生矿床，并由大型（主要是露天）矿山开采。钻石的质量和大小，加上矿床的位置和交通便利性，极大地影响着矿山的生存能力。钻石等级范围从每100吨1克拉的宝石级到每100吨500克拉的工业级钻石都有。

金伯利岩和煌斑岩易被风化和侵蚀，特别是经过漫长的地质年代以后，在地表很难发现原位产地的钻石。由于其高硬度和高密度，钻石常远离其来源地，与其他重矿物在次生砂矿中聚集。高质量的钻石会被搬运得最远，因为含有大量包体或断裂的晶体会在途中破碎。在许多国家中都发现了冲积钻石矿床，它们是从溪流和河流中开采的。纳米比亚和南非沿岸发现了海洋沉积物矿床，钻石是从海滩和海底进行开采的。尽管开采难度较大，但由于宝石级钻石的比例较高，这些矿床的开采还是比较划算的。许多次生钻石矿床可追溯到其主要的成矿母岩，但有些矿床的物源产地仍然是一个谜。

其他的形成方法包括高压变质作用，以及外来天体的冲击产生的高温高压条件。然而，这些方法形成的钻石晶体很小，一般小于0.5毫米，基本无法制作宝石。

人类发现钻石的第一次可靠记载是在公元前300年的印度，印度也是唯一已知的开采超过2 000年的钻石产地。它是从冲积砂矿中开采出来的，产出大量无色钻石，以及各种彩色钻石。

戈尔康达矿场是著名的矿场之一，据说是许多传奇钻石的产地，包括科－依－诺尔（现在英国皇冠上）和德累斯顿绿钻。印度的钻石产量虽小但十分稳定，主要供应包括皇室成员在内的富人群体。随着印度钻石供应的减少，巴西冲积钻石矿床的发现提供了第二个来源。巴西的钻石是在1725年左右被金矿开采者发现的，100多年来，巴西提供了当时世界上的大部分钻石，今天仍有少量钻石被开采。其可开采的钻石沉积物主要为冲积物，许多沉积物的来源尚不知晓。巴西生产了许多重要的钻石，包括粉红钻石，以及迄今为止发现的最大的钻石——重 3 167 克拉的黑钻。黑钻是一种独特类型的钻石，与其他钻石非常不同，仅在巴西和中非共和国发现。它是一种不透明的黑色或棕色多孔聚集体，由微小的交织晶体组成，这种多晶性质赋予它更高的韧性。由于其优异的研磨性能，在人造钻石发明之前，黑钻已在工业上得到广泛应用。它的主岩和形成过程仍然是一个谜，有些理论认为其为外星撞击形成的。

1866 年在南非发现了钻石，在奥兰治河畔发现了一块 21.25 克拉的黄色水晶，现在被雕琢镶嵌成重 10.73 克拉的尤里卡钻石。1870 年，钻石首次在其寄主岩中原位发现，并以金伯利城的名字将其命名为金伯利岩。这些原生矿床产生的钻石丰度比冲积矿床高得多，并且利用率极高。其中包括在开普省发现的第一颗重要的黄色钻石，开普钻石的名字就是从这个省来的。到 1889 年，南非的钻石供应量占到世界总量的 99%，这种状态持续了几十年。金伯利和杜托伊茨潘矿都是重要的早期矿源，库里南矿则是现在首屈一指的矿，是历史上稀有的大型钻石晶体的产地，包括迄今发现的最大的宝石级钻石——库里南钻石，它于 1905 年被发现，重 3 106.75 克拉，令人惊讶的是，它只是一个较大晶体的一个部分，遗憾的是其余部分未曾发现。它被切割成 9 块主要宝石和近 100 块次要宝石。其中最大的两颗：其一是非洲之星 1 号，重达 530.2 克拉，仍然是世界上最大的无色刻面钻石；其二是非洲之星 2 号，重达 317.4 克拉。它们镶嵌在英国国王权杖和皇冠上。

纳米比亚首次发现钻石是 1908 年，在吕德里茨附近，这里的沿海海岸发现了巨大的砂矿。海滩被大量的开采，同时岸边的船只也从海底开采含钻沉积物。而风成沉积物也因为含有钻石而被开采，这些沉积物是由吹经沿海沙漠沙丘的风累积而成的。

澳大利亚于 1851 年在新南威尔士州巴瑟斯特地区发现了钻石，比南非要早。澳大利亚最著名的矿是位于西澳大利亚北部的阿盖尔矿，它是第一座在煌斑岩岩管中发现的钻石矿。阿盖尔矿生产的宝石级钻石中彩色钻石比例很高，其中近 80% 是棕色的。阿盖尔钻以粉红钻石闻名，占全球市场的 90% 左右，但这些稀有的粉红钻石仅占其宝石产量的 1%。这些粉

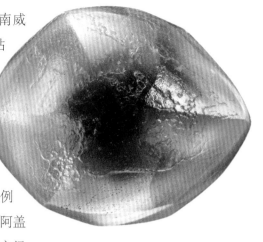

▲ 重 0.95 克拉的复杂晶体于 1851 年在澳大利亚新南威尔士州发现，可能是第一颗被证实的钻石

红钻石很小，发现的最大的原钻仅重 12.76 克拉。更为罕见的是蓝色、灰色和紫色钻石。阿盖尔矿于 1983 年开始生产，于 1993 年达到世界产量的40%。可悲的是，它的商业寿命已经到了尽头，其储备在 2020 年底枯竭。

俄罗斯、博茨瓦纳和加拿大是当今钻石产量的主要来源。自 20 世纪60 年代以来，俄罗斯一直是一个重要来源国，如今，以产出重量和价值计算，俄罗斯的产量占全球总量的近 30%，生产包括粉色在内的各色钻石。博茨瓦纳从 1970 年开始开采，现在的产量占世界总量的 15% 以上，但价值却接近 25%，因为它有着一些价值高的矿山。加拿大于 1998 年开始开采，并在随后的几十年中发现了很多重要矿床。因其很多矿山位于北部，由于极端天气条件，采矿被限制在一年中的特定时间。

位于非洲南部的莱索托，近年来的大型钻石晶体产量位居世界第一，迄今为止最大的重达 910 克拉。但它的产量较低，不过由于钻石较大，钻石的每克拉单价最高。其他来源包括安哥拉、津巴布韦、纳米比亚、加纳、塞拉利昂、刚果（金）和美国。全球产量从 20 世纪初的约 300 万克

▼ 花式切割的梨形彩色钻石，从左至右：重 0.63 克拉，呈粉橙色；重 0.43 克拉，呈深粉紫色；重 0.40 克拉，呈亮紫色

拉增加到 2006 年的峰值 1.76 亿克拉，2019 年达到约 1.42 亿克拉。

钻石业对经济和当地社区产生了可衡量的积极影响，通过合理的养护措施或严格的法律来提供就业和保护环境。2002 年，联合国和主要钻石生产国制定了一项国际证书制度，以管理原钻的贸易。它被称为金伯利进程，旨在防止冲突钻石在宝石市场上出售。自 2003 年以来，所有毛坯、未刻面钻石（包括锯开的和劈开的）必须获得金伯利进程证书才能被允许出入境，以证明原钻不是为资助冲突而出售的。一些国家目前没有参与此进程或被禁止进行国际贸易。想要安心进行钻石贸易就必须遵从金伯利进程的最新情况，以确保任何未切割钻石的进出口都是合法的。

纯钻石只含碳，是无色的。然而，大多数钻石含有替代了碳原子的杂质元素。虽然可能只有极小的量，以百万分之几计量，但这足以产生不同的颜色和荧光。从科学上讲，钻石的类型是由这些杂质定义的，并根据是否存在最常见的杂质（氮）进行分类：

I 型钻石含氮杂质，98% 的天然钻石所含杂质为氮。I 型钻石细分为：

- I a 型具有不同排列的氮原子团，氮含量可高达 $3\,000 \times 10^{-6}$。大多数此类钻石被称为开普钻石，颜色从近乎无色到黄色，通常带有一丝棕色。许多此类钻石在长波紫外线下能发出特有的蓝色荧光。I a 型也可能是无色的，很少有粉红色、蓝色、紫色或变色龙。I 类钻石的大多数是 I a 类。

- Ⅰb 型氮以单原子形式出现。氮含量约为 100×10^{-6}。当这些钻石有一个饱和的金黄色时通常会被称为金丝雀钻，偶尔表现出弱橙黄色荧光。Ⅰb 型比较罕见。

Ⅱ型不含任何可检测的氮。超深层位的钻石通常是这种类型。Ⅱ型钻石可细分：

- Ⅱa 型是成分最纯的，通常无色，但也可能是淡粉色、黄色或棕色。它们通常不发出荧光。许多大的无色、高透明度、著名的钻石，如库里南和光明之山都是Ⅱa 型。

- Ⅱb 型含有硼杂质，通常为 $(0.1 \sim 2) \times 10^{-6}$，使其呈现蓝色，具有蓝绿色或红色磷光。这类钻石是唯一导电的类型。最著名的例子是霍普钻石。

钻石具有等轴晶系的对称性。碳原子在四个方向上紧密结合，这使它具有难以置信的硬度。

钻石以两种主要的晶体形式结晶：八面体和不常出现的立方体。其他形式包括双晶（尖晶石状有板状三角面的双八面体晶体）、多晶聚集体、纤维状和复杂的圆形。圆形为次级形态，当被金伯利岩岩浆带到地表时，通过与金伯利岩岩浆进行反应溶解，原始晶体的部分发生溶蚀而形成。因此，据认为，多达一半的原始晶体可能会被溶蚀。它们具有类似于十二面体和四面体等形状的曲面。

◀ 重 3.26 克拉的八面体钻石晶体

▶ 一个重 0.39 克拉的扭曲十二面体与弯曲的晶面，产自澳大利亚维多利亚州

▲ 一种板状三角双晶钻石，晶面有三角网格纹。高1.4厘米

▲ 三角形蚀坑称为三角凹痕，是钻石表面的常见特征。它们是由吸收过程的溶蚀引起的

在所有开采的钻石中，只有大约20%被认为是透明的宝石级。对于珠宝和宝石市场来说，包体通常被认为对钻石的质量有害，但对于科学家来说，包体却极其重要。其他矿物和流体的晶体被包裹在钻石中，在地球深处保存了无数个年头。对这些包体的研究为深入了解我们内部行星的历史提供了信息，也为

▼ 这颗重1.98克拉的阶梯型切割钻石中保留了红色石榴石包体

钻石生长的深度和地质环境提供了线索。橄榄石、铬透辉石、富铬辉石、石榴石等矿物其指示母岩为橄榄岩，铁铝榴辉石、石榴石指示母岩则为榴辉岩。其他常见的包体有带状和双晶片晶等生长特征。高应力条件下的生长和随湍流搬运到地表时可能会导致内部裂缝、不明显的解理或颗粒化，会在钻石内部出现模糊或朦胧的薄层。

钻石独特的综合性能使其成为一种非常理想的宝石。高折射率赋予它难以置信的光亮，而其镜面般的光泽也因其金刚石之名而被称为金刚光泽。折射率也让钻石拥有极高的亮度，从而可以创造出明亮的闪耀。钻石的色

散为 0.044，令人惊讶的是这只能算是中等，但是比大多数其他常见的宝石要高，并创造出使其闻名遐迩的彩虹般火彩。

钻石是已知最坚硬的天然物质，莫氏硬度为 10，可以用宝石切割机进行最高质量的切割，具有锋利的边缘和镜面般的平面。这使得钻石成为各种珠宝的理想选择。然而，很少有消费者意识到，钻石有一个完美的解理，因此，虽然它不能被划伤，但却是很脆弱的，如果被碰撞或不小心掉到地面，就有可能发生破碎和损坏。一颗钻石可以切割和抛光另一颗钻石的原因是，硬度在晶体结构的不同方向上略有不同。抛光轮上使用的钻石磨粒或粉末由方向各不相同的颗粒组成，这意味着一些颗粒的朝向总是最硬的方向，从而可以切割打磨另一颗钻石。

这些明亮闪耀又火彩十足的宝石让许多人为之倾心，并长期用于珠宝首饰。已知最早的钻石珠宝是偶然发现的公元前几个世纪镶嵌在古罗马戒指中的八面体天然晶体，这证明了当时印度的贸易路线已经较为成熟。而普林尼在他的著作《自然史》中提到的 "adamas" 被许多历史学家解释为钻石。钻石在 13 世纪开始进入欧洲珠宝市场，现代钻石市场则始于 19 世纪末在南非发现钻石。20 世纪 40 年代，戴比尔斯成功的营销活动使钻石成为订婚戒指的首选，如今，钻石仍占世界珠宝贸易的 80% 左右。

刻面钻石的分级标准为 4C 评价，其分级依据包括切工、克拉重量、净度和颜色。该体系由美国宝石学院（GIA）开发，被大多数人认为是行业标准，在整个国际市场通用。宝石实验室会通过这些标准或者一些类似的标准对宝石和钻石进行评估。

切工

钻石的加工历史可谓变化甚巨，最初只能用眼睛进行测量和简单的手工切割，而如今则是精确的测量和标准化的加工技术。最早的抛光钻石宝石只是表面抛光的八面体晶体。紧接着是发现钻石可以被切割成更小的形状，随后又发明了抛光轮和粗加工机，可以在特定的角度创造出对称的小型刻面。如今，精密的激光切割机、虚拟 3D 建模和其他设备可以更为快速、准确，形状也更为对称，并且能够从原石加工中获得最大的克拉数。

▼ 钻石型切工的钻石散发出极强的火彩，和其内部光暗对比的区域

切割的形状和质量对钻石的外观有着巨大的影响，因为切割决定了宝石与光相互作用的方式。它会影响色散、亮度、闪耀度，也会影响到颜色。切割需要在保持最大重量和创造完美的闪闪发光的宝石中取得平衡，以获得最大的价值。

成品的大小和形状受原石的整体形状以及杂质和色带的影响。可能需要花费数年的时间来对一块罕见的、超大的原石制作切割设计，以确保获得最高产量的美丽宝石。切割质量取决于对称性、比例和抛光程度。整体形状应对称，刻面应均匀且对齐。

有几个切割类型通常用于钻石。钻石型切割适合无色钻石，其独特的设计使得折射和反射的光尽可能多地集中给观察者，以实现最大的火彩和亮度。其他如混合型，主要用来强调色彩。而花式切割的有色钻石可以进一步强化颜色，提高品位，提升价值。然而，这些风格不利于无色钻石，因为这会使它们看起来不那么透。

钻石型是最流行的切割风格，它由马塞尔托尔科夫斯基于 1919 年设计发明。现代的圆钻型切割有 57 个刻面（或 58 个，多个底面），这种切割方式使得钻石极为闪耀动人。其通过利用钻石的折射率，确定钻石刻面的准确角度以及冠部和亭部的理想比例，从而使所有通过冠部进入钻石的光线反射回观察者眼中。这被称为全内反射，因为没有光线会通过宝石背面泄漏出去。钻石型有一系列外形大类，包括心形、梨形、椭圆形、女侯爵形、

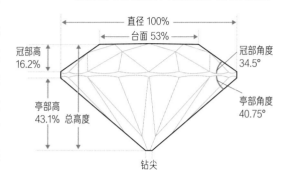

▼ 钻石型切工的角度和比例极大地影响着切割质量，对其亮度、闪耀度和火彩至关重要

直径 100%
台面 53%
冠部高 16.2%
冠部角度 34.5°
亭部高 43.1%
总高度
亭部角度 40.75°
钻尖

垫形和圆形。宝石实验室评估圆钻型切工的质量，是通过测量其比例是否接近理想，评估台面的大小、冠部和亭部的高度和角度，以及腰部和底面的角度是否合理。最好的钻石型切工效果是钻石本身非常闪亮，但在钻石内部有一个明暗对比均匀的区域。

　　长方形（法式面包和祖母绿切割）和方形（阿舍尔切割）的阶梯型切工会创造出具有清晰反射线的优雅宝石。但是，它们不具有其他切割方式的火彩或闪耀度，也不能隐藏杂质。公主式切工是一种钻石型切工的方形改进版的商业用语，背面有 V 形刻面。亮度高并极具现代感。但是，其尖角处需要设置保护来防止破碎。辐射型切工是具有方形或矩形轮廓和截断

▼ 不同切割质量的钻石型切工钻石。有全内反射的优质品（左），有光线从后面漏出产生暗区的较差品（右）

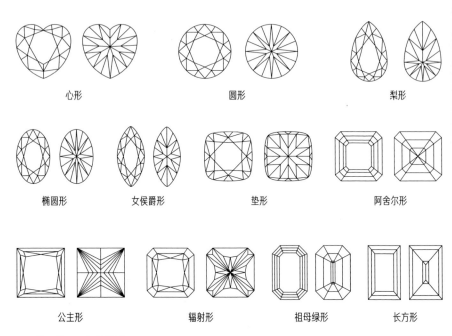

心形　　　　　圆形　　　　　梨形

椭圆形　　女侯爵形　　　　垫形　　　　阿舍尔形

公主形　　　　辐射形　　　　祖母绿形　　　长方形

▲ 钻石的不同切割样式

角的钻石型切工改进版。它在亭部有更多的刻面用以增强颜色，而不是火彩。还有很多切工会更强调高光泽，而不是净度，比如黑钻，这种切工在冠部往往有许多小的刻面。

克拉重量

钻石的重量是以克拉计量的，并应该至少写到小数点后两位，且只有当第三位小数是 9 时才四舍五入，例如 0.998 = 0.99 克拉，但是 0.999 = 1.00 克拉。对于 1.00 克拉以下的钻石，其重量通常用分表述，其中 1 克拉等于 100 分，例如 0.30 克拉是 30 分。米粒钻是小于 0.20 克拉的小钻石，通常为圆形，直径可达 4 毫米。它们被用作突出主宝石的陪衬，给成形的珠宝带来额外的闪耀度，比如将主宝石环绕其中。

切割后的钻石的最终重量总是在最大限度的美丽外观和保留最高重量

之间进行权衡。国际钻石报价单是整个钻石行业价格的基准：类似切工、颜色和净度的钻石根据其重量来定价，其价值会根据设定的阶梯重量进行变动，如 0.50 克拉和 1.00 克拉的钻石有不同的重量阶梯，因此 1.01 克拉的钻石可能比 0.99 克拉的宝石要贵得多。较大的钻石由于其稀有性，每克拉的价值更高。近年来发现了一些重量特别大的钻石，例如 2015 年在博茨瓦纳卡洛维矿发现的 1 109 克拉的"我们的光芒"，是迄今为止发现的第二大的无色宝石级钻石。这些超大宝石的发现导致矿场增加了自动分拣机的尺寸设置，以确保较大的原石不会被认为是大块的石头而被意外地送入破碎机。

净度

钻石的净度高低是根据是否有缺陷来判断的，如内部包体或外部表面的缺陷。一颗具有顶级净度的钻石是无瑕的。钻石的分级是通过评估包体的数量、大小、位置、颜色和是否突出进行判定。包体的位置会影响等级，在中央还是在宝石的边缘是完全不一样的。包体的颜色会影响它的可见度。当从正面观察刻面钻石时，有一个内部的明暗区域图案，这使钻石具有闪光。随着宝石的移动，深色包体的区域仍然是深色的，与浅色区域的深色包体相比，深色区域的深色包体是几乎看不出来的，反之，浅色包体也是如此。一个宝石的包体越多，它的火彩和闪耀度就越少。

▲ 重 0.82 克拉的辐射切割花色深紫粉钻，可以看见其中包体

GIA 净度分级系统使用无瑕级（FL）作为最高等级，在 10 倍放大镜下检查时没有可见的内部包体或外部瑕疵。其他类别是内部无瑕级（IF）、极轻微内含级（VVS1 和

VVS2）、轻微内含级（VS1 和 VS2）、微内含级（SI1 和 SI2）、内含级（I1，I2，I3）。其他评级系统可能会在此基础上进行额外的划分。无瑕钻石是罕见的，大多数钻石的净度等级为 SI 至 I。

颜色

　　钻石有各种颜色。宝石级的钻石主要是淡黄色到淡棕色。无色是相当罕见的，因此，越接近无色的钻石，其价值越高。接近无色的钻石是根据其无色程度进行分级的，最轻微的差异（未经训练眼睛无法察觉）都会影响价值。GIA 的分级系统是最广为接受的，使用字母表 D 到 Z。D 是无色的最高等级（D-F），然后是接近无色（G-J）、微弱有色（K-M）、非常浅色（N-R）和浅色（S-Z），Z 是浅黄色或棕色的色调。颜色等级较低的宝石将显示较少的亮度和闪耀度。等级不从 A 开始是为了区别于其他等级系统，D 通常不与最高质量相关。颜色分级是在可控的照明和观察条件下进行评判的，将评测宝石与一组已知颜色的宝石进行比较。

　　每 10 000 枚刻面钻石中就有一枚彩钻。这包括 D 到 Z 范围以外的任何黄色和棕色钻石，以及所有其他颜色钻石。黄色和棕色是最常见的彩钻，而蓝色、紫色、粉色、红色和绿色是最稀有和最理想的。颜色的细微变化可以大大影响价值。彩钻是由它的色彩、色调和饱和度来描述。彩钻的分级是基于颜色的强度，有花色浅、花色、花色浓、花色鲜艳、花色暗或花色深的等级。有色钻石的分级比无色钻石更主观，不同的宝石学实验室之间的分级系统也不同。

　　黄色在彩钻中的比例很高，其产自世界各地。大多数是开普型钻石

D　　　　　H　　　　　N　　　　　Z

◀ GIA 颜色分级系统采用 D（无色）至 Z（浅色）

（Ⅰa型），其颜色是由氮气杂质引起的。黄钻颜色从Z级到更深都有，可能有棕色或灰色的修饰颜色。最受欢迎的是被称为"鲜彩黄钻"的纯亮黄色。还有一种更少见的，但被一些人认为更漂亮的强烈的淡黄色到微橙色（Ⅰb型），这是由单个孤立的氮原子取代碳原子引起的。

蓝钻石是极其罕见的，其颜色倾向于灰蓝色。大多数蓝钻石含有替代碳原子的硼杂质（Ⅱb型），硼含量越高，蓝色越饱满。蓝钻石产地里最有名的是来自南非的库里南矿，以及历史上的印度矿。2015年，来自库里南矿重12.03克拉的约瑟芬蓝月亮钻石在拍卖会上以每克拉400多万美元的价格售出——这是所有宝石中的单克拉最高价格纪录。

来自澳大利亚阿盖尔矿的蓝色、灰色和紫色钻石含有氢和氮的杂质，正是这些杂质造成了不一样的颜色。那里的一些钻石显示出变彩效果，在白炽灯下呈现紫色，而在日光下为蓝色。

粉红色的钻石是非常罕见的，也是非常受欢迎的。它的颜色从浅到深都有，也有偏紫、偏棕或偏红

▶ 重1.47克拉的浅黄色梨形开普钻石

▼ 重0.67克拉的钻石型切工金丝雀黄钻，略带橙色

▼ 著名的霍普钻石，重45.52克拉，因其平均 0.5×10^{-6} 的微量硼杂质含量而呈蓝色

▼ 重 0.52 克拉的心形
花色深灰紫钻

◀ 重 1.13 克拉
的心形花色深橙
粉钻

▼ 重 0.40 克拉
的梨形花色鲜紫
粉钻

的色调。大多数很小，1 克拉就已经算大的，超过 10 克拉的更是凤毛麟角。阿盖尔矿是其主要产地，这里生产了世界上 90% 的粉钻，它的关闭使得全球供应量大受影响。在印度、巴西、南非、加拿大和俄罗斯也发现了粉钻。绝大部分（99.5%）粉钻，以及罕见的紫色和更罕见的红色钻石，都显示出色彩纹路（不同颜色浓度的平行薄层）。这些钻石是 Ⅰa 型或 Ⅱa 型的。颜色的确切原因仍然未知，但与晶体结构的生长后变形（称为塑性变形）有关。这种变形被认为是由钻石形成时的高压、高温条件造成的。有趣的是，这种更复杂的晶体结构意味着这些粉红色的钻石比无色的钻石需要更长的时间来抛光。其他 0.5% 的粉钻则极为罕见，是 Ⅱa 型的均匀淡粉色，没有色彩纹路，被称为戈尔康达粉钻。这些钻石显示出黄色－橙色－红色的荧光。颜色鲜艳的顶级粉钻可以卖到每克拉 250 万美元以上。

棕色是常见的钻石颜色之一，因此棕色钻石是常见的彩钻。直到 20 世纪 80 年代，棕色钻石都在宝石市场上没有什么价值，被大量地用于工业用途。随着阿盖尔矿的开放，其生产了大量的棕色钻石，通过成功的营销策略和赋予其有品位的新名称，如香槟、白兰地和咖啡，才使得棕色钻石逐渐流行。大多数棕色钻石的颜色与晶体结构的塑性变形有关，造成碳原子簇的缺失形成晶格缺陷。这与粉钻的原因相似，它们同样会显示出颜色条纹。棕色钻石可以通过高温超高压法（HPHT）处理来进行脱色或改善颜色。

绿钻是罕见的天然颜色钻石之一，它是通过辐射破坏晶体结构产生缺失碳原子的空位而产生的。这可能是由于附近的放射性矿物在地下自然发生的。这种颜色通常集中在钻石晶体的表面，需要小心切割，以免切割后的刻面会被去除颜色。钻石可以通过人工辐照产生更深的蓝绿颜色。

变彩钻石是一种奇特的宝石，可以暂时改变其颜色。它通常暴露在光线下一分钟左右就会从淡黄色变成棕绿色。当钻石在黑暗中存放数天或轻微加热时，颜色的变化就可以逆转。

▲ 重 1.37 克拉的心形花色深黄橙钻

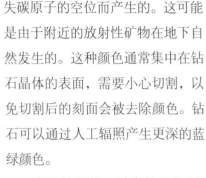

▶ 重 1.07 克拉的辐射切工天然色深绿色钻石

◀ 重 6.15 克拉的变彩钻石，在光线照射后，在黑暗中保存为橄榄绿色（右），颜色可逆至黄色（左）

天然的黑钻并不常见，市场上的大多数黑钻都是经过处理的。大多数天然黑钻的颜色是由纳米级别的矿物包体造成的，如石墨、黄铁矿或赤铁矿。此外，它们可能包含裂缝、辐射污渍或存在多晶。大多数黑钻是不透明的，但也有一些半透明的，钻石实际上是接近无色的，但因为大量的包体，看起来是黑色的。黑钻的处理方法包括加热严重断裂或包体众多的石头，以诱发石墨的形成。大剂量辐照会使钻石产生一种深绿色，在切面上看起来是黑色的。在强光照射下可以看到透明的绿色。黑钻在过去30年里变得很流行，特别是在切割时利用其金刚光泽使钻石看上去华丽动人。包体和断裂使黑钻在切割和抛光方面具有一定的挑战性，需要更加小心操作从而避免钻石受到损害。

奶白钻是一种罕见的、不寻常的钻石，具有半透明的乳白色外观。这主要是由许多微小的包体造成的，这些包体使光线发生散射。与黑钻类似，奶白钻的透明度也各不相同。

有色和无色钻石在长波紫外线下都能发出荧光。荧光的颜色很多，最常见的是蓝色，然后是黄色，比较罕见的是橙色、白色和绿色等颜色。荧光按强弱程度被描述为无、弱、中、强或极强。超过三分之一的无色或接近无色的

◀ 重 1.03 克拉的心形乳白钻

▶ 重 0.34 克拉的坐垫式切工花色鲜绿黄钻（顶部），在长波紫外线下显示强绿色荧光（底部）

钻石会发出荧光，其中几乎所有的钻石（97%，所有的Ⅰa型）都是蓝色荧光。蓝色荧光通常被认为不利于宝石的整体外观，特别是在无色宝石中，那些具有中强荧光的宝石价值较低。在极小部分的钻石中，非常强烈的蓝色荧光会产生一种朦胧或油状的外观。然而，通常在日光下的刻面宝石是看不出是否有蓝色荧光的，甚至可以使略带黄色的钻石看起来更偏向无色。值得注意的是，荧光可能会影响钻石的颜色等级，这取决于所使用的光源，所以在购买时，一定要在不同类型的灯光下观看钻石。

蓝钻在紫外线的照射下会产生蓝绿色至白色或红色的磷光。霍普钻石以其特有的火红色磷光而闻名，在移除紫外线光源后，磷光可持续1分钟。

钻石是完美的珠宝选择，可以镶嵌在所有类型的珠宝上。除了具有难以置信的硬度外，它还具有抗腐蚀性和化学性质稳定的特点，因此可以每天佩戴。然而，由于它的硬度，钻石首饰不应随意存放，因为它会划伤其他宝石材料。要避免碰触硬物，以及温度突然变化带来的破坏，这可能会使宝石断裂或裂

▼ 镶嵌在蝴蝶形胸针上的钻石

开。钻石也可能被烧毁，所以在镶嵌时必须小心使用珠宝照明灯。清洁钻石时，使用温肥皂水是安全的。

有几种处理方法可以增强或改变钻石的颜色，这些处理方法都应该公开。比如在表面涂上一层微薄的涂层，可以在放大镜下破坏这些较软的涂层从而进行鉴别。包体和断裂较多的灰色或棕色钻石可以使用高温低压处理，使形成的石墨沿着断裂表面进行延伸，让钻石变成黑色。辐照处理是用来生成漂亮的蓝色到绿色的颜色，如果再加上加热（退火）处理，就可以产生粉红色、红色和黄色。大剂量的辐照处理可以产生非常深的绿色，

可以通过切割产生黑钻的外观。

高温高压处理会被用于特定类型的钻石，并产生不同的效果。此法常用于棕色钻石，通过去除棕色的色调，使其变成黄色、黄绿色、绿色、蓝色或粉红色。由于这种处理方法只能对少量的天然钻石生效，所以被更多地用于处理合成钻石。由化学气相沉积法合成的钻石经常以这种方式进行处理，使其既能增强度，又能减少褐色的色调。钻石可以通过多种工艺处理，如高温超高压法和辐照处理，以达到所需的颜色；这两种处理都是永久性的，而且难以检测，需要使用专业的仪器进行鉴定。

钻石的净度是可以得到改善的。延伸到表面的裂缝可以用含铅玻璃进行填充处理，含铅玻璃的折射率与钻石相似，可以隐藏裂缝。填充物可以通过粉红色或绿色的闪烁光源来检测，当旋转宝石时，光线会从裂缝面反射出来。这种处理不是永久性的，而且可能会被珠宝商所用光源的热量所破坏。自 20 世纪 60 年代末激光钻孔技术的出现，此法就被用于减少钻石内部的暗色包体，从而大大改善了钻石的净度。

从台面或冠面开始烧出一个通往包体的 0.2 毫米宽的小孔，以尽量避免从正面看见钻孔。然后用强酸来溶解或漂白包体，使其变得不那么明显。另外，也可以使用特殊的钻孔激光法，以之字形的方式创造小且重复的裂缝，以达到包体位置，这种方法制造的裂缝比钻孔法更自然。

合成钻石是在 20 世纪 50 年代发明的，从 20 世纪 90 年代初开始商业化。钻石的硬度、惰性和高导热性意味着合成物具有非常广泛的工业用途，从磨料、切割工具、电子、医疗应用和激光，再到纳米技术和量子计算。合成钻石被雕琢切割后，和天然钻石拥有同样的光彩

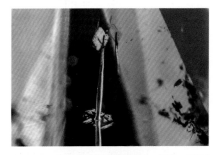

▲ 从刻面钻石表面钻一个孔，以通往包体。视场 1.66 毫米

和火彩，许多珠宝商将其与天然钻石一起出售，但必须标注其为合成钻石。合成钻石的准则和命名法也在不断演变，随着它们的日益流行，了解最新的准则和命名法是很重要的。目前的命名法（国际珠宝首饰联合会钻石手册，2020年）所说的合成钻石是在实验室生长的钻石或实验室制造的钻石。

在过去的十年里，合成钻石的产量迅速增加，并有能力制造出高质量的、超过15克拉的无色刻面钻石，同时还大量生产米粒钻这种用作陪衬的小钻石。合成米粒钻和天然米粒钻已经被混合使用很多年了，小尺寸和小体积使它们难以分辨。合成钻石的鉴定是宝石研究的一个主要领域。一些合成钻石具有可被宝石学家检测到的特征，例如不同的包体、对紫外线的不同反应、磁性以及使用偏光镜时看到的内部变化（或缺乏变化）。市场上有许多基于光致发光和紫外线检测的无色宝石的测试设备。宝石实验室的鉴定通常需要进行确定和细致的检测。

有两种方法可以合成钻石。第一种是重现钻石自然形成条件中的高压高温环境，被称为高温超高压法钻石，通用电气公司在1955年首次宣布他们成功地使得钻石晶体可以通过此法生长，并且过程可以重复。所用的设备通过分裂球多砧压力机或高压带装置产生压力，围绕着钻石生长室进行加压。生长室中的原料包含工业钻石粉末或石墨（碳的来源），将其溶解在熔融的金属合金（助熔剂）中。这使得钻石可以在比直接将石墨转化为钻石所需的更低的温度和压力下生长。

钻石从溶解的碳中生长到籽晶上。在过去十年中，高温超高压法

▲ 一枚特殊的无色、重10.02克拉、祖母绿切工的高温超高压法合成钻石

钻石（包括工业钻石）的年产量已超过 300 吨。

高温超高压法可以生长出不同类型的钻石。纯碳原料产生无色的 II a 型钻石，添加氮则产生黄色到橙色的 I b 型钻石，添加硼产生蓝色的 II b 型钻石。绿色钻石是通过添加镍，结合氮（黄色）和硼（蓝色），或生长结束后进行辐照处理。早期生产的钻石多为黄色至橙色，但自 21 世纪以来，无色和蓝色变得更为普遍，对黄色钻石进行高温超高压处理可以使其脱色。大多数米粒钻都是高温超高压法合成钻。

高温超高压法钻石可以通过几个特征来识别：大多数会表现出荧光，通常在短波紫外线下的光反应比长波紫外线强（与天然钻石相反），并可能显示出特殊的沙漏或十字形荧光图案。在长波紫外线下显示黄色到橙色，这与许多天然钻石的蓝色特征不同。高温超高压法钻石在暴露于短波紫外线后通常会发出磷光。还有一些此类钻石，特别是早期的高温超高压法钻石，由于其生长过程中的铁、镍、钴形成针状金属包体而会被磁铁吸引。用磁力非常强的稀土元素磁铁可以检测到这一特点。金属包体的识别，以及缺乏天然矿物包体，也可以区分合成钻石。高温超高压钻石有清晰的生长区，没有内部应变，因此在偏光镜的交叉偏振下不会显示任何异常的消光效应。这与天然钻石不同，天然钻石具有复杂的生长过程，并因其湍流形成的内部应变而出现异常的消光效应。

用于合成钻石的第二种方法是化学气相沉积法，这种方法在 20 世纪 50 年代首次出现，但用于工业和宝石的高质量单晶的生产直到 90 年代末才开始。它使用一个通常由玻璃制成的反应室，将甲烷（CH_4）和氢气（H_2）蒸气泵入其中。甲烷是碳的来源，

▼ 20 世纪 80 年代由通用电气公司生产的蓝色和黄色宝石级高温超高压法人造钻石晶体

它在籽晶的表面（合成或天然的籽晶）上一层一层地沉积，形成片状的单晶。该室有一个适度的温度，但压力非常低（大气压或更低）。因此，钻石是不稳定的，在生长过程中会添加氧气，以腐蚀掉形成的石墨。化学气相沉淀法工艺最初只能产生薄薄的钻石层，直到 2009 年左右才在市场上看到宝石级别大小的钻石。在过去的十年里，其尺寸和质量有了明显的改善。最近，市场上出现了具有化学气相沉淀法钻石涂层的仿制钻石，如合成莫桑石和立方氧化锆。这使仿制宝石具有了钻石的一些特性，钻石测试仪因其原理是测量宝石表面的导热率而无法鉴别其真伪。在放大镜下可以看到合成莫桑石的强烈双折射效应。

化学气相沉淀法钻石的生长方式为层状。当用交叉偏振法观察时，它表现出一种来自内部的异常柱状图案。它能发出荧光，但与高温超高压法钻石不同，它的磷光是短暂的或干脆没有。它可能有石墨颗粒包体，看起来很自然。它也可能有来自玻璃反应室的二氧化硅杂质，但不包含任何氮杂质，因此被归类为 II a 型。这使它与大多数（98％）的天然钻石区分开来，后者是 I 型，但必须注意确保它不与天然 II a 型相混淆。与高温超高压法钻石相比，许多化学气相沉淀法钻石在生长后要进行处理。它往往在生长完有着棕色的颜色，而大多数接近无色化学气相沉淀法钻石都经过了高温高压处理，以去除棕色的色调。有些报道说，化学气相沉淀法钻石在紫外线下可能会变暗，或在珠宝商的灯光下变亮，但这种影响是暂时的。

粉红钻石无法人工制造，因为产生这种颜色的确切原子级结构缺陷仍然是个未知数。合成粉红钻石是由某些类型的高温超高压法或化学气相沉淀法人造钻石辐照处理后适度加热产生的。

合成钻石可与天然钻石相同由宝石实验室使用 4C 标准进行分级。钻石通常在腰部刻有"实验室制造"或类似的字样。有的报道甚至说可以生产无限大小的钻石，随着合成钻石数量和质量的不断提高，在未来几年内关注这个市场将是很有趣的。

锆石、黄玉和绿柱石等无色矿物被用作钻石的仿制品，通常以银箔为底，以增加光泽。人造的仿制品包括玻璃、立方氧化锆、合成莫桑石、钛酸锶、钇铝石榴石和钆镓石榴石，其中一些表现出与钻石类似的火彩和亮度。

立方氧化锆，是 1976 年发明的一种合成材料，是钻石的廉价仿制品。立方氧化锆也存在于自然界中，但只是作为罕见的微观颗粒。它是具有立方晶体结构的氧化锆（ZrO_2），因此与钻石相同都是单折射。它的色散为 0.058 ~ 0.066，比钻石还高，呈现更强的火彩。它的折射率比大多数其他宝石矿物高，虽然比钻石低，但已经能产生明亮的玻璃光泽。作为一种闪亮的火彩绚丽的宝石，它是一种既美丽动人，又可负担得起的钻石替代品，在服装珠宝中常见。立方氧化锆通常是透明的，几乎没有缺陷，可以通过添加金属氧化物产生任何颜色。包体通常是羽毛状的。

立方氧化锆的莫氏硬度有 8.5，硬度高，并且没有解理，是一种耐用的宝石，既抗刮擦也抗破裂。然而，与其他硬度较低的宝石相比，它在佩戴后往往更容易坏，这也许是因为它比钻石更脆，而且由于便宜，人们佩戴时很可能不太小心。立方氧化锆的导热性很差，这使得它摸起来会有温热感，相比之下，钻石的导热性就较高，所以手感清凉。这一特性可以用测量热传导的钻石测试器来区分两者。必须注意的是，低导热性也意味着它不能像钻石那样承受较高

▲ 重 11.79 克拉的钻石型切工立方氧化锆，显示出极高的色散

▼ 钻石及其仿制品的比较：从左到右依次是石英、蓝宝石、立方氧化锆、钻石和莫桑石

的温度。立方氧化锆与硅酸锆矿物锆石（$ZrSiO_4$）不是同一个东西，锆石因为其具有火彩也被用作钻石的仿制品。

合成莫桑石是一种较新的钻石仿制材料，从 1998 年开始商业化生产。它其实是一种碳化硅（SiC），在自然界中较为罕见，颗粒非常小。市场上的所有莫桑石钻都是合成的。莫桑石具有钻石的一些特性。它具有莫氏硬度为 9.25～9.5 的高硬度，并且具有较高的导热性。它的其他特性也超过了钻石，其较高的折射率和 0.104 的超高色散意味着它具有超亮光泽和两倍以上的火彩。它有一个六边形的晶体结构，表现出强烈的双折射效应，用放大镜就可以很容易透过宝石看到背面刻面边缘的双折射效果。这使它与单折射的钻石有所区别。莫桑石通常略带黄绿色，然而近些年来，生产商会将其处理成无色，并将其划分为无色、接近无色和弱色几个品级。但它也可能是花色的。包体并不常见，一般呈薄的平行管状，并与刻面宝石的台面成直角。随着时间的推移其表面会发生氧化，生成一种彩虹色的薄膜，这层氧化膜可以用某些抛光剂来去除。在使用钻石测试仪时应注意，因为莫桑石的高导热性意味着以导热为测试手段的仪器可能无法鉴别。

硬水铝石

成分： 氢氧化铝 [$AlO(OH)$]
晶系： 斜方晶系
莫氏硬度： 6.5～7
解理： 完全
断口： 贝壳状
光泽： 玻璃光泽
相对密度： 3.20～3.50
折射率： 1.682～1.752
双折射率： 0.048
光性： 二轴晶正光性
色散： 0.0164

硬水铝石的美在于它的颜色以及多色性。宝石级的硬水铝石极其罕见，主要产自土耳其，并以苏坦莱（Zultanite）、卡萨瑞特（Csarite）和奥托曼石（Ottomanite）作为其商品名称出售，这些名字反映了该国的传统文化。硬水铝石（diaspore）这个名字来自希腊语"diasperirein"，意思是散开。这是由于它在用吹管火焰加热时容易发生爆裂和破坏，这是自 1700 年以来分析矿物的一种常见方法。

硬水铝石是一种氧化铝的氢氧化物，是一种比较常见的矿物，是工业铝矿石铝土矿的主要矿物成分之一。它通常呈现为具有珍珠光泽的层状或块状物，宝石加工商或开采商都对其不感兴趣，大型宝石级晶体非常罕见。硬水铝石也可以作为一种微小的矿物包体出现在红宝石、蓝宝石和尖晶石中，这些矿物也具有类似的富铝成分。

这种矿物于1801年首次在俄罗斯被发现，此后在包括阿根廷、巴西、中国、缅甸、新西兰、挪威、南非、美国和英国等其他国家陆续被发现。自20世纪70年代末以来，在土耳其西南部的伊尔比尔山脉发现了特别好的矿物晶体，这里是所有宝石级材料的主要来源。在这里，硬水铝石是从变质铝土矿床中开采出来的，主要出现在裂缝和空洞中的热液矿脉中。

硬水铝石是斜方晶系。产自土耳其的大型宝石晶体主要为块状或细长的棱柱状，截面为方形或矩形，并可能沿晶轴方向有条纹。晶体通常为V形或燕尾状。它们是透明或半透明，颜色范围从黄色、棕色、绿色、灰色、白色、无色到粉红色、橙色或红色。含锰杂质是呈现粉色的原因。硬水铝石有强烈的多色性，显示三种颜色：淡黄绿色、棕粉色、蓝色。

宝石的切割需要强化其多色性，能从宝石台面上同时看到闪

◀ 长6厘米具有条纹的硬水铝石晶体，和重3.4克拉的宝石，来自土耳其穆奥拉省

▲ 浅棕色重 20.74 克拉的阶梯切工的硬水铝石，来自土耳其穆奥拉省，日光下呈绿色（左），白炽灯下呈粉红色（右）

耀的绿色和红色。

宝石切割为这种多色效应增添了更多的美感，绿褐色的宝石级晶体会表现出颜色变化，在日光下为浅橄榄绿色，在白炽灯下为金色，在蜡烛光下为浅粉褐色。这些变色原石是最理想的刻面宝石材料。变色效果是由铬和铁杂质造成的。

虽然大多数普通的硬水铝石都有很多包体，但来自土耳其的宝石级材料通常是较为干净的，在放大镜下几乎看不到包体。这些具有玻璃光泽的宝石有着明亮的闪光，加上多色性和颜色变化效果，使得宝石非常美丽。极少数的宝石可以切割成弧面型，其中的许多平行的针状包体能显示出猫眼效应。

硬水铝石的莫氏硬度为 6.5 ~ 7，因此还算比较抗刮。但是，它很脆，在一个方向上有一个完全的解理，在另一个方向上有个不完全解理，这降低了它的耐久性，佩戴时应该特别注意保护。硬水铝石可用温肥皂水清洗。切勿使用热水、蒸汽或超声波清洗机清洗，因为这可能会损坏宝石。

解理使切割硬水铝石成为一种具有挑战性的工作。切割者必须考虑到解理的方向和原石的形状，同时努力捕捉多色性并最大限度地保留重量。切割后的宝石通常会拉长形状，以充分利用棱柱状晶体。其产量很低，大块的无色变色宝石非常罕见，价格极为昂贵。

硬水铝石的品种包括铬硬水铝石，其颜色由浅紫色至深紫色，以及南非发现的含锰硬水铝石，这是一种玫瑰色的品种。2020年，阿富汗发现了一种诱人的紫粉色透明硬水铝石，其颜色由铬和钒造成。

变色玻璃被用作仿制硬水铝石，其中含有的稀土元素类似于天然硬水铝石中的杂质锰、铬、铁和钒。用来仿制变石的变色玻璃也可能造成混淆。但两者都可以用标准的宝石设备进行鉴定，从而与天然的硬水铝石区分开来。

透辉石

成分: 钙镁硅酸盐（$CaMgSi_2O_6$）
晶系: 单斜晶系
莫氏硬度: 5.5 ~ 6
解理: 完全
断口: 参差状、贝壳状
光泽: 玻璃光泽
相对密度: 3.22 ~ 3.40
折射率: 1.664 ~ 1.730
双折射率: 0.024 ~ 0.033
光性: 二轴晶正光性
色散: 0.017 ~ 0.020

透辉石是一种常见的造岩矿物，通常从无色到绿色、棕色或灰色。作为一种宝石，它最著名的种类是具有迷人亮绿色的铬透辉石。它的颜色可与祖母绿、沙弗莱石和铬电气石相媲美，而且价格更实惠，除了硬度较低没有其他使用上的缺点。其他品种包括罕见的紫蓝色的紫透辉石，以及黑色的四射星光透辉石。透辉石的名称来自希腊语"diopsis"，意思是双重外观或两面，很可能是指其晶体的形状。

透辉石是硅酸盐矿物中辉石族的一员，也是斜辉石亚族的一部分，具有单斜晶系的对称性。晶体呈棱柱状，横截面可能呈细长条状或块状，常能产生非常漂亮的矿物晶体。也可形成颗粒状的团块。透辉石有两个互为90度角的不同解理，这也是辉石族的常见解理。透辉石是一种钙镁硅酸盐，与其他的斜辉石矿物形成类质同象系列，包括由铁替代镁的钙铁辉石（$CaFeSi_2O_6$）。几乎所有透辉石都含有一定量的铁，随着铁含量的增加，透辉石颜色会逐渐变暗，变得更加不透明。铁也是产生绿色、黄色和棕色的原因。

透辉石见于许多不同的基性和超基性火成岩以及大理岩和矽卡岩等变质岩中。可用作刻面宝石的原料，来自许多地方，包括意大利、奥地利、马达加斯加、缅甸、美国、加拿大、中国、巴西和斯里兰卡。

铬透辉石主要形成于地球地幔深处的超基性橄榄岩中，与钻石和石榴石一起在金伯利岩管的地幔岩石碎片中被带到地表。因此，铬透辉石也是钻石的指示矿物之一。俄罗斯西伯利亚伊纳利矿床是宝石级铬透辉石的主要来源。1988 年开始商业化开采，但恶劣的天气和地形意味着矿床只能在夏季进行开采作业。高品质的西伯利亚铬透辉石可能被称为俄罗斯透辉石、帝国透辉石，甚至是误导性的西伯利亚祖母绿。铬透辉石的其他产地包括缅甸、坦桑尼亚、南非、巴基斯坦、阿富汗、肯尼亚、澳大利亚。芬兰的欧托昆普也发现有非常好的矿物晶体。

铬透辉石所含的微量铬杂质使其展现饱和的鲜绿色。它是透明的，通常肉眼观测净度较高。所含包体可能是重新愈合的裂缝和流体包体。它的切割往往需要充分利用其较长的晶体形状，并强调其美丽的颜色，一般使用长阶梯型切工，形状为椭圆形或者垫形。宝石往往很小，大多数小于 3 克拉，很少超过 10 克拉。比如由于存在两个解理面，透辉石的切割具有较大难度；较大的原石比较小的更容易有更多的包体，但主要原因是其较为饱和的颜色意味着较大的

▼ 来自阿富汗巴达赫尚的棱柱状透辉石晶体

▲ 来自缅甸重 6.32 克拉的阶梯型切工透辉石

▼ 产自俄罗斯重 3.12 克拉的呈现饱和绿色的铬透辉石，椭圆形混合型切工

宝石会显得太暗，看起来几乎是黑色。刻面宝石切割以浅角度为主，从而淡化其颜色，提高反射率，给予更多的亮度和闪耀度。铬透辉石具有多色性，呈现出浅绿色、黄绿色、深绿色。在意大利和俄罗斯发现的一种稀有的含钒透辉石叫作钒辉石，拥有鲜艳的亮绿色。

青透辉石因为含锰而呈现明亮的紫色到淡蓝色。青透辉石在变质岩中呈颗粒状存在，只有很少一部分能形成小的矿物晶体。它被开采于意大利的奥斯塔山谷、加拿大、俄罗斯和美国，非常的罕见。青透辉石是不透明至半透明的，质地粗糙。它可用于雕刻装饰品、镶嵌或打磨成弧面型宝石。也存在一种含钛的淡紫色透辉石，但与青透辉石不是同一个东西。

星光透辉石通常为不透明的深绿色至黑色。它被切割成弧面型以显示由两组平行包体引起的星光，这两组包体产生一个白色的四射星光。其光线往往略呈波浪形，并呈斜角（约 105 度和 75 度）。造成星光的包体通常是磁铁矿，从而让宝石可能具有轻微的磁性，这是非常好用的鉴定方法！同时由于这些包体，星光透辉石的密度也会稍高。星光透辉石主要产自印度南部。在缅甸也有发现，该国还生产猫眼透辉石，该宝石因一组包体而表现出强烈的猫眼效应。

透辉石相对较软，因此主要用于耳环和吊坠，这类首饰对宝石的保护更好。铬透辉石尺寸较小、颜色鲜艳，是珠宝首饰的理想搭配材料，可以为其添加一抹鲜艳的绿光。佩戴时应小心，并应与其他坚硬宝石分开存放。清洗时用温肥皂水和软布。透辉石很少进行人工处理。合成透辉石主要用在陶瓷行业，通常不出现在宝石市场上。

长石族

长石是一组密切相关的铝硅酸盐矿物。在这些矿物中，只有少数可以作为宝石（包括蓝绿色的天河石，以及月光石、拉长石和日光石等品种），它们因其拥有的光学现象而受到推崇。长石偶尔也能形成透明的晶体，可以被切割成漂亮的刻面宝石。

长石

成分：含钾（K）、钠（Na）、钙（Ca）的铝硅酸盐
晶系：不同品种的晶系各不相同
莫氏硬度：6
解理：完全
断口：参差状、贝壳状、碎裂状
光泽：玻璃光泽
相对密度：2.54 ~ 2.72
折射率：1.518 ~ 1.573
双折射率：0.005 ~ 0.012
光性：二轴晶正光性或者负光性
色散：0.012

▼ 产自美国科罗拉多州发育良好的粉红色正长石晶体

长石是地球上最常见的矿物族，总共占地壳的一半以上。其作为主要的造岩矿物也是宝石爱好者最喜爱的一类。长石主要分为两个大类：

1. 碱性长石（钾钠长石）系列，主要是富钾矿物，从钾长石、微斜长石、正长石和透长石到富钠的钠长石。
2. 斜长石，从钠长石到富钙的钙长石的贫钾长石系列。

这两大类在富钾－富钠和富钠－富钙端元之间形成类质同象系列。斜长石是钠长石和钙长石两个端元之间的中间成员。例如，常见的拉长石是一种斜长石，其钠钙成分比值在钠长石与钙长石的 50∶50 至 30∶70。

长石产于各类矿床中，从侵入岩和喷出岩到变质岩和沉积岩都有，包括次生砂矿。宝石级的长石以单斜或三斜对称结晶。晶体通常为叶片状、板状或棱柱状，双晶通常为简单双晶和合成双晶或重复双晶，在晶体中表现为片状。

长石作为宝石材料，因其多样化的光学效应和诱人的颜色而备受关注。月光石和日光石是按其外观命名的，所以多个长石品种中都有其存在，不是严格意义上的矿物学名词。长石很少能够被做成透明的刻面宝石。由于其色散较低，因此颜色很浅，火彩也很低，但其玻璃光泽会使其更加明亮。长石比较脆，所以在市面上不太常见。

长石的硬度适中，莫氏硬度为 6 ~ 6.5，在两个方向上有完全解理，相对角度约为 90 度，这让它耐用度较差。它极易刮伤或碎裂，因此应注意避免磕碰和高温。

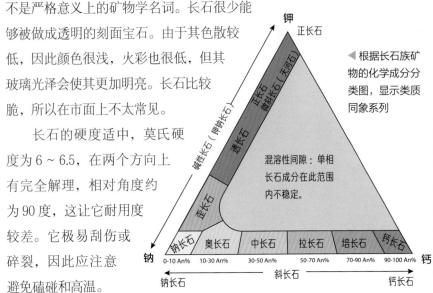

◀ 根据长石族矿物的化学成分分类图，显示类质同象系列

其用于耳环和吊坠较多，因为这些首饰对宝石的保护较好，当然长石也可以用于不常佩戴的戒指。长石可以用温肥皂水清洗，但要避免使用超声波和蒸汽清洗机。

月光石

成分：
正长石和透长石 [K(AlSi$_3$O$_8$)]、奥长石 (Na, Ca)[Al(Al, Si)Si$_2$O$_8$]

晶系： 单斜晶系（正长石，透长石）、三斜晶系（奥长石）

莫氏硬度： 6～6.5

解理： 完全

断口： 参差状、贝壳状

光泽： 玻璃光泽

相对密度： 2.54～2.66

折射率： 1.518～1.547

双折射率： 0.005～0.010

光性： 二轴晶负光性（正长石，钠长石）、二轴晶正光性/负光性（奥长石）

色散： 0.012

▼ 一块重 33.7 克拉的高弧度弧面型正长石月光石，来自巴西，带有蓝色的月光效应

月光石是最常见的宝石级长石，因其光芒与月光相似而得名。它显示出乳白色、银色或蓝色的光泽或浅浅的彩虹色，当它转动时，这些颜色看上去就跟在石头上移动一样。这种光学现象被称为月光效应（冰长石晕彩）。

月光效应是由两种不同类型长石的亚显微交织生长引起的。晶体最初是这两种长石成分的混合物，但当它冷却时，它们分离成不同厚度的交替层，这一过程被称为溶出。这些互生层的规模与可见光的波长相似。当光波从内部分层结构中反射出来时，光学效应就发生了。这些光波会相互干扰，从而产生虹彩，或者在交互层比光的波长小的情况下被散射。蓝色波长的光比其他颜色的光散射得更多，所以光泽呈现蓝色。

并不是所有的长石成分都能溶出到显微层状结构中，因此只有某些宝石级长石能显示月光效应。月光石的物理和光学性质因成分而异。大多数月光石是一种正长石，含有一小部分钠长石。它分为富钾层和富钠层。美国产出一种具有月光效应的透长石。奥长石的月光效应是由奥长石和钠长石的溶出薄层来显示的。这通常表现出一种微弱的彩虹色，也被称为晕长石。虹彩月光石

▲ 正长石月光石中微小交叉应力裂纹形成的"蜈蚣"包体。视场为 2.01 毫米

是一种拉长石，具有较深的透明体色和多种颜色的月光效应，发现于印度和马达加斯加。

　　月光石透明和不透明的种类都有，其颜色包括无色、白色、灰色、黄色、橙色、红色、棕色或绿色。黄色至棕色的颜色是因含铁的氧化物杂质所致。最有价值的月光石是透明和无色并具有强烈的蓝色光泽。虽然透明的月光石非常不错，但半透明的材料也可以使得月光效应更强烈。月光石具有特别的蜈蚣状包体，其为微小的应力裂缝。这些短的裂缝互相以 90度角相交，与裂隙方向平行，形成类似蜈蚣的图案。月光石偶尔会出现猫眼效应，极少出现星光效应。

　　月光石最重要的产地是斯里兰卡，主要开采于风化的伟晶岩和宝石砾石块矿中。其他产地包括印度、马达加斯加、缅甸、巴西、坦桑尼亚、澳大利亚、美国、加拿大、俄罗斯、挪威、奥地利和瑞士。印度生产的月光石体色为橙色至棕色，包括猫眼和星光品种。缅甸月光石也因含平行针状包体形成的猫眼月光石而闻名。

　　月光效应在适量弧度的弧面型宝石中最明显，所以月光石通常是以这种方式制作的。形状一般为椭圆形。弧面型宝石还可以显示出猫眼效应或星光效应。月光石还可以被做成刻面宝石或珠子。它可以被雕刻，成品很

受欢迎。月光石各种尺寸和重量都有，不过高质量的宝石一般重量低于15克拉。月光石在20世纪初很时髦，在新艺术派的珠宝中很受欢迎，如今它作为一种来源广泛且价格合理的宝石仍然很受追捧。

月光石通常不处理，但有时会被填充，或在表面涂上涂层以保持其耐久性。石头背面的涂层被用来加强月光效应，或赋予其本体颜色，或增强猫眼效果。仿制月光石包括带有月光效应的合成尖晶石、乳白色玉髓或石英以及乳白色玻璃。

拉长石

成分：
斜长石 (Na, Ca)[Al(Al, Si)Si$_2$O$_8$]
晶系： 三斜晶系
莫氏硬度： 6 ~ 6.5
解理： 完全
断口： 参差状、碎裂状
光泽： 玻璃光泽
相对密度： 2.68 ~ 2.72
折射率： 1.554 ~ 1.573
双折射率： 0.007 ~ 0.012
光性： 双轴晶正光性
色散： 0.012

▼ 来自加拿大拉布拉多的拉布拉多岩标本，表面抛光，呈现出异常美丽的晕彩

拉长石是一种流行的宝石，以其彩虹般的色彩而闻名。这种光学现象被命名为拉长晕彩。拉长石是一种斜长石，其成分范围钠长石和钙长石的比例为50：50至30：70。由于其成分通常更接近钙长石，所以有时被认为是钙长石的一个富钠品种。

这种宝石是以它的发现地加拿大拉布拉多命名的。它可以产出于各种地质条件，在火成岩和变质岩中都有。晶体是片状的且几乎都是双晶，然而大多数拉长石是以块状或交错聚集的形式出现。其重要的宝石级产地是加拿大、马达加斯加、芬兰、俄罗斯、澳大利亚、美国和墨西哥。具有强烈的彩虹色范围晕彩的深色宝石（主要来自芬兰）以商品名闪光石出售。

歪碱正长岩是一种有吸引力的蓝灰色建筑石材，主要产自挪威，由交织的拉长石晶体组成，具有晕彩效应。

拉长石是半透明至不透明的，体色为灰色至淡黄色。它通常含有针状钛铁矿包体，有时还含有板状磁铁矿包体，这导致其体色更深。当从某些角度观察宝石时，会发现明亮的金属状晕彩。蓝色到绿色的晕彩较为常见，但它也可以表现出全光谱，其中黄色、青铜色、红色和紫色的晕彩最为罕见。一种具有一系列彩虹颜色的透明拉长石在市场上被称为彩虹月光石。

产生这种光学现象的原因是复杂的，包括衍射和薄膜干涉。与月光石类似，钠长石－钙长石组分混合物在冷却过程中分离为微观平行交错的富钠和富钙层。薄层（钠长石）和厚层（钙长石）交替出现，厚度小于可见光波长。光经由这些薄膜反射和折射，也经过衍射，产生干涉，于是生成光谱颜色。随着钙长石含量的增加，薄片的晶体厚度也随之增加，导致晕彩中含有更多的橙色和红色。

拉长石被打磨成各种形状的低弧度圆弧，以最好地展示晕彩的光泽。它也会被做成珠子，大多的半透明材料可以进行切割琢型。原石的尺寸有时候很大，被雕刻或打磨成较为随意的装饰形状，然而完全的解理使它作为珠宝时有一定的风险。雕琢完成的宝石也可能很大，通常有几厘米宽，可以做成非常有吸引力的吊坠、耳环甚至戒指。

透明的宝石级材料极为罕见，但没有晕彩。这种类型在美国、法国、澳大利亚和墨西哥都有发现，并被切割成淡黄色的宝石。

▶ 马拉维的奥长石日光石。砂金效应是由赤铁矿包体引起的

▼ 美国俄勒冈州日光石的一些美丽的颜色

日光石是一种温暖的淡红色长石，有一种被称为砂金效应的光学现象。这种光学效应是由微小的金属片包体造成的，这些金属片都在同一方向上反射光线。日光石最初是指含有淡红色赤铁矿包体的各种奥长石，但现在是指任何有砂金效应的长石。

这种宝石的颜色范围从无色到黄色、橙色、棕色，偶尔也有绿色。透明和不透明都有。包体可能是赤铁矿或针铁矿这种铁氧化物，以及铜或者其他矿物。所含杂质会影响本体的颜色，赤铁矿造成红色，而铜则造成温暖的橙色和更罕见的冷绿色。包体的大小决定了砂金效应的效果。大的包体会产生闪烁的效果，小的则会产生平稳的光泽，如果太小而无法用肉眼看到，则可能只生成颜色而不产生砂金效应。日光石很少有猫眼效应或星光效应。

日光石以晶体形式出现在伟晶岩、变质岩和火山岩中的斑晶（明显较大的晶体）中。产地包括印度、挪威、俄罗斯、马达加斯加、澳大利亚、

▼ 金星玻璃含有三角形的铜包体，可以产生砂金效应，以模仿日光石

坦桑尼亚、加拿大、墨西哥和美国。

美国俄勒冈州的日光石是一种透明的斜长石，含有铜包体。1987年，它被定为俄勒冈州的州立宝石，并且越来越受欢迎。其成分主要属于拉长石范围，颜色从无色、淡黄色、橙色、红色到棕色和绿色不等。深红色被称为尖晶石红，与绿色一样都是很受欢迎的宝石颜色类型。

如果铜包体太小，俄勒冈州日光石就不会显示出砂金效应。

这种长石以斑晶的形式出现在古老的熔岩流中，而这些易碎的晶体是从风化的玄武岩中开采出的。这些晶体碎片通常有颜色分区，对原石的切割需要以创造出一种或多种颜色的宝石为设计目的。俄勒冈日光石没有经过处理，这使它更具吸引力。

虹彩晶格日光石是澳大利亚哈茨山脉发现的一种正长石的商品名称。它包含赤铁矿和钛铁矿的六边形板状包体，沿着相交的裂隙平面形成一个彩虹色的晶格。它也可能表现出月光石的月光效应。

日光石可以被切割琢型、雕刻或抛光成各种尺寸的弧面型，通常弧度较小，以更好地显示出砂金效应。对于透明的俄勒冈日光石来说，具有特殊形状的花式切割是很受欢迎的，利用较大的原石和其光泽，特别是切割需要突出多色性。俄勒冈日光石也被切割成标准化的宝石。具有砂金效应的玻璃或金星玻璃是常见的日光石仿制品，这是一种含有铜包体的人造玻璃。据说这是 16 世纪在意大利意外产生的，砂金石和砂金效应的名字来自意大利语 "a ventura"，意思是偶然的。它可以通过不透明的均匀颜色来鉴别，在放大镜下可以看到铜包体的三角形至六角形的形状。

在 21 世纪初，一种具有诱人的均匀红色（也有极少数为绿色）的含铜中长石出现在宝石市场上，据说是来自中国或刚果民主共和国。关于这种宝石和其来源在当时有着巨大的争议。后来它被证明是一种经过处理的淡黄色长石，铜包体在高温下发生了扩散，从而产生了均匀的红色。

天河石

成分：硅酸钾铝 $[K(AlSi_3O_8)]$
晶系：三斜晶系
莫氏硬度：6 ~ 6.5
解理：完全
断口：参差状、贝壳状
光泽：玻璃光泽
相对密度：2.54 ~ 2.63
折射率：1.522 ~ 1.530
双折射率：0.008
光性：二轴晶负光性
色散：0.012

▼ 烟石英上的天河石晶体，来自美国科罗拉多州

天河石，也叫亚马孙石，是一种蓝绿色到绿色的钾长石（通常为微斜长石，但可能为正长石）。它是以亚马孙河命名的，据说因为它最初是在亚马孙河沿岸被发现的。

其富有吸引力的绿色的成因被认为是铅杂质、晶体结构中的水、辐射和铁共同作用产生的。有趣的是，阳光的暴晒有时可以增强颜色，与之相反的是许多其他宝石在这种情况下都会褪色。天河石的颜色可能不均匀，通常带有白色网格状或平行条纹状的图案，这是由于钠长石的存在而引起的。均匀的较深颜色是最理想的宝石材料。

天河石见于花岗岩和花岗伟晶岩中。它具有三斜晶系对称性，经常以形状良好的棱柱状晶体产出，但通常含有裂缝。宝石级的原石产地包括美国、印度、秘鲁、巴西、马达加斯加、肯尼亚、纳米比亚、缅甸、俄罗斯、阿富汗、加拿大和澳大利亚。在一些地方，如美国科罗拉多州的落基山脉，它与深色烟水晶的共生组合非常壮观，被矿物收藏家所追捧。

▼ 一块经过抛光的蓝绿色天河石，有白色的条纹状纹理

天河石一般为不透明至半透明，具有玻璃光泽。它通常被塑造成弧面型，以突出颜色，这种琢型也可以为其提供保护。它可以用于制作珠子和雕刻作品，在极少数情况下，半透明的材料会被做成刻面宝石。初期解理形成的包体可以形成发光效应，但也是其耐久性低的表现。由于其具有完全解理、脆弱的材质，以及可能的内部断裂，日常佩戴中要避免磕碰并给予其更多的保护措施。

天河石通常不做处理，但有时候会被染色，以改善颜色或使其更为均匀。也可以用蜡或聚合物涂抹或浸渍填充，以提高光泽、硬度和耐久性。玻璃和类似颜色的玉髓，如绿玉髓会被用作仿制天河石。它可能会与玉石和绿松石混淆，但玉石缺乏白色条纹，光泽度更高，而绿松石则缺乏解理。

其他长石

正长石是一种常见的长石，通常是不透明的白色至粉红色，无瑕的无色至淡黄色的宝石级极为罕见。正长石的名字来自希腊语"orthos"，意思是直的或正确的，"lásis"意思是断裂，指的是呈直角的完全解理。晶体是棱柱状的，通常是双晶，这在历史上被用来区分正长石和微斜长石。正长石的莫氏硬度为6，是莫氏硬度表上6的标准矿物。

正长石存在于花岗岩、正长岩和长石质火山岩中。无色无瑕的晶体被称为冰长石（adularia），以发现它的瑞士阿尔卑斯山的阿勒山（Adular）命名。冰长石经常显示出月光效应，所以月光效应（adularescence）是以它命名的。它在温度较低的地质环境中形成，在瑞士、奥地利、斯里兰卡和缅甸的宝石砾石矿中都有产出。浅黄色正长石产自肯尼亚和缅甸。

▲ 来自马达加斯加的花式切割的正长石，重 29.95 克拉

▼ 重 1.27 克拉的烟灰色阶梯切割透长石，来自德国拉切尔市

在过去的一个世纪里，在马达加斯加发现了美丽的黄色透明含钾长石晶体。最初被记录为正长石，后来的研究表明这实际上是透长石。其发育良好、未受破坏的晶体是矿物收藏家所追求的，而原石则被切割琢型，成为美丽动人的宝石。黄色是由铁杂质造成的。这种晶体形成于伟晶岩与大理石接触处。透长石最早是在德国发现的，在斯里兰卡、缅甸、美国和墨西哥也有无色、淡褐色或烟色的宝石。

奥长石晶体具有三斜对称性，能形成短棱柱状至片状晶体，常为双晶。产于花岗伟晶岩和变质岩中，偶尔形成无色至蓝绿色透明的宝石级晶体。产地包括巴西、肯尼亚、坦桑尼亚和马达加斯加。

钠长石中只有极少数能被用来制造无色或浅蓝色的刻面宝石，它的名字来源于拉丁语"albus"，意思是白色，因为这是它最常见的颜色。

萤石

成分： 氟化钙（CaF_2）
晶系： 等轴晶系
莫氏硬度： 4
解理： 完全
断口： 碎裂状
光泽： 玻璃光泽
相对密度： 3.00 ～ 3.25
折射率： 1.428 ～ 1.448
双折射率： 无
光性： 均质体
色散： 0.007

◀ 华丽的蓝色萤石立方晶体

▼ 阶梯型切工萤石，重 35.78 克拉，来自英国坎布里亚郡

　　萤石是色彩丰富的矿物之一，在自然界中可以展现各种色彩，通常有多个色带，是一种非常有吸引力的宝石。由于低硬度和完全解理，萤石不常用于珠宝，而是作为收藏宝石进行刻面琢型。仅有在英国德比郡的卡斯尔顿地区开采的稀有品种蓝约翰，因其紫色、黄色和白色的漂亮条纹而被用作珠宝。

　　萤石的名字来自拉丁语动词"fluere"，意思是流动，因为它在金属冶炼中被用作熔剂。不过在用来金属冶炼之前，它就已经为人所知了，其于1797年被正式命名，并于1852年因荧光现象而得名萤石，1886年因其组成元素氟而最终确定其英文名。它是氟的主要矿石，氟的用途非常广泛。例如，在饮用水和牙膏中加入氟离子以帮助防止蛀牙，以及作为氟聚合物制造如特氟隆这类的不粘涂层。萤石具有低折射率和低分散性，这意味着作为一种宝石，它可能缺乏闪耀度。然而，这反而使它在光学镜头中具有很大的用途。

　　萤石产自热液矿脉中，通常与铅和锌矿物共生。它还存在于花岗岩、花岗岩伟晶岩以及变质岩，如大理岩中。它是一种常见矿物，在中国、南非和墨西哥有大量的矿藏。其他产地包括阿根廷、奥地利、加拿大、英国、法国、德国、印度、摩洛哥、缅甸、纳米比亚、俄罗斯、西班牙、瑞士和美国。非常值得收藏的标本包括来自法国阿尔卑斯山地区的粉红色类型、来自美国伊利诺伊州的蓝色类型、来自俄罗斯达利涅戈尔斯克的无瑕晶体以及来自西班牙阿斯图里亚斯、英国康沃尔郡等地的一些晶体类型。

萤石是一种氟化钙，为等轴晶系，通常形成立方体或八面体晶体。两种形状的晶体都有些复杂变化的类型，少数为纤维状甚至球状。晶体可能显示出阶梯状的表面生长纹或倾斜的边缘。萤石会形成晶簇，而双晶更是常见现象。

宝石级萤石有透明的，也有不透明的，具有玻璃光泽。萤石有四个方向的完全解理，以晶体的八面体平面为解理方向。从外表上能看到解理面，可能看起来像珍珠光泽或显示出虹彩效应，其内部则是镜面般平坦的原生解理面。其他常见的包体包括重新愈合的裂缝、负晶、流体包体、两相或三相包体，或其他矿物的固态晶体。萤石的颜色范围从无色到几乎所有的彩虹的颜色。最常见的是紫色、绿色、黄色和蓝色。一个单一晶就可能拥有多种颜色，而且会表现出与晶体形式一致的分区或斑点。颜色的成因多样且多变，因此种类繁多，包括杂质（通常是稀土元素）以及自然辐射造成的晶体结构的不完善。并非所有的颜色都是稳定的，如果暴露在日光下，有些颜色会随着时间流逝而褪色。由于是均质体的，它不显示多色性或双重折射。变色萤石极为罕见，只有几个产地有已知产出。来自印度的变色萤石在日光下为棕色，在白炽灯下为淡紫色。含有稀土元素杂质的巴西萤

▲ 萤石沿四个解理面分裂形成八面体

石在日光下会从类似黄玉的蓝色变成白炽灯下类似紫水晶的紫色。

　　大多数萤石在紫外线下会发出荧光，而且有的非常明显，它也是最早被观察到荧光的矿物。它在长波紫外线下几乎可以发出任何颜色的荧光，其中蓝色、紫色或绿色最为常见，在短波紫外线下可能会出现不同的光反应。荧光通常是由稀土元素（如铒、钇和铈）的杂质引起的。一些标本在日光下也能发出荧光，这种现象可以在室外或窗户附近看到，是由自然光中所包含的紫外线引起的。来自英国北部的翠绿色标本因其显著的紫蓝色日光下发出荧光而闻名。萤石还可能显示磷光（在移除紫外线光源后继续发光）、摩擦发光（在被敲击或摩擦后发光）和热发光（加热后发光）。萤石的硬度较低，只有4，因此很容易被划伤。同时它也很脆，再加上完全的八面体解理，使得它在作为宝石材料时对切割要求极高。透明的原石可以被做成刻面宝石，而半透明到不透明的材料通常被制成弧面型或珠子。解理也被用来从大尺寸的透明原料中制造出有吸引力的八面体"晶体"。切割设计则是为了最大限度地利用颜色分区创造出有吸引力的宝石。

　　由于其低硬度和低耐久性，萤石在使用中应小心对待，特别是被用于装饰时。可以用温肥皂水轻轻清洗，但千万不要使用加热、蒸汽或超声波方法。同时应避免在阳光下存放，以防止褪色。

▲ 阶梯型切工绿色萤石，重210克拉，来自澳大利亚新南威尔士州埃马维尔海湾

▲ 长波紫外线下的强紫蓝色荧光

▲ 长短波紫外线下的强烈荧光，显示出意想不到的色带

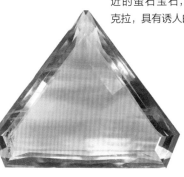
▼ 来自墨西哥杜兰戈附近的萤石宝石，重 45 克拉，具有诱人的色带

▶ 一个由蓝约翰萤石雕刻而成的华丽花瓶，高 76 厘米，是现存最大的蓝约翰花瓶

对无色或淡绿色的萤石进行辐照，可产生美丽的紫蓝色。缓慢地加热萤石（包括蓝约翰品种）会使其颜色变浅，但操作必须非常小心，因为 200～300 ℃ 的高温会使其完全褪去颜色。合成萤石可以做出各种颜色，但由于这种脆弱的矿物用作珠宝宝石的机会不多，合成品主要用途是制作光学镜片。

蓝约翰是一种罕见的萤石品种，产自英国德比郡的卡斯尔顿。这种美丽石头的颜色由深紫色到蓝紫色、白色和黄色的条带组成。从 17 世纪初开始开采，几个世纪以来一直作为装饰宝石。萤石矿是以带状矿脉的形式出现的，其间有多层相互渗透的立方晶体。当切割和抛光其一部分时，立方体晶体面的分层使带状界面呈现出人字形纹路效果。蓝约翰是由断裂的石灰岩中的热液形成的，在连续的层状结构中的矿脉和空隙中结晶。

关于蓝约翰的命名，有几种说法。一种说法是，它的名字来自法语 "bleu et jaune"，意思是蓝色和黄色。而造成这种深蓝到紫色的原因是由于围岩的低水平自然辐射造成晶体结构的不完善。与其他萤石不同的是，蓝约翰不发荧光，因为它缺乏稀土元素杂质。蓝约翰通常包含流体包体、裂缝和初生裂缝。一旦被开采出来，蓝约翰在被加工之前会进行树脂浸泡，以填补裂缝和裂隙，增强黏合度并提高清晰度。然后，它可以被雕刻成花瓶、碗或各种造型，或作为镶嵌宝石、珠宝或其他装饰使用。如今，工匠们在卡斯尔顿继续着他们的工作，主要是制造珠宝和小型装饰品。像花瓶这样的大型文物价格很高。虽然世界上其他地方如中国也有类似的带状萤石，但蓝约翰的颜色和带状结构只有英国德比郡才有。

石榴石族

石榴石族是一组遍布世界各地的硅酸盐矿物，也是一种古老的宝石。历史上记载的石榴石几乎都与红色有关，但这个多样化的矿物族几乎拥有所有的色调，包括粉红色、紫色、橙色、黄色、绿色和变色品种。许多颜色在现今都很受欢迎，其中明亮的绿色品种是最受欢迎的。

石榴石

成分：硅酸盐矿物
晶系：等轴晶系
莫氏硬度：6.5 ~ 7.5
解理：无
断口：贝壳状
光泽：玻璃光泽、亚金刚光泽
相对密度：3.50 ~ 4.30
折射率：1.714 ~ 1.940
双折射率：无
光性：均质体
色散：0.020 ~ 0.057

红色石榴石在埃及法老和古罗马人的珠宝中被发现，直到英国维多利亚时代都备受推崇。它们被视为生命的象征，并被作为胜利和保护自己的护身符被战士带入战场。

石榴石的名字被认为是来自中世纪的拉丁文"granatus"（意思是石榴，因为深红色的圆形晶体类似于石榴的种子）以及14世纪中叶的英文"gernet"（意思是暗红色）。古希腊人称其为"anthrax"，意思是煤，指宝石的暗红色光辉。

石榴石族包括一系列关系密切的矿物种类，其具有相同的晶体结构、类似的性质和一系列化学组成。每个矿物种都是一个端元成员，并与其他端元成员的成分形成一个类质同象系列，在晶体结构中，大小相似的元素可以相互替代。石榴石的通用化学式可以写成 $A_3B_2(SiO_4)_3$，其中 A 为铁、镁、钙、锰等；B 则为铝、铬、铁等。石榴石在自然界中很少发现其纯粹的端元成分，而是作为不同比例的混合体存在于两端元之间。这种成分上的变化使石榴石族具有多样性的特性，如颜色，但这也使单个石榴石难以分类，因为每个晶体可能是两个或多个不同种类成分的混合物。随着成分的转变，较重的元素取代了较轻的元素，密度和折射率也随之增加。

石榴石族目前由 14 个品种组成，其中 6 个被用作宝石，分别是铁铝榴石、镁铝榴石、锰铝榴石、钙铁榴石、钙铝榴石和钙铬榴石。这 6 个品种根据类质同象系列分为两组。第一组的 B 成分为铝，被称为铝榴石系列，包括镁铝榴石、铁铝榴石和锰铝榴石。这些石榴石成分可以是这三个

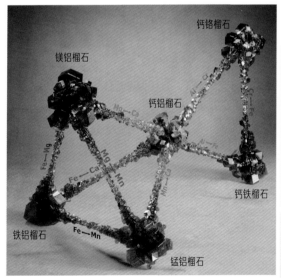

▲ 宝石级石榴石的各种类
代表，显示其化学成分、
相互联系和典型颜色

▼ 产自美国犹他州的
一种梯形石榴石晶体

▶ 这个锰铝榴石有着一个复
杂的晶体形式，晶体在白色
钠长石上，产自巴基斯坦

端元成员的任意比例混合。第二组的 A 成分为钙，被称为钙榴石系列，包括钙铬榴石、钙铝榴石和钙铁榴石。

由于进行化学分析以确定确切的成分往往会破坏样品，宝石学家对其进行分类多是利用折射率、密度、吸收光谱和近年来用得比较多的磁场强度等特点来定义。最终结果通常被划分为端元成员（大约占 70% 或更多）或中间系列。但是这么划分会增加鉴定的混乱，市场上就存在许多基于颜色和产地的品种和商品名称。

石榴石在世界各地都有发现，最常见于变质岩，但也有火成岩和沉积岩。其抗风化能力很强，所以可能从它们的母岩中被搬运出来，并沉积在次生冲积层中。早在 2 500 年前，古迦太基、非洲和印度就有它们的记载。波希米亚（现在是捷克共和国的一部分）是维多利亚时代珠宝中常用的深红色石榴石的主要产地。俄罗斯的乌拉尔山脉则产出俄罗斯皇室所珍视的绿色钙铁榴石品种，至今仍备受追捧。非洲大陆现在是各种颜色和稀有品种的石榴石的主要产地，其中许多是由小规模的私人采矿者开采的。其他产地包括澳大利亚、印度、缅甸、巴西、斯里兰卡、伊朗、阿富汗和巴基斯坦。

石榴石晶体为等轴晶系，主要形成十二面体、梯形体或两者的组合。虽然石榴石是单折射宝石，但在偏光镜下，由于晶体结构的内部应变，其可能显示出异常的消光效应。这通常是由形成时的高压和高温环境造成的。

石榴石从透明到不透明都有，含有各种类型的包体。宝石级的材料会做成刻面宝石，而较差的材料会被打磨成弧面型。有些石榴石，如铁铝榴石，拥有非常深的红色，它们被切割成背面凹陷的空心弧面型，以便让更多的光线穿过宝石。有时候在弧面型切割时会出现四射或者六射星光效应，这很罕见，是由金红石包体在几个方向上的细长空隙里排列而造成的。

石榴石具有明亮的玻璃光泽和中等偏高的色散值，这使得宝石特别闪耀，特别是在较淡的颜色种类中。一些石榴石可能表现出类似变石的变色

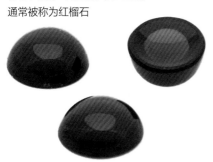

▼ 弧面型打磨的铁铝榴石，其背部凹陷，以淡化其深红色，通常被称为红榴石

效应，在日光下呈现蓝绿色，在白炽灯下呈现紫红色。

石榴石因具有良好的硬度并缺乏解理而耐用度极高，适合用于大多数珠宝。翠榴石是最软的石榴石品种，而且很脆，所以对待这种宝石要小心，可用温肥皂水清洗，也可以在超声波清洗机中清洗（高度断裂和包体过多的不行）。它们对热较敏感，应避免温度的突然变化，以防止碎裂，所以不能使用蒸汽清洗机。虽然它们对化学侵蚀有抵抗力，但最好避免接触任何酸性物质。石榴石很少进行处理，这使得它更具吸引力。其可能会填充表面的裂缝，以提高清晰度和耐久性。翠榴石和少量的桂榴石可能会进行加热处理以改善颜色。

有两种人造石榴石比较出名，同时也能算作是广义的石榴石族的独特成员。它们没有已知的天然对应物，因此尽管经常被称为合成石榴石，但正确的称法为人造石榴石。两者都被用作各种宝石的仿制品，特别是用来仿制钻石。钇铝石榴石是第一种仿制品，在 20 世纪 70 年代因为技术进步而更为容易生产。无色的钇铝石榴石被用作仿制钻石，不过它其实可以制成任何颜色，至今仍然有人使用它。钆镓石榴石有着接近钻石的高色散度（0.038 ~ 0.045）。它同样可以被制成任何颜色。然而，更便宜的立方氧化锆的出现意味着

▼ 绿色玻璃顶部有一层薄的红色石榴石，但表面呈绿色。箭头表示接缝

两者在宝石市场上都不再常见。

　　仿制石榴石是用玻璃做的。它本身也可以用石榴石双叠拼合石的形式来仿制其他宝石，就是将一片天然石榴石与玻璃融为一体，然后以石榴石为台面进行琢型。玻璃的颜色将决定宝石的整体颜色，与石榴石的颜色（通常为红色）无关。石榴石表层意味着仿制后的宝石更耐用，刻面边缘更锋利，光泽度也比玻璃所能达到的要高。表面反射的光线可能会显示出拼合处的接缝，但珠宝镶嵌有时会隐藏接缝。自从合成宝石发明以来，石榴石双叠拼合石基本上已经不再使用，但古董珠宝中可以找到它的身影。

铁铝榴石

成分：铁铝硅酸盐 [$Fe_3\text{-}Al_2(SiO_4)_3$]
晶系：等轴晶系
莫氏硬度：7.5
解理：无
断口：亚贝壳状
光泽：玻璃光泽
相对密度：3.88 ~ 4.30
折射率：1.770 ~ 1.830
双折射率：无
光性：均质体
色散：0.027

▼ 产自瑞典隆班的母岩中的铁铝榴石晶体

　　铁铝榴石是世界上最常见的石榴石。颜色从深红至紫红，它通常比镁铝榴石颜色更深、更显棕色，由于其颜色极其深，甚至可能看起来是黑色。较浅的颜色包括粉红色、橙红色以及淡紫色。铁铝榴石从透明到不透明都有，含金红石针状包体和其他矿物如磷灰石的圆形晶体，或由张力形成的裂缝或者裂晕中的锆石。当金红石针状包体的数量足够多，并且宝石被切割成弧面型时，它可能会表现出四射、六射或十二射的星光。

少量的宝石级的铁铝榴石可以被做成刻面宝石，而更多的原石则被制成弧面型或珠子。非常深的红色透明原石会被切割成背面是空心的弧面型，以减少厚度和淡化颜色。由于它含铁，所以可被强力的磁铁所吸引。

这种石榴石拥有铁的吸收光谱，这也是它呈红色的原因。然而，这并不能作为鉴定其种类的依据，因为许多石榴石都是混合种类。这个特点只能表明该石榴石含有富含铁的铁铝榴石。

铁铝榴石分布于世界各地，主要产自变质岩中，如云母片岩和片麻岩，以及火成岩（包括伟晶岩）中。由于其抗风化性，宝石级的晶体能在冲积矿床中被发现。重要产地包括巴西、印度、马达加斯加、缅甸、斯里兰卡、坦桑尼亚、美国和赞比亚。

铁铝榴石与镁铝榴石（镁替代铁）和锰铝榴石（锰替代铁）形成类质同象系列。

▲ 产自俄罗斯的铁铝榴石刻面宝石，重 16.44 克拉

镁铝榴石

成分：镁铝硅酸盐 [$Mg_3Al_2(SiO_4)_3$]

晶系：等轴晶系

莫氏硬度：7 ~ 7.5

解理：无

断口：贝壳状

光泽：玻璃光泽

相对密度：3.62 ~ 3.87

折射率：1.714 ~ 1.766

双折射率：无

光性：均质体

色散：0.022

▼ 重 11.17 克拉的混合型切工镁铝榴石

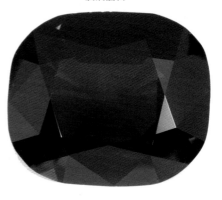

镁铝榴石的英文名来自希腊语"pyropos"，意思是火热的，指其橙红到红的颜色。波希米亚的镁铝榴石很有名，从15世纪起，这里就是欧洲石榴石的主要产地，在17—19世纪很受欢迎。现在镁铝榴石有时仍然以波希米亚石榴石的名义在市场上销售。

▲ 重 24.50 克拉的八边形阶梯型切工镁铝榴石，产自缅甸抹谷

镁铝榴石通常是纯净无瑕的，很少有包体，有的话可能是针状或圆形的晶体。它具有较高的折射率，并可做成明亮、闪耀的刻面宝石，尽管这可能被其较深的颜色所掩盖。

与其他石榴石不同的是，镁铝榴石更常见于火成岩而非变质岩。它在地球深处的超基性火成岩中形成，如地幔中的橄榄岩。它在金伯利岩管道中被带到地表，是用来指示钻石的矿物之一。它也被发现在高压变质岩和冲积矿床中。

镁铝榴石与铁铝榴石形成类质同象系列，由镁代替铁。纯净的镁铝榴石实际上是无色的；红色的镁铝榴石是因为含有一些铁铝榴石（铁会致色），因此它也会显示出铁铝榴石的光谱。铬的杂质会产生更丰富的红色，如在波希米亚石榴石和来自美国亚利桑那州的蚁丘石榴石中可以看到。由于其镁的含量，镁铝榴石也可被强力的磁铁所吸引。

含金红石针状包体的一些镁铝榴石被切割成弧面型可能显示星光效应。

如今，捷克共和国几乎不生产镁铝榴石。而比较出名的产地包括南非、坦桑尼亚、莫桑比克、肯尼亚、印度、斯里兰卡、美国、阿根廷、澳大利亚、巴西、缅甸、苏格兰、瑞士、俄罗斯和中国。有趣的是，由于其和钻石的形成有关，它有时也会成为钻石的包体。

锰铝榴石

成分：锰铝硅酸盐 [$Mn_3Al_2(SiO_4)_3$]

晶系：等轴晶系

莫氏硬度：7

解理：无

断口：贝壳状

光泽：玻璃光泽

相对密度：4.00 ~ 4.25

折射率：1.789 ~ 1.820

双折射率：无

光性：均质体

色散：0.027

锰铝榴石的颜色是由其锰含量决定的，而随着铁含量的增加，颜色从黄色、深橙色开始变成红色或棕色。最流行的颜色是明亮的橙色，闪耀的橙色宝石以柑橘石榴石的名称进行销售。宝石级的材料并不常见，锰铝榴石往往有肉眼可见的包体，如波浪形的羽状包体、液相包体或金红石针状包体。

它与铁铝榴石形成一个类质同象系列，这会影响宝石颜色，大多数红色或较深颜色的宝石显示出典型的铁铝榴石光谱。较少见的则是显示出与钙铝榴石，或有变色效应的镁铝榴石类似的光谱。

▲ 鲜艳的橙色坐垫型混合切割锰铝榴石，重6.22克拉

▶ 在母岩上的锰铝榴石和黑电气石共生，产自美国加利福尼亚州

锰铝榴石是以德国巴伐利亚州的施佩萨特地区命名的，19世纪初在那里首次发现了此矿物的矿床。锰铝榴石在世界各地都有产出，主要产自花岗岩伟晶岩和冲积矿床中，但也在变质岩和矽卡岩中发现。产地包括斯里兰卡、马达加斯加、澳大利亚、巴西、瑞典、缅甸、美国和坦桑尼亚。柑橘石榴石于1991年首次在纳米比亚发现，后来在尼日利亚也有发现。来自巴西米纳斯吉拉斯州的锰铝榴石拥有美丽光泽的红色晶体，具有阶梯状、蚀刻状的生长纹，是矿物收藏家们的最爱。

钙铁榴石

成分：钙铁硅酸盐 $[Ca_3Fe_2(SiO_4)_3]$

晶系： 等轴晶系

莫氏硬度： 6.5 ~ 7.5

解理： 无

断口： 贝壳状

光泽： 亚金刚光泽、玻璃光泽

相对密度： 3.70 ~ 4.10

折射率： 1.855 ~ 1.940

双折射率： 无

光性： 均质体

色散： 0.057

▼ 重3.25克拉的刻面翠榴石显示出高色散，产自俄罗斯乌拉尔山

钙铁榴石的颜色范围从绿色、黄色、黄褐色到黑色，不同的颜色有不同的名称。铁和钛是致色的主要原因，而碧绿的翠榴石品种是由铬造成的。钙铁榴石具有石榴石里最高的折射率，可以产生非常明亮的玻璃光泽，同时还具有最高的色散，这使得宝石闪耀动人。它是以巴西矿物学家若泽·博尼法西奥·德安德拉达·席尔瓦的名字命名的，他是研究挪威石榴石的专家。钙铁榴石常见于富含钙质的矽卡岩中，如变质的杂石灰岩。它通常与钙铝榴石和钙铬榴石形成类质同象系列。

翠榴石是华丽的翠绿品种，是所有石榴石中最有价值的一种。铬的存在导致了明亮的绿色，而其所含铁的多寡会带来棕色或黄色的色调。这个名字的英文意思是类似钻石，因为它有钻石般的光泽、高亮度和高色散，比钻石更有火彩。这在较浅体色的晶体中最明显，这些特点会被较深的颜色所掩盖，然而对一些人来说，拥有强烈绿色的翠榴石才是最好的。

▲ 一种典型的马尾状包体，由深色铬矿包体辐射出的毛状晶体。视场为1.53毫米

　　这一品种于19世纪中期在俄罗斯的乌拉尔山脉首次被发现，如今这里仍然是高品质宝石级翠榴石的主要产地。大多数刻面宝石重量都低于几克拉，5克拉以上的精品宝石非常罕见。其他产地包括意大利、瑞士、伊朗和马达加斯加。翠榴石被发现于超基性岩附近的蛇纹石和绿泥石片岩中，超基性岩提供了宝石成分中的铬。这种宝石也于20世纪90年代在纳米比亚被发现，主要由钒致色，只含少量的铬。

　　翠榴石通常是透明的，经常也是无瑕的。它可能包含马尾状包体，由带有细毛状的温石棉或透闪石阳起石簇构成，通常从铬铁矿晶体处开始向外辐射。这种包体可以用来鉴定翠榴石，这是典型的俄罗斯宝石特点（尽管是从其他地方发现的），甚至在刻面宝石中也是可以发现这种特点的。其他包体可能是尖晶石、磁铁矿、液态和两相包体。翠榴石通常采用钻石型或坐垫型切工，以充分利用高色散和高亮度。它是为数不多的可以处理的石榴石，加热处理可以消除黄色色调，改善绿色。翠榴石是石榴石中最软的，也很脆，所以使用时要特别小心。翠榴石可以用绿色玻璃或钇铝石榴石来仿制。

　　黄榴石颜色呈黄色、黄绿色或棕色，一般晶体较小，但有宝石级的材料产出。黄榴石的英文名是由于其外观和黄玉很像而得。它产自变质岩中，最典型的是美国、意大利和瑞士。黑榴石是一种黑色的（有时是红色）富含钛的品种，它的晶体一般发育良好。它的名字来自希腊语"melanos"，意思是黑色。它产自碱性火成岩中。产自墨西哥和日本的一种漂亮的具有晕彩的钙铁榴石被作为彩虹石榴石在市面上销售。这种绿色或棕色的石榴石含有片状（薄层）结构，导致薄膜干涉和光的衍射，在晶体表面和晶体内产生生动的晕彩效应。其是不透明或半透明的，可以被切割成弧面型或做成刻面宝石，形状通常是自由形状。这种矿物标本也受到收藏家的追捧。

钙铝榴石

成分：钙铝硅酸盐 [Ca$_3$Al$_2$(SiO$_4$)$_3$]

晶系：等轴晶系

莫氏硬度：6.5 ~ 7.5

解理：无

断口：贝壳状

光泽：玻璃光泽

相对密度：3.50 ~ 3.74

折射率：1.730 ~ 1.760

双折射率：无

光性：均质体

色散：0.02

▼ 重 10.84 克拉的混合切割宝石，由钙铝榴石品种的桂榴石制成

钙铝榴石的英文名字来自醋栗的植物学名称，因为在俄罗斯发现的原始标本和醋栗的绿色非常接近而得名。钙铝榴石与钙铁榴石、钙铬榴石形成类质同象系列，但它也可能包含任何宝石级的石榴石种类，其特征变化很大。纯粹的钙铝榴石端元是无色的，但极为罕见，成分不同会导致各种颜色。锰的存在导致钙铝榴石产生黄色、橙红色或粉红色，铁的存在导致钙铝榴石产生黄色、橙色或红色，而钒、铬的存在则会导致钙铝榴石产生罕见的亮绿色。不同的颜色被赋予不同的品种名称。钙铝榴石是由含杂质的钙质岩石变质形成的。

桂榴石，也被称为肉桂石，是钙铝榴石中橙褐色的品种。这种颜色是由于锰和铁造成的，并可能呈现出红色或桃红色。桂榴石通常含无色的圆形晶体包体，并具有旋涡状的、类似于糖浆的外观。由于包体肉眼可见，从而影响了清晰度，桂榴石如今并不常用于珠宝。不过早在两千年前，它就被用于浮雕和凹版雕刻了。

桂榴石产自变质的钙质岩石和冲击矿床。最好的原料来自斯里兰卡的宝石砾石矿。其他产地包括印

▲ 重 9.72 克拉的梨形沙弗莱石

度、马达加斯加、巴西、俄罗斯、美国和加拿大。加拿大的杰弗里矿生产的标本深受收藏家欢迎。

沙弗莱石是一种深绿色的品种，于 1967 年在坦桑尼亚首次被发现，然后于 1970 年在肯尼亚被发现，并以它的开采地肯尼亚察沃国家公园命名。此后，在马达加斯加也发现了沙弗莱石。

沙弗莱石是透明的，通常肉眼观测无瑕，钒和少量的铬产生了柔和的深翡翠绿色。沙弗莱石于 20 世纪 70 年代初由珠宝商蒂芙尼公司引入宝石市场，它改变了绿色宝石的市场。它的颜色和祖母绿一样好，但硬度、透明度和亮度更高，价格更低，使它极具竞争力。如今它也是昂贵的石榴石之一。

沙弗莱石的刻面宝石可以做成各种形状，以最好地强调颜色和保持最大重量。大多数刻面宝石重量小于 3 克拉，很少大于 5 克拉，20 克拉以上已经是世界级宝石了，通常不进行处理。常见的仿制宝石为绿色玻璃或钇

铝石榴石。

薄荷榴石是一种来自坦桑尼亚的浅蓝绿色调石榴石，发现地和坦桑石同一矿区。它的颜色与钒和铬导致的颜色相似，可以归类为淡色的沙弗莱石。

德兰士瓦玉是南非绿色钙铝榴石的误导性商品名称。它是一种半透明至不透明的宝石，因铬杂质而

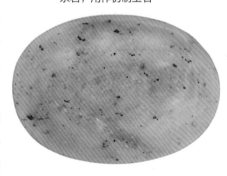

▼ 一种被称为德兰士瓦玉的弧面型抛光石榴石，来自南非布什维尔混杂岩，用作仿制玉石

呈绿色，并含有小块的黑色磁铁矿包体。它也可能呈现出灰色（与少量黝帘石混合）或粉红色（由锰杂质着色）。这种宝石通常被打磨成弧面型，或用于雕刻以仿制玉石。它在 X 射线下会发出橙黄色的荧光，在紫外线下可能会发出粉橙色的荧光，这可以将它与真正的玉石区分开。

在墨西哥发现的一种粉红色石榴石被称为树莓石榴石，但它往往是不透明的，很少用作宝石。

钙铬榴石

成分：钙铬硅酸盐 [$Ca_3Cr_2(SiO_4)_3$]
晶系：等轴晶系
莫氏硬度：7.5
解理：无
断口：贝壳状
光泽：玻璃光泽
相对密度：3.71 ~ 3.77
折射率：1.840 ~ 1.870
双折射率：无
光性：均质体
色散：0.027

▲ 母岩上的钙铬榴石具有小而亮的绿色晶体

钙铬榴石有着诱人的亮绿色，这是因为其成分中含有铬。这种石榴石首次在俄罗斯被发现，它存在于变质岩和蛇纹岩中，通过与含铬岩石的热液交代而形成。最好的宝石级晶体来自俄罗斯，但往往非常小，只有几毫米。在芬兰发现了较大晶体，最大可达 2 厘米，但透明度很低，而且经常出现裂纹，因此不适合作为宝石。

这是唯一只有一种颜色的石榴石种类，它的翠绿色可以与沙弗莱石、翠榴石媲美。遗憾的是，由于晶体尺寸较小，刻面宝石很少。它更常见的是以晶簇的形式镶嵌在珠宝中。

其他著名石榴石品种

红榴石是一种玫瑰红至紫红色的品种，其成分介于镁铝榴石和铁铝榴石之间。由于它大约有 70% 的镁铝榴石成分，所以有些人认为它是镁铝榴石的一个品种。它通常是透明的，肉眼观测无瑕，而且往往比任何一个端元成员都要亮。最理想的颜色是紫红色，其最早发现于美国北卡罗来纳州。如今产地包括坦桑尼亚、肯尼亚、莫桑比克、斯里兰卡、巴西和缅甸。

石榴石里也有变色品种，在日光和白炽灯下表现出不同的颜色。不同成分的石榴石中都有可能存在变色种，最著名的是镁铝榴石和锰铝榴石的混合体，其颜色变化类似于变石，由钒或铬的存在引起。已知的变色石榴石产自斯里兰卡（日光下呈蓝绿色，白炽灯下呈紫红色）、坦桑尼亚（呈蓝绿色到紫色的变化），以及马达加斯加（呈蓝色到紫色的变化，也是第一种已知的蓝色石榴石）。其他的颜色变化组合也存在，

▲ 斯里兰卡的一种红榴石，类似于北卡罗来纳州的紫红色红榴石

如巴西的石榴石呈紫色到红色的变化。

▲ 坐垫型混合切工马来亚石榴石，重29.29克拉，呈橙色至褐色

马里石榴石是以钙铝榴石为主要成分的混合钙铁榴石，可被视为钙铝榴石的一个品种，它拥有黄绿色到棕绿色的变化，于1994年在西非的马里共和国被发现。

马来亚石榴石是一个商品名称，是一些无法按成分和颜色进行归类的石榴石种类。马来亚石榴石没有固定的定义方式，但它通常被认为呈粉红色、红色、黄色或棕色。最好的宝石是带有粉红色调并没有褐色色调的橙色。它最初来自坦桑尼亚和肯尼亚边境的温巴河谷，在20世纪60年代中期被发现，并从片麻岩风化的冲积矿床中开采出来。这种石榴石是锰铝榴石和镁铝榴石的混合体，有些人认为它是镁铝榴石的一个品种，因为这通常是其主要成分。琢型后的宝石通常在3克拉以下，尽管早期也发现过较大的尺寸。它通常是无瑕的，或带有细小的金红石针状包体。20世纪90年代末，在马达加斯加的贝基利也发现了马来亚石榴石，其为粉红色到粉橙色。成分为镁铝榴石混合锰铝榴石，掺杂含量可变的铁铝榴石和少量钙铝榴石。颜色是由不同的铁和锰造成的。其他产地包括莫桑比克。

马亨盖石榴石是一种粉红色、橙色至紫红色的品种名称，于2015年左右在坦桑尼亚的马亨盖被发现。许多人认为这是马来亚石榴石。同样，温巴石榴石是一种浅粉色到紫色的品种，首次发现于温巴河谷。它的紫色不够，不足以被称为红榴石，然而商品名称温巴石榴石并不经常使用，一些人将这种石榴石归类为带有紫色色调的马来亚石榴石。

董青石

成分：硅酸铝镁（$Mg_2Al_4Si_5O_{18}$）
晶系：斜方晶系
莫氏硬度：7 ～ 7.5
解理：中等
断口：贝壳状、参差状
光泽：玻璃光泽
相对密度：2.53 ～ 2.78
折射率：1.522 ～ 1.578
双折射率：0.005 ～ 0.018
光性：双轴晶正光性／负光性
色散：0.017

▼ 芬兰产的董青石的磨光薄片

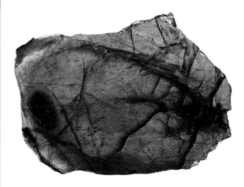

董青石的颜色可与优质蓝宝石和坦桑石媲美。其最著名的是拥有强烈的三色性，当宝石被转动时能显示出三种不同的颜色。董青石最早是由法国地质学家皮埃尔·路易斯·安托万·科迪尔研究的，所以其矿物名称就是以他的名字命名。

作为斜方晶系的成员，董青石一般形成短的棱柱状晶体，通常看起来是假六边形。晶体通常沿晶轴方向有条纹。它也可能以块状或颗粒状的形式出现。董青石在各种环境中都有发现，通常在变质岩中与其他宝石矿物（如硅线石、尖晶石或石榴石）共生，或者出现在火成岩和伟晶岩中。大多数宝石级的材料都是作为水磨卵石在冲积矿床中被发现的，斯里兰卡是其主要的产地，缅甸、印度、马达加斯加、坦桑尼亚、肯尼亚、巴西、挪威、俄罗斯、加拿大和美国也有产出。高质量的宝石级原石没有可靠的产地可以提供稳定的数量，这限制了这种宝石的普及。

由于铁的存在，董青石通常呈蓝色至紫色，有时也可能是灰色、黄褐色或绿色。多色性非常明显。蓝色的宝石会表现出深紫蓝色、浅蓝灰色、浅草黄色的多色性，而紫色宝石则表现出深紫色、浅紫色、黄褐色的多色性。其从深蓝到接近无色的强烈色差，也导致了水蓝宝石这一误导性的商品名称。

堇青石为透明到半透明，大多数刻面宝石都是无瑕的，或者略含包体。来自斯里兰卡的堇青石可能会有铁氧化物的片状包体，这会产生一种红色的砂金效应，被称为血射堇青石。它偶尔会有很多平行的管状包体，在切割成弧面型时产生猫眼效应，星光效应极为罕见，一般是弱的四射星光。

▲ 花式切工的堇青石，重 19.69 克拉，来自缅甸抹谷。其中心的凹陷是为了显示淡黄色和深紫蓝色的多色性

▼ 混合型切工的堇青石，来自缅甸抹谷，重 2.69 克拉

堇青石的刻面琢型种类较多，以突出其透明度和颜色。多色性使其在切割方面具有一定的挑战性。最深的蓝色是沿着晶体的晶轴看到的。原石切割遵循正面观看的最好颜色和最大重量保留。超过 5 克拉的高品质宝石非常罕见。而质量较差的材料一般被制成弧面型或珠子。

堇青石的莫氏硬度为 7 ~ 7.5，相对较硬，但很脆，在一个方向上有明显的解理。佩戴时应小心，最好用于耳环和吊坠，以提供更多的保护。同时避免敲击和温度突变。

堇青石通常不经处理，这对许多人来说是它的优点之一。合成堇青石常用于工业，通常不会在宝石市场上看到。堇青石的玻璃仿制品很常见，它也可能会与蓝宝石、坦桑石和蓝锥矿相混淆。

玉石

几千年来，玉石因其颜色、美感以及高耐用性（这点最为重要）而受到推崇。自石器时代以来，它就被用于制造斧头和其他工具，因为它能够承受很强的应力并保持锋利的边缘。中美洲的奥尔梅克人、玛雅人和阿兹特克人对玉石的重视甚至超过了黄金，它被用于珠宝、装饰品、祭祀仪式和药品。新西兰的毛利人将玉石用于生活的各个方面，从工具、武器到作为珍贵的财产。玉石在中国最为珍贵，其价值高于所有其他的宝石材料，它在中国的历史至少可以追溯到 7 000 年前。

玉石被认为是来自天堂的石头，代表美德并带来和平、纯洁和高贵，还能给佩戴它的人带来坚韧和保护。玉石一直与中国文化息息相关，它的雕刻艺术形式延续至今。虽然在新石器时代，欧洲人就已经将玉石用作工具和仪式用品，但直到 15 世纪西班牙人从阿兹特克人那里将其抢回后，它才被当作一种珍贵的宝石来供人欣赏。如今，玉石是全球珠宝业中第二有价值的宝石（仅次于钻石），最优质的玉石每克拉的价格高于最好的红宝石或蓝宝石，仅次于稀有的彩色钻石。

玉石并不像许多其他宝石那样是一个单一的矿物种类。其包括两种不同的变质岩：一种是由辉石矿物组成的，主要是硬玉，被称为翡翠；另一种则被称为软玉，由闪石矿物组成，主要是透闪石。这两种岩石都是由微小的交织晶体组成的紧密集合体。这使玉石具有极强的韧性，可以进行复杂的雕刻而不必担心破碎或崩裂。虽然中国很久以前就认识到缅甸的绿色玉石与中国的玉石不同，但直到 1863 年，法国矿物学家奥古斯丁－亚历克西斯－达穆尔才通过分析证明了这一点，并为这种绿色玉石提出了翡翠这一名称以示区别。翡翠的英文名字来自玉石的英文，而软玉的英文名则源于拉丁文的 "lapis nephriticus"，意思是肾的石头。

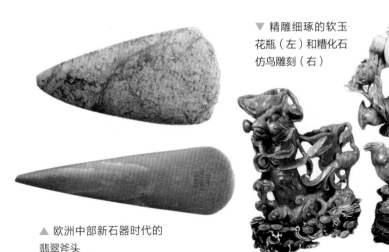

▼ 精雕细琢的软玉
花瓶（左）和糟化石
仿鸟雕刻（右）

▲ 欧洲中部新石器时代的
翡翠斧头

玉石的鉴别很难，但由于其价值很高而显得至关重要。它不仅由两种不同的岩石组成，而且每种岩石的成分可能都不同，甚至都不是同类型的。结合视觉观察、密度、硬度、折射率和吸收光谱，可以区分翡翠和软玉，而更重要的是要区分仿制玉石。然而，这通常需要由宝石实验室使用拉曼光谱和 X 射线荧光仪等设备进行分析，以确定晶体结构和化学成分。鉴定处理方法，特别是翡翠的处理方法，也非常重要。

作为一种价值极高的宝石，玉石的仿制品层出不穷。

绿色或斑杂状的仿制岩石包括：

● 糟化石（由黝帘石、长石和其他矿物组成的深绿色和白色岩石，主要用于雕刻）。

● 染色石英岩（通过鉴别在交织的石英晶粒之间的染色部分来区分）。

● 莫西西玉（一种亮绿色至深绿色的岩石，有黑色斑点和绿色脉络，由许多矿物组成，包括富铬的钠铬辉石、钠长石、其他闪石和铬铁矿），以其发现地附近的缅甸村庄命名。

仿制矿物和容易混淆的种类包括：

● 鲍文玉（蛇纹石矿物叶蛇纹石的一类）。

- 蛇纹石（由非常柔软、密度较小的蛇纹石族矿物组成的斑杂状混合岩，具有油腻感）。
- 绿玉髓（富含镍的亮绿色玉髓品种，颜色均匀，有贝壳状断口）。
- 东陵石（含富铬云母的绿色微小板状包体）。
- 水绿榴石或德兰士瓦玉（石榴石品种钙铝榴石）。
- 加州玉或美国玉（一种绿色隐晶质的符山石，外观与玉石相似）。
- 长石族的天河石（以白色条纹、初始解理和较低光泽为鉴定特征）。

人造仿制玉包括：

- 玻璃和塑料（以气泡和旋涡状包体进行区分，摸起比较暖，玻璃可能出现贝壳状断口）。

拼合宝石也比较常见，有半透明的翡翠底层和顶层夹带绿色的胶水或其他胶合剂。

▲ 来自缅甸的一颗磨光的莫西西玉珠子，用来仿制玉石

翡翠

成分：钠铝硅酸盐（$NaAlSi_2O_6$）
晶系：单斜晶系（微晶）
莫氏硬度：6.5 ~ 7
解理：无
断口：碎裂状、参差状
光泽：玻璃光泽、油脂光泽
相对密度：3.25 ~ 3.50
折射率：1.640 ~ 1.688
双折射率：0.012 ~ 0.020
光性：双轴晶正光性
色散：无

▼ 翡翠原石，棕色的皮壳露出内部颜色

翡翠是玉石的一种，也是世界上珍贵的宝石之一，特别是在亚洲更是天价。它比另一种类型的玉石（软玉）更

稀有，透明度更高，也更硬，耐用度差不多，但是更有价值。翡翠是一种变质岩矿物，几乎由辉石矿物组成。也可能含其他辉石矿物如绿辉石和钠铬辉石，有时这些辉石也会作为玉石的主要组成矿物。

翡翠在世界范围内产地很少。它曾被中美洲的奥尔梅克人、玛雅人和阿兹特克人视为珍宝，至今，危地马拉仍然是重要的翡翠产地。最好的鲜绿色的翡翠产自缅甸北部的克钦邦，这也是最大和最重要的产地。在俄罗斯、哈萨克斯坦、美国、日本、意大利、多米尼加和古巴也有发现。17世纪中后期，中国对来自缅甸的优质的绿色翡翠需求量很大，逐渐形成了现在仍然十分繁荣的翡翠贸易市场。作为主要的切割加工中心之一，同时也是最大的消费国，大多数进口的翡翠都在中国市场上销售，并没有进入国际市场。

矿物硬玉的形成需要特定的地质条件，发生在高压和相对低温的变质环境中。

它是在俯冲带环境中由热液对富钠母岩的变质作用产生的，形成结核或透镜状晶体，出现在蛇纹岩中或在其附近。翡翠晶体为微小的交织晶粒，只有极少数情况下为小的叶片状晶体。有些矿床是在原位矿床，直接从蛇纹岩中开采，但是由于翡翠的抗风化能力，大多数是以巨型卵石的形式从冲积矿床中开采出来的，所以追述其来源并不容易。卵石有一个外部风化的外壳或厚度不一的"皮壳"。翡翠原石在出售时通常会在外壳上磨出一个"窗口"，以显示内部的颜色，颜色可能会有所不同。买家通过用手电筒照射窗口来确定整块原石的品质。他们通过光线穿透石头的程度来判断质地和透明度，并通过光线如何渗透到石头里来判断颜色。单块原石的重量可能达到几百千克，顶级原石的售价可以为数百万美元。

翡翠的绿色天下闻名，但也可以出现各种颜色或漂亮的斑纹。纯净的翡翠是白色的，但铁的存在会产生从偏黄到偏蓝的绿色，而铬会产生强烈的祖母绿绿色。紫色是由锰杂质造成的，而黑色可能是由于含微小的石墨包体。沿着晶界的铁氧化物可以产生褐色，通过热处理会产生橙色或红色。

翡翠是半透明到不透明的，由于细小的晶体交织在一起，所以有颗粒状的外观。由于晶粒有不同的方向，使得其硬度在不同方向上不尽相同，这导致在抛光过程中一些晶粒的掉落，产生坑坑洼洼的橘皮状表面。这个特点可以将翡翠与软玉区分开来。抛光后的翡翠光泽从油脂光泽到玻璃光泽不等，而且往往比软玉的光泽更鲜明。

晶体的大小决定了翡翠的质地是细的、中的还是粗的。晶粒越小，质地越细，这样的玉石质量更高、表面更光滑、光泽更亮、透明度也更高。典型的包体是黑色、棕色或深绿色的矿物和白色斑点，以及愈合和未愈合的裂缝。在放大镜下通常可以看到羽毛状包体。

翡翠的价值是由颜色、颜色的强度、透明度和质地决定的。最珍贵的翡翠是一种近乎透明的鲜绿色，被称为帝王绿。紫色价值排在第二，尤其当颜色非常饱满的时候。黑色、红色和橙色也越来越受欢迎。奥尔梅克蓝是一种来自危地马拉的罕见颜色。无论哪种颜色的翡翠，最有价值的是半透明的，具有强烈且均匀的色调，没有斑点、斑驳或脉络。有着精细的纹理，没有包体，

◀翡翠雕刻挂件

光线可以穿过石头，使颜色从内部发光。半透明的材料即使颜色苍白或不均匀，也是颇具价值的。而具有斑纹或脉络的翡翠，虽然价格不高，但有一定的观赏价值。

高质量的翡翠通常被切割成中等弧度的弧面型，以突出颜色和半透明性。它也被塑造成圆形或雕刻成珠串，由于很难匹配单个珠子的颜色、透明度和质地，因此翡翠珠串可以卖出很高的价格。翡翠首饰可以用单块原石制成，包括戒指、吊坠和非常流行的手镯。手镯具有很高的精神和文化价值，据说能给佩戴者带来保护，再加上加工手镯需要大块的翡翠原石，所以它的价格是最高的。除了珠宝，翡翠还被雕刻成雕像、花瓶、碗和许多其他用于装饰和宗教的物品。原石中斑杂的颜色或条纹，以及风化产生的棕色皮壳，都可以被巧妙地纳入设计中。雕刻通常是错综复杂且尺寸各异的，其工艺与翡翠本身一样倍受重视。

翡翠常常需要经过处理。它的颗粒状质地使其内部多孔，这可以通过染色和浸渍处理来进行加强。一些最常见的处理方法都会被进行简单的等级划分。

翡翠 A 货（或 A 型）是天然未经处理或用表面无色的蜡处理以提高光泽的翡翠。

翡翠 B 货则为已经用强酸漂白，用来去除由铁渍造成的褐色，以及深色的包体。这种处理削弱了翡翠的韧性，使其变脆，因此需要通过浸渍相似折射率的聚合物使其保持韧性。这会填补其中的空隙和裂缝，从而改善清晰度、光泽和耐久性。这种处理方法非常常见，很难被发现。聚合物在长波紫外线下可能会发出均匀的荧光并可能会随着时间的推移而退化，让翡翠变得浑浊，即便处理过的翡翠仍然会很脆，使用时应该小心。

翡翠 C 货是染成绿色、淡紫色或其他颜色的翡翠。它可以在放大镜下观测到沿着晶体界面和裂缝的染色富集。染色的翡翠在宝石 – 切尔西滤色镜下可能呈现红色（由于染料中的铬），而未染色的翡翠仍是绿色。染料也可能在长波紫外线下有光反应，而未经处理的翡翠通常是没有反应的。紫色染料可产生橙色反应。这种处理并不稳定，可能会褪色。

翡翠 B 货、C 货是先漂白后染色和加固。

对含有氧化铁包体的翡翠进行热处理，可能会产生稳定的橙色或红色，这种处理是几乎无法检测的。所有的漂白、浸渍、染色和加热的处理都应该公开。

合成翡翠已经能够生产出绿色和淡紫色的品种，最初是由美国企业通用电气在 20 世纪 70 年代末生产的，但在市场上没有看到商业化的合成翡翠。

软玉

成分：钙镁铁硅酸盐
$[Ca_2(Mg, Fe)_5(Si_4O_{11})_2(OH)_2]$
晶系：单斜晶系（微晶）
莫氏硬度：6 ~ 6.5
解理：无
断口：碎裂状
光泽：油脂光泽、玻璃光泽
相对密度：2.90 ~ 3.15
折射率：1.600 ~ 1.641
双折射率：0.027
光性：双轴晶正光性
色散：无

◀ 软玉雕刻，镶嵌着贝壳制成的眼睛，产自新西兰

至少从新石器时代开始，英国和欧洲就开始使用软玉作为斧头材料。它在中国、新西兰和北美也有类似的悠久历史，被用来制作工具、装饰品和祭祀用品，并将其古老而独特的文化意义延续至今。新西兰的毛利人以软玉制作工具和颈部装饰品，这些装饰品都是用细小的深绿色软玉雕刻而成。古代中国人将软玉制成护身符放在死者的嘴里，甚至用金缕玉衣作为

皇室成员的殓服。由于软玉具有超高的韧性，所以制作起来费时费力，然而即便如此，早在金属工具问世之前，中国的玉石雕刻工艺就已经具有相当高的水平和规模。

中国古代玉石主要是软玉，直到18世纪才从缅甸进口了翡翠。软玉最重要的产地是新疆和田的白玉河和黑玉河的冲积层，其地质来源于昆仑山。虽然许多历史上的矿产已经枯竭，但在中国西北部仍有重要的矿藏，和田玉就是最优质软玉的代名词。软玉比翡翠的产地更广泛，价格也更实惠。

软玉是一种由闪石矿物组成的变质岩，主要是透闪石，还有含量不定的阳起石。透闪石是一种钙镁硅酸盐，与阳起石形成类质同象系列。在晶体结构中，铁逐渐代替镁，当它达到10%以上时，就被定义为阳起石。纯透闪石是乳白色的，随着铁含量的增加，越靠近阳起石端元，软玉会变得更绿、更暗。其他矿物和杂质的微观包体会导致各种其他颜色。晶体会形成密集的微晶集合体，具有纤维状的毛毡质地，使软玉比翡翠更坚韧，事实上软玉是所有宝石中最坚韧的。微晶越小，越接近透闪石的成分并且更纯净（没有其他矿物杂质）的软玉的质量就越高。

这种类型的玉石是由富含镁的岩石在中低压条件下的变质作用和交代作用形成的。它与蛇纹岩一起出现在蛇绿岩套中，这是一种构成洋壳的岩石，由于大洋板块和大陆板块的碰撞而被抬升到地表并压在陆壳的上面。因此，许多软玉矿床都在环太平洋地区的国家。软玉也可能出现在白云质（镁质）大理岩和岩浆岩之间的接触带中，不过这种较为少见。由于软玉非常坚韧，它可以被风化剥蚀出母岩并被搬运到很远的

◀ 白色羊脂
玉雕刻挂件

地方，大部分被开采的原石为河流或海滩冲积层中的卵石和巨卵石。这些巨石的重量可能达到几吨。这些石头通常有黄色、橙色或棕色的氧化铁风化外壳。

软玉颜色较多，包括白色、绿色、黄色、棕色和黑色。它的颜色不如翡翠鲜艳，通常含有斑点。半透明的白色或奶油色的软玉（纯透闪石）被称为羊脂玉，是最有价值的，在和田地区很有名。其次是绿色较为值钱，虽然它的绿色一般比翡翠的颜色更深，更偏黄。菠菜色青玉通常带有铬铁矿包体产生的黑点，被认为是最好的绿色软玉，主要产自西伯利亚的萨彦岭和加拿大的不列颠哥伦比亚。较亮的绿色是由铬杂质造成的。黄色和棕色是由铁的氧化物造成的，而灰色至黑色是由微小的黑色矿物（如石墨包体）造成的。使用弧面型切割时，软玉可能表现出猫眼效应。这是由于闪石纤维的排列造成了猫眼效应，这类软玉的已知产地有西伯利亚、中国和美国。

软玉的纤维结构太小，在放大镜下无法观察到，因此它总是具有精细的质地和光滑的表面，绝不会出现翡翠上常见的橘皮表面。其光泽呈油脂状，硬度比翡翠略低。典型的包体是其他矿物的微小颗粒，包括磁铁矿、铬铁矿、石墨、透辉石和石榴石。

与翡翠相比，软玉的透明度更低。因此，它更多地被用于精雕细琢的雕刻品，而不是弧面型宝石。多变的颜色和风化的棕色表皮可以被巧妙地

▶ 一只精致的如纸片薄的软玉碗，碗口宽12 厘米

融入雕刻的设计中。它可被雕刻成各种装饰品，如花瓶和雕像，其造型既可精致无比，也可薄如蛋壳。有趣的是，软玉也有乐器属性，敲击时的响声像钟一样。用软玉做出不同尺寸的钟，可以进行音乐演奏。

软玉相比翡翠更少进行处理。由于其密集的纤维结构，其孔隙率较低，所以很少进行染色处理。它可以用蜡进行表面处理、浸渍或热处理，以改善颜色或创造出古老的风化外观，从而提升市场价值。

▶ 蓝色叶片状的蓝晶石晶体和白色石英的晶体共生，产于巴西米纳斯吉拉斯

蓝晶石

成分：硅酸铝（Al_2SiO_5）
晶系：三斜晶系
莫氏硬度：4 ~ 7
解理：完全
断口：碎裂状
光泽：玻璃光泽
相对密度：3.53 ~ 3.75
折射率：1.709 ~ 1.735
双折射率：0.012 ~ 0.021
光性：双轴晶负光性
色散：0.02

蓝晶石的晶体为独特的蓝色、叶片状，并能创造出呈浓郁蓝色的华丽刻面宝石。蓝晶石的英文名称来自希腊语"cyanos"，意思是深蓝色。它最著名的是在晶体不同方向上的硬度变化极大：纵向莫氏硬度为 6 ~ 7，横向莫氏硬度为 4 ~ 4.5，因此它也被称为"disthene"，意为双硬度石，源自希腊语中的"双重"和"强度"。

作为一种常见的变质岩矿物，蓝晶石主要出现在片麻岩和片岩中，但也可能出现在花岗质伟晶岩和次级冲积矿床中。它是铝氧化物的高压多晶体，与红柱石和硅线石成分相同，但晶体结构不同。蓝晶石具有三斜晶系的对称性，形成长的叶片状或扁平的片状晶体，其因鲜艳活泼的颜色和独特的形状而成为一种流行的收藏矿物。宝石品质的蓝晶石并不常见，而且晶体缺乏统一的颜色和透明度，这限制了它的产量。巴西是主要的产地，在米纳斯吉拉斯州和巴伊亚州都有分布。其他产地包括柬埔寨、缅甸、俄罗斯、美国、肯尼亚、马达加斯加、莫桑比克和印度。1995 年，在尼泊尔发现了特殊的可媲美蓝宝石的蓝晶石晶体。

　　蓝晶石的颜色通常是蓝色的，从饱和的深蓝色到淡蓝色或绿蓝色。晶体通常拥有不同的暗色带，比如来自巴西维多利亚 - 达孔基斯塔的标本出名之处就是在晶轴上有一条深蓝色的中央条纹。蓝晶石偶尔也呈绿色或茶色（在肯尼亚温巴河谷发现），橙色极为罕见（2008 年在坦桑尼亚洛里昂多的含石榴石的云母质片岩中首次被发现）。蓝晶石具有强烈的三色性，其表现为深蓝、紫蓝、淡蓝、无色，而绿色晶体则表现为三种色调的绿色。

最优秀的宝石品种是蓝宝石般的蓝色，带有紫色的多色性闪光。蓝色是由铁和钛的杂质造成的，绿色是由钒造成的，橙色是由锰造成的。

　　由于硬度在不同方向上的差异、叶片状的晶体形状和完全解理，蓝晶石的切割颇具挑战。使用的切工大多是细长的阶梯型，这是由其较长的晶体形状决定的。宝石一般都不大，但也可能达到 15 克拉这种级别的。弧面型切工不太多见。这种有多色性的宝石可以拥有猫眼效应和星光效应，但是很罕见，变彩效应也是一种不太常见的光效应。蓝晶石通常不经处理。其较低的硬

▲ 阶梯型切工蓝晶石宝石，产自缅甸，重 2.53 克拉

◀ 长形阶梯型切工蓝晶石宝石，呈稀有的橙色，来自坦桑尼亚，重 2.74 克拉

度和完全解理使得在佩戴时应特别小心。因为同为蓝色宝石，蓝晶石可能
会与蓝宝石、坦桑石和堇青石混淆。

◀ 青金石打磨
的弧面型

青金石

成分：多晶体混合物，主要为青
金石、方解石、黄铁矿
晶系：不适用
莫氏硬度：5～6
解理：很差至无
断口：参差状
光泽：蜡质光泽、玻璃光泽
相对密度：2.38～3.00
折射率：1.500～1.550
双折射率：无
光性：均质体
色散：无

市面上流行的青金石实际上不是一
种矿物，而是一种由深蓝色的青金石、
白色方解石脉和金色黄铁矿斑点组成的
岩石。自古以来，青金石因饱满的颜色而受到重视并一直被用作装饰宝石。
有证据表明，阿富汗巴达赫尚省的矿床可能早在公元前7 000年就被开采
了。古埃及人将青金石视为珍宝，将其作为图坦卡蒙法老金质面具的镶嵌
物。青金石也被用来研磨生产蓝色颜料，在19世纪初被一种合成品种取
代之前的几个世纪，它都是最好和最昂贵的蓝色颜料。如今阿富汗仍然是
主要产地。俄罗斯和智利也是重要的生产国，意大利、缅甸、加拿大、美
国、阿根廷和巴基斯坦产量较少。

青金石是一种变质岩，出现在大理岩中。最重要的矿物成分是青金
石，是方钠石族的一员。蓝方石和方钠石是本族的其他蓝色矿物，也可能
存在于青金石中，也有一些科学家认为青金石是蓝方石的富硫品种。这些
矿物使青金石具有强烈饱满的蓝色，这是由于硫的存在造成的。最优质的
青金石具有单一的强烈蓝色至紫蓝色，并带有黄铁矿的金星斑点。一般青

金石都是浅蓝至深蓝色或绿蓝色，有白色方解石和黄铁矿的微小金属包体形成斑点。它作为珠宝非常流行，常抛光成弧面型或珠子，可以突出颜色。它也被雕刻成华丽的物品或器皿，抛光后的矿物薄片则被用于镶嵌和装饰。青金石可能会存在非常大的块状原石，所以雕刻品可能是相当大的。

▼ 抛光的青金石
珠串项链

▲ 来自阿富汗的抛光珠子，按质量递增的顺序（从左到右）

　　由于青金石是矿物的集合体，它的特性随着成分的变化而变化。它通常不透明，光泽范围从蜡质光泽到玻璃光泽。解理很差。它的密度随着黄铁矿含量的增加而变得更高。它相对较软，莫氏硬度为 5 ~ 6（单独的青金石为 5 ~ 5.5，方解石为 3，但其他矿物会增加整体硬度），

▼ 有埃及图案的
青金石碗

因此很容易被划伤，并在压力下会开裂或碎裂。佩戴时应特别注意，建议对戒指这类珠宝进行保护性设置。它对热很敏感，容易受到家用化学品、发胶和香水的酸性腐蚀。有些青金石可能会做染色处理，以改善蓝色或隐藏白色的方解石脉。它也可以被浸渍处理以改善表面的光泽和隐藏裂缝。

　　仿制青金石是由法国的皮埃尔·吉尔森制造的，被称为吉尔森青金石。它的成分与青金石相似，但比较软。它可以通过对比其较低的密度、缺乏方解石和不具有天然材料的随机外观来鉴别。其他仿制品包括颜色相似的方钠石、染色碧玉、染色白纹石、染色菱镁矿，以及一种由钴着色的颗粒状合成尖晶石，内含薄的金包体。

孔雀石

成分：碳酸铜 [Cu$_2$(CO$_3$)(OH)$_2$]
晶系：单斜晶系
莫氏硬度：3.5 ~ 4
解理：完全
断口：碎裂状、参差状
光泽：玻璃光泽、丝绢光泽
相对密度：3.25 ~ 4.10
折射率：1.655 ~ 1.909
双折射率：0.250 ~ 0.254
光性：双轴晶负光性
色散：无

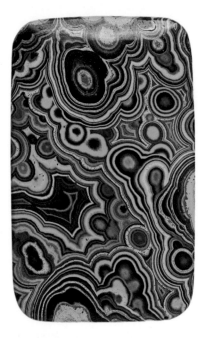

▲ 弧面型抛光，显示出孔雀石
吸引人的明暗条带

孔雀石是一种碳酸铜矿物，由于含铜而具有鲜艳的色彩，并具有特征性的绿色带状结构。其英文名字源于它与锦葵属植物的相似性，自 16 世纪后半叶以来，它一直被称为孔雀石。

对孔雀石的认知古已有之，罗马哲学家普林尼就曾提到过孔雀石，而早在威尔士的青铜时代就有开采孔雀石作为铜矿的证据。它受到古埃及人、希腊人和罗马人的青睐，被用来制作护身符和珠宝，甚至用来制作眼影涂粉。孔雀石因其明亮的绿色而被用作矿物颜料，直到 1800 年左右才被合成颜料所取代。时至今日，它仍然作为铜的一种次要矿石而被开采。

孔雀石是一种常见的矿物，存在于在铜矿床的氧化带内。它经常产出于靠近石灰岩的铜矿床中，石灰岩能提供产生它的碳酸盐来源。它比蓝色的碳酸铜矿物蓝铜矿更常见，两者也经常为共生关系。俄罗斯的乌拉尔山脉在历史上是孔雀石主要的产地之一。今天的主要开采国是刚果民主共和国。其他产地包括纳米比亚的楚梅布、澳大利亚的南澳大利亚州、美国西南部的亚利桑那州等地。

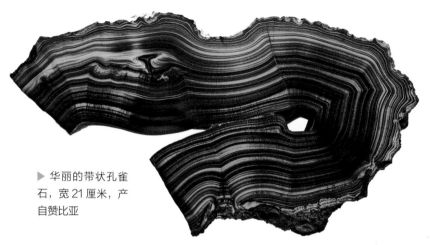

▶ 华丽的带状孔雀石，宽 21 厘米，产自赞比亚

孔雀石具有单斜晶系的对称性，很少发现针状、棱柱状的原生晶体。它通常以纤维状、天鹅绒层状出现，或以葡萄状、钟乳状的集合体形式存在。由于它与蓝铜矿的关系密切，两者经常交错生长在一起，被称为蓝孔雀石，或者形成蓝铜矿转变为更稳定的孔雀石，但保留蓝铜矿的棱柱形晶体形状的假象。而孔雀石取代其他含铜矿物（如赤铜矿）的矿物集合体较为少见。

孔雀石通常是不透明的，颜色范围从淡绿、亮绿或深绿到近乎黑色。其原石有一种玻璃质或土质的光泽。当其为纤维状时，对它进行很好的抛光会出现丝绸般的外观效果并伴有变色效应。切片和抛光产生的浅绿色和深绿色的交替条带是相当漂亮的。所以孔雀石理所应当地成为一种理想的装饰性石头，可以雕刻或用作桌子、柱子和艺术品的镶嵌物。通常情况下，孔雀石的切片会像马赛克一样拼接在一起，用来制作薄的装饰面。它在世界范围内被广泛使用，在 19 世纪的俄罗斯倍受皇室宠爱，如今在圣彼得堡冬宫博物馆还能看到以孔雀石为主要装饰的著名的孔雀石大厅。在珠宝使用中，孔雀石经常被制成弧面型和珠子，以突出其迷人的条纹，同心环的图案也非常流行。

与蓝铜矿类似，孔雀石的使用也要非常小心。它很软，莫氏硬度仅为

3.5 ~ 4，很容易被刮伤。它对光线很敏感，并会和酸甚至碳酸水发生反应。与蓝铜矿一样，其粉尘是有毒的，在切割和抛光时要防止吸入。孔雀石可以涂上蜡或在其表面浸渍树脂，以提高硬度和光泽。

▼ 一条黄金项链，饰有 20 颗澳大利亚贵蛋白石，每个都是精心挑选，使之相映生辉

蛋白石

成分：水合二氧化硅 ($SiO_2 \cdot nH_2O$)

晶系：非结晶

莫氏硬度：5 ~ 6.5

解理：无

断口：贝壳状

光泽：玻璃光泽

相对密度：1.25 ~ 2.50

折射率：1.370 ~ 1.520

双折射率：无

光性：均质体

色散：无

蛋白石也许是最美丽的宝石，它有明亮的彩色闪光，似乎神奇地漂浮在宝石内部。这种光学效果被称为"变彩效应"，随着宝石的转动，光谱色彩也会随之移动。闪光的色彩和大小对每块蛋白石来说都是独一无二的，其颜色可以是彩虹色中的任意一种。

它是一种迷人的宝石：它的命名和历史有些神秘，它既被认为是幸运的，也被认为是受诅咒的，其形成的方式和光谱颜色的成因多年来一直困扰着科学家。其英文名被认为来自梵文"upala"、希腊文"opallios"或拉丁文"opalus"，意思是石头或宝石。罗马哲学家普林尼在公元 77 年对"opalus"的记载准确地描述了其颜色的变化，但在古代文物中很少发现蛋白石。难道它们没有被保存下来，抑或古代文献中记载的不是今天的蛋白石？蛋白石的传说和赋予的意义已经发生了很大的变化，从爱情、希望、魔法和运气的象征，变成了与超自然现象有联系的诅咒。有趣的是，这种观念的改变归功于沃尔特－斯科特爵士在 1829 年写的小说《盖尔斯坦的安妮》，如今对其的迷信依然存在。

从矿物学上讲，这种神秘的宝石只是水合二氧化硅，含水量通常为 6% ~ 10%，最高可达 20%。蛋白石是一种次生矿物，在母岩形成之后形成，在地壳深处尚未发现。确切的形成机制尚不清楚，但人们普遍认为，蛋白石是由富含二氧化硅的液体渗透到地壳的裂缝和空隙中，慢慢浓缩成黏稠的凝胶，然后硬化成固体蛋白石。它在细缝、矿脉和结节中出现。蛋白石也可能取代其他结构，如动物或植物化石，形成假象。其中最著名的是在澳大利亚南澳大利亚州的库伯佩迪发现的名为埃里克的蛋白石上龙类化石，现藏于澳大利亚博物馆。

虽然传统上认为蛋白石是一种矿物，但更正确的分类是似矿物，因为它是无定形且没有晶体结构的。它是由微小的二氧化硅球体组成的，平均直径为 150 ~ 300 纳米，呈规则的三维排列。它的结构是在 1964 年使用扫描电子显微镜研究蛋白石时才被发现的。当了解了蛋白石结构后，变彩效应的谜团就被解开了。二氧化硅球体的规则排列就像一个衍射光栅。当光在球体之间通过时，它被衍射并散开。光波与其他的光波相互干涉，使得一些颜色被增强，而其他颜色则被抵消。球体的大小以及因此而产生的间隙，都小于可见光的波长（400 ~ 700 纳米），这决定了所能看到的颜色。较小的球体衍射出较短波长的光，导致紫色、蓝色和绿色。较大的球体会衍射出较长波长的光，比如说红色，而混合大小的蛋白石可能会衍射出所有波长的颜色，形成彩虹色。贵蛋白石有大小一致的球体区域，排列有序。而个别区域的球体大小上和排列方向略有不同。就会让这些区域对光线的衍射不同，创造出一个单独颜色的闪光。它们一起显示出一系列的颜色，随着宝石的转动而变化。这种变彩区域越多，宝石就越显得生动活泼。

与蛋白石有关的另一种光学效应是乳光。这个术语是用来描述在蛋白石和其他矿物中看到的珍珠状或乳白色的光泽，是月光效应的一种表现形式。乳光与变彩效应不同，是由光的散射造成的。许多蛋白石在长波和短波紫外线下会发出荧光，有白色、蓝色、绿色或棕色的光反应。许多蛋白石还显示出磷光，在移除紫外线光源后还能继续发光。

▲ 扫描电子显微镜下的蛋白石的内部结构，由规则排列的二氧化硅小球组成

　　蛋白石的主体颜色由其包体或杂质（如铁、镍）的组成决定。它可能是白色、橙色、红色、棕色、黄色、绿色或黑色。这与由其结构引起的变彩效应的颜色不同。大多数蛋白石是半透明的，但也可能是不透明或透明的。

　　这种宝石主要分为三类：能显示变彩效应的贵蛋白石、不显示变彩效应的普通蛋白石，以及有或无变彩效应的亮橙色体色的火蛋白石。每一类都有许多基于外观和来源的品种和商品名称。主要的类型描述如下。

贵蛋白石

　　不同的品种名是由它们的体色和变彩效应来定义的。变彩的颜色组合和闪光的强弱决定其价值高低。在 19 世纪之前，贵蛋白石是相当罕见的，当时"匈牙利蛋白石"从现今属于斯洛伐克的矿床中被商业化开采。这些都是贵蛋白石在欧洲最重要的矿床，至少从 15 世纪开始就有开采，但可能远在罗马时代就被使用了。1840 年左右，澳大利亚发现了蛋白石，随后从 1875 年开始进行商业开采，这带来了激烈的国际宝石竞争。在过去的一个世纪里，澳大利亚一直是世界上最主要的贵蛋白石生产国。这里的蛋白石是在古老的风化沉积岩中发现的，而其他许多产地是在火山岩中形成的。墨西哥的蛋白石开采历史悠久，品种繁多，曾有一段时间是世界第二大生产国。埃塞俄比亚现在是一个重要的生产国，在 20 世纪 90 年代初首次发现蛋白石。其他产地有美国、加拿大、巴西和洪都拉斯。

- 白欧泊——最常见的贵蛋白石品种，半透明至亚半透明，体色较浅，有白色、黄色和灰色。主要产地是澳大利亚南澳大利亚州的库伯佩迪。1915 年首次在这里发现蛋白石，是世界上最大的蛋白石矿场。其他产地包括斯洛伐克、埃塞俄比亚、加拿大、巴西和洪都拉斯。埃塞俄比亚的白欧泊是 2008 年在沃洛行政区发现的，被称为沃洛蛋白石（中国称非洲欧泊或者埃塞俄比亚欧泊）。这类蛋白石很多都是亲水的，这意味着它们很容易吸收水分，这会增加它们的透明度和重量，却会降低其变彩效应。幸运的是，它们干燥脱水后会恢复到原来的重量和外观，但建议不要让沃洛蛋白石靠近水。

▼ 弧面型切工黑欧泊，重 10.82 克拉，色彩绚丽。来自澳大利亚新南威尔士州闪电岭

- 黑欧泊——最稀有和最有价值的贵蛋白石，具有半透明至不透明的蓝色、灰色或黑色的暗体色。深色的背景色增强了变彩效应。澳大利亚新南威尔士州的闪电岭是主要产地，自 1901 年以来一直在进行开采。这里出现了许多化石的假象。澳大利亚南澳大利亚州也有少量的矿床，其他产地包括斯洛伐克、巴

▲ 来自澳大利亚昆士兰州的铁欧泊，铁质基质

西、洪都拉斯、印度尼西亚、美国和墨西哥等。

- 水欧泊或晶质欧泊——无色，透明至半透明，其中的变彩效应如同漂浮在石头里一样。最好的晶质欧泊产自墨西哥，但在澳大利亚、美国、埃塞俄比亚和巴西也有发现。

- 铁欧泊（也称砾石欧泊）——以薄矿脉和缝隙的方式出现在铁矿石母岩中的蛋白石。为半透明到不透明，在浅色或深色的体色上有美丽的变彩效应。因为其层状的产出较为脆弱，对于铁欧泊切割和抛光时，会使它仍然附着在棕色的基质上，以起到加固作用，而且这种特点也经常被纳入珠宝的设计中。铁欧泊最早是在澳大利亚昆士兰州被发现的，从 19 世纪 90 年代开始开采。后来在巴西和加拿大也发现了新的矿床，但在这些国家的市场上很少见。其蛋白石部分可能是薄薄的一层，是一种附着在基质上的矿脉，或者是在澳大利亚昆士兰州约瓦附近发现的被称为约瓦坚果的小结核。

- 小丑彩欧泊——一种贵蛋白石，其颜色的变化是以马赛克或棋盘的形式排列。原本只是用来形容"匈牙利蛋白石"，现在也包括澳大利亚产出的具备此光效应的欧泊。

普通蛋白石

普通蛋白石可以有各种不同的体色，但没有变彩效应。其二氧化硅球体大小不一，排列也不整齐，因此无法造成光线的衍射和干扰。普通蛋白石通常是不透明到半透明的。通常是棕橙色，也有白色、粉红色、蓝色、绿色、黄色，甚至是透明的无色。普通蛋白石很常见，在世界上许多地方都能找到，稀有度不高。秘鲁以生产各种彩色蛋白石而闻名。

普通蛋白石品种：

- 玛瑙蛋白石——一种常见的带状蛋白石，外观类似于玛瑙。它可能出现在矿脉中或形成蛋白石化的化石。这个名称有一点误导性。

- 蓝欧泊——在秘鲁发现的半透明的蓝色至绿色的蛋白石品种的商品名称，其颜色是由富含铜矿物（如绿柱石）的微观包体造成的。

- 苔藓或枝状欧泊——一种半透明的蛋白石，内含铁或锰的氧化物或绿泥石的苔藓状包体。产地包括美国、巴西和澳大利亚等地。

- 粉欧泊——一种罕见的、大部分为不透明的粉红色蛋白石，由有机包体着色。它类似于粉珊瑚，但硬度较高。产自秘鲁。

- 绿欧泊——一种半透明至不透明的亮绿色蛋白石，由富含镍的矿物微观包体着色。它最初产自波兰，在坦桑尼亚和美国也有发现。

- 木欧泊——被蛋白石取代石化的木化石，通常保留木材的结构和同心生长纹。颜色往往是棕色到奶油色。在澳大利亚和美国很有名。

- 玻璃蛋白石——通常是无色和无瑕的。它被认为是最纯净的蛋白石，通常有一种类似于果冻或水球的壶状态。它在紫外线下通常会发出荧光。2013 年，在墨西哥萨卡特卡斯发现了一种新的玻璃蛋白石，其荧光效应非常强烈，在日光下会产生绿色到黄色的体色。而紫外线下的荧光则更为剧烈，这是由于含量非常低的铀杂质引起的。

火欧泊是透明至半透明的，有时是不透明的，体色为鲜艳的黄色、橙色或红色。这种颜色是由铁氧化物的微观包体造成的。有些火欧泊拥有变彩效应，从而形成令人惊叹的宝石。火欧泊主要产自墨西哥，其他产地包括匈牙利、土耳其、巴西、加拿大和美国等。

蛋白石质地柔软，莫氏硬度为 5 ~ 6.5，并且较脆。贵蛋白石的切割以展示和强化变彩效应为目的。通常被打磨成弧面型，那些圆润的

▲ 透明质蛋白石天然标本和一颗来自墨西哥萨卡特卡斯的重 1.55 克拉的刻面宝石，在紫外线下显示出强烈的绿黄色荧光

弧面从各个角度看都有强烈的变彩效果，是极具价值的珠宝之一。自由形状切割可以更好地利用原石，从而显示更多的色彩，并可能将基岩纳入设计，以获得更高的稳定度。透明至半透明的蛋白石偶尔也会被做成刻面宝石，那些有变彩效应的蛋白石有非常华丽的效果。贵蛋白石、火欧泊和铁欧泊都被用于珠宝首饰中，吊坠和耳环

▼ 来自墨西哥的刻面火欧泊，重 5.76 克拉

最为常见，这能提供更多的保护性设置。普通蛋白石则经常被雕刻成装饰品使用。

　　大多数贵蛋白石都是脆弱的薄层，所以为了制造宝石，它一般被组装成拼合宝石（被称为双叠蛋白石或三叠蛋白石），这提高了强度和耐久性，并使这些蛋白石可以作为宝石使用。它们增加了蛋白石在市场上的供应量，并且具有比纯蛋白石更实惠的价格。在放大镜下观察宝石的侧面，是鉴定复合层和黏合处最简单的方法。双叠宝石是由两层组成的，通常是一层超过 2 毫米厚的贵蛋白石薄层，以普通蛋白石、玛瑙、玻璃或塑料为底衬。深色不透明的底衬会产生黑欧泊的外观。含铁的底衬切片可以用来仿制铁欧泊。被切割的过程中蛋白石有时就会保留原有的基质作为底衬，形成一个天然的双叠宝石。基质可以提供一个浅色或深色的体色背景。这些天然双叠宝石缺乏独特的黏合点，在蛋白石和基质之间有一个自然的不规则边界。铁欧泊通常都是这种切割方法，包括使用铁质基质作为底衬。同样地，如果贵蛋白石在普通蛋白石上形成，它将被切割成使用普通蛋白石作为底衬。天然和拼合的双叠宝石可以用透明层覆盖，形成一个三叠宝石。覆盖层通常是天然石英或玻璃，可以增强颜色变化，并形成一个保护面。拼合的三叠宝石通常使用约 0.5 毫米厚的蛋白石片。

　　蛋白石的自然结构中含有水，如果储存在干燥的条件下或在高温、阳

双叠蛋白石：贵蛋白石在黑色底衬上（左），使用普通蛋白石作为底衬（右）

光直射下就会发生脱水。这通常会让蛋白石以细小的网络状"开裂"，并且是不可逆的。当它被开采出来后，环境条件的变化和抛光时的高温都可能导致脱水的发生。不同产地的蛋白石，由于其成分和含水量不同，其稳定性也不同。蛋白石经销商在销售前通常会将其放在库房中保存，以确保它们不会在销售前脱水开裂。

蛋白石在日常佩戴中会接触皮肤油脂，这可以帮助其保持状态防止脱水，而且其存放需要在有一定湿度的阴凉环境中。蛋白石可以用软布和温肥皂水清洗，但不适合用超声波或蒸汽清洗机清洗。它内部多孔，容易受到化学腐蚀，所以要避免与发胶、化妆品和香水接触。

蛋白石偶尔会进行处理，以提高其耐久性和光泽度。由于它的多孔性，用油、蜡、塑料浸渍可以填补裂缝，提高清晰度，并使得表面更为坚硬。它也可以在表面涂上聚合物薄层。这种处理的鉴定方法是用一滴水滴在表面，看它是否被吸收（证明为天然）或停留在表面上（证明有涂层）。蛋白石也可以染色，使得体色更深，从而模仿黑蛋白石的外观。复合蛋白石是用小块的蛋白石镶嵌在黑色树脂中制成的。

仿制蛋白石用的是玻璃和塑料，其外观（特别是在放大镜下）和蛋白石是完全不同的。不纯蛋白石出现于 20 世纪 60 年代，是一种可以显示乳光的玻璃仿制品的商品名称。

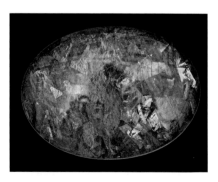

▲ 斯洛卡姆石，一种仿蛋白石的玻璃，含有细小的彩虹色薄片

它是透明到乳白色的，有一种蓝色的光泽，这是由于光的散射造成的，其通常不含杂质或有气泡。斯洛卡姆石是一种含有微小的彩虹色片晶的玻璃仿制品。这些片晶反射的光

▼ 一块人造的吉尔森蛋白石，侧面可见柱状结构

线给人一种类似于变彩效应的迷人外观，但由于其片晶起皱的外观，用放大镜很容易区分。

合成蛋白石是由皮埃尔·吉尔森在 1974 年发明的。它由二氧化硅球体制成，与蛋白石的化学成分、结构或特性接近但不完全对应，因此不能算真正的合成宝石。吉尔森蛋白石能显示出变彩效应，但比起天然蛋白石更明亮，有明显的颜色区块。在放大镜下有一个规则的多边形图案，被称为"蜥蜴皮"。从侧面看，会发现在多边形下面有一个柱状结构，这在天然蛋白石中是看不到的。

橄榄石

成分： 镁铁硅酸盐 [(Mg, Fe)$_2$(SiO$_4$)]
晶系： 斜方晶系
莫氏硬度： 6.5 ~ 7
解理： 差
断口： 贝壳状
光泽： 油状光泽、玻璃光泽
相对密度： 3.21 ~ 3.48
折射率： 1.634 ~ 1.710
双折射率： 0.032 ~ 0.038
光性： 双轴晶正光性
色散： 0.02

▼ 一种宝石级橄榄石晶体，产于埃及扎巴贾德岛

橄榄石是橄榄石族中的透明宝石品种，因其小清新般的橘黄绿至橄榄绿的颜色而受到欢迎。它同时也是历史学家的最爱，因为它是已知的较古

老的宝石之一，已被开采利用了数千年之久。这种迷人的宝石通常在地球深处形成，但也是罕见的外太空宝石之一，可在陨石中发现。

橄榄石的历史有些含糊不清。至少在公元前300年在红海的扎巴贾德岛被发现和开采，但可能远在公元前1500年，它就已经被古希腊人和古埃及人使用，并被称为"太阳宝石"，它被古罗马人称为"夜晚的绿宝石"。还有许多人认为埃及艳后最喜欢的宝石祖母绿实际上是橄榄石。

橄榄石的命名也有类似的复杂历史。罗马哲学家普林尼在《自然史》中提到"topazos"，这是一种绿色到黄色的珠宝，被翻译成黄玉，但现在普遍认为其实他说的应该是橄榄石。一些被命名为祖母绿的绿色宝石可能也是橄榄石。橄榄石、黄玉和金绿石都曾被称为贵橄榄石，但这个名称一般不再使用，以免产生混淆。而橄榄石的英文名已经使用了近1 000年，被认为是来自阿拉伯语或希腊语。

橄榄石不是一种矿物，而是两种密切相关的硅酸盐矿物——富镁的镁橄榄石和富铁的铁橄榄石之间的类质同象系列。纯的镁橄榄石是无色的，偶尔会被切割成稀有的刻面宝石。而随着镁由铁逐渐替代，成分向铁橄榄石靠近，其呈现黄绿色至棕绿色。橄榄石的成分最接近镁橄榄石，可以认为是镁橄榄石的一个含铁变种。当含铁量为12% ~ 15%时呈现的绿色是最漂亮的，随着含铁量的增加，颜色变黄或变褐。铬或镍的杂质被认为能产生较亮的绿色。

具有斜方晶系的对称性，晶体往往是粗壮的或片状的，具有圆形的楔形晶尖。双晶常见。也可能是颗粒状的，经常在火山岩中形成圆形的碎块。

大多数橄榄石是在地球深处的上地幔中形成的，由火山活动或板块构造带入地表。它是一种常见的成岩矿物，发现于基性岩和超基性岩中，如玄武岩和橄榄岩。宝石级的晶体在世界各地的发现并不多，通常是在古老的熔岩床中，作为玄武质火山岩中的表晶（颗粒状晶体的结节）。在少数情况下，晶体会在矿脉或孔洞中形成。

埃及扎巴贾德岛在历史上是橄榄石的一个重要产地。此岛似乎随着时间的推移而逐渐消失在人们视野里，但在过去的几百年里又被重新发掘和开采，不过产量很低。这个不大但很特殊的地方是由板块构造抬升到表面的一截地幔形成的。橄榄石存在于橄榄岩的矿脉中，形成的大晶体可达 20 厘米。扎巴贾德岛已经产生了一些最好和最大的晶体以及刻面宝石。已知最大的橄榄石是收藏于史密森学会的一颗重 311.8 克拉的刻面宝石。

位于美国亚利桑那州圣卡洛斯阿帕奇保留地的橄榄石山，是如今橄榄石的主要产地之一。晶体主要从玄武岩的顶部颗粒状的橄榄石结节中被开采出来。大尺寸的刻面宝石非常罕见，平均为 3 克拉或以下。在新墨西哥州和夏威夷也发现了橄榄石，那里的绿色沙滩是由橄榄石颗粒形成的。缅甸如今已经产出了一些漂亮的大晶体和刻面宝石，并具有丰富和饱和的绿色，可与来自扎巴贾德岛的宝石媲美。这里还出现了无色的镁橄榄石。巴基斯坦产出美丽的晶体，通常与磁铁矿共生，并产出高质量颜色的宝石，尽管通常带有淡黄色的色彩。中国也是一个产出大国，次要产地包括斯里兰卡、挪威、越南、坦桑尼亚、澳大利亚、埃塞俄比亚和巴西。

也许最令人兴奋的是这种宝石的地外来源。橄榄石以在铁镍组成的金属基质中的圆形晶体的形式出现在橄榄陨石中。这些陨石在切片和抛光后可以透过光线，非常具有吸引力。地外来源的晶体能达到宝石级的、没有太多的裂缝，而且大到可以进行切割的极其罕见。由此生产的宝石通常很小，在市场上很少见到。这些陨石在太阳系形成后仅几百万年就形成了，使它们成为世界上最古老的宝石。

质量最好的橄榄石是无瑕的，有一种油脂状的外观。特征性的包体是睡莲叶状的盘状环形纹（一种弯曲的应力纹），围绕着一个微小的黑色晶体，通常是八面体的铬铁矿。棕色云母片可使宝石呈现出褐色的外观。在巴基斯坦的橄榄石中，针状的硼镁铁矿和硼铁矿包体很常见。其他包体为透明的晶体和短而细的针状物。肉眼可见的包体，尤其是深色的晶体包体，会降低其价值。平行的丝状包体在被切割成弧面型时可能会产生猫眼效应，会产生四射的星光效应的极为少见。

大多数橄榄石是黄绿色的，而饱满的纯绿色是最稀有和最珍贵的。较大的宝石往往具有更精细、更强烈的颜色，外观上也显得更有油脂感。由于双折射率高达 0.038，橄榄石显示出强烈的双折射效应，在较大的宝石中很容易用肉眼观察到，这是一个很好的识别特征。橄榄石拥有绿色、黄绿色的弱多色性。

橄榄石可以被切割成各种形状和样式，需要充分利用原石的颜色和形状。阶梯型、钻石型和混合型切割很受欢迎，圆形、椭圆形和垫形的形状也很常见。宝石往往在 5 克拉以下，但超过 10 克拉的也不少见，大型的透明晶体偶尔会产生超过 100 克拉的宝石。珠子、抛光片和弧面型宝石也非常常见。

▲ 智利阿塔卡马沙漠的一块抛光的橄榄石陨石片，露出金属基质中的透明橄榄石晶体

▼ 来自扎巴贾德岛的橄榄石，重 146.17 克拉

这种宝石相当耐用，解理较差，然而它很脆，其莫氏硬度为 6.5 ~ 7，属于中等水平，因此容易刮伤和碎裂。应该有保护性的设置，特别是在戒指中。橄榄石可能会被酸损坏，应避免与发胶、香水和化妆品接触。用温肥皂水清洗是安全的，但不建议使用蒸汽和超声波清洗机。橄榄石很少进行处理，但可以填补表面

的裂缝以提高透明度。佩戴年限较长的珠宝可以在橄榄石背部镀膜以改善其颜色。

镁橄榄石已经可以通过提拉法人工合成。添加钴可以使其染成蓝色，并且显示出强烈的蓝色、紫色多色性。它可以被用作坦桑石的高级仿制品，可以通过不同的光学特性，如较高的双折射来进行鉴定区别。市场上没有看到绿色的合成镁橄榄石或橄榄石。

橄榄石可能会与其他绿色宝石相混淆，如电气石和翠榴石。它可以由绿色的合成刚玉、尖晶石、石英和立方氧化锆或玻璃来仿制。拼合宝石也很常见，如用石榴石和橄榄石做的双叠宝石。所有这些都可以通过其不同的物理和光学特性加以区分。

石英及其相关品种

石英是地壳中常见的矿物之一。作为一种宝石，它被用于装饰和雕刻已有数千年的历史，其以品种繁多（所有宝石里最多的）而著称。石英可分为两类。显晶质或结晶良好的石英可以形成巨大的透明宝石，包括紫晶和黄水晶等。致密结构或隐晶质石英由微小的交织晶体组成，被称为玉髓，其颜色鲜艳并通常带有色带的品种包括玛瑙和绿玉髓。

古希腊博物学家和哲学家泰奥弗拉斯托斯在其著作《论石》中提到了石英，并称其为 "kristallos"，意思是冰，人们普遍认为这些透明的晶体（现在称为水晶）是一种永恒的冰。石英的英文名字被认为是源于 "quertze" 这个词，16 世纪的撒克逊矿工用它来描述一种白色脉石。到了 18 世纪，这个名字被最终确立，来自 "kristallos" 的 "crystal" 一词则被应用于任何有棱角的矿物。

显晶质品种包括纯净无色的水晶、紫色的紫晶、金色的黄水晶、烟晶和粉红色的芙蓉石。颜色是由化学杂质或矿物包体造成的，有些颜色则是通过加热或辐照等处理方法产生的。这些透明的品种通常用来做成刻面宝石或雕刻品，而水晶因其深含在冰般的外形内的多种多样的包体而广受欢迎。

隐晶质石英是由显微交织晶体组成的致密集合体。许多品种被归为玉髓，通常将其与显晶质的石英大类区别开来。虽然它们自古以来就被人们所知并被命名，但直到 19 世纪末才被科学地认定为一种石英矿物。玉髓以葡萄状、钟乳石状、结节状和条带状的形式出现，通常内有晶洞或空洞。所含的杂质会产生不同的颜色，不同的品种名主要取决于它们的外观，例如玛瑙是有带状纹的、红玉髓是橙色的、绿玉髓是绿色的。它们作为装饰物和雕刻品非常流行，也会被做成弧面型和珠子。

由于显晶质和隐晶体石英的种类繁多，本文仅讨论宝石行业中最知名的石英品种。

石英存在于几乎所有地质环境中，包括火成岩，尤其是花岗岩和伟晶岩以及许多变质岩中。作为一种稳定而耐用的矿物，石英会在风化后富集

◀ 来自阿尔卑斯山的玻璃般的晶体非常受收藏家的欢迎，图中样本来自法国

▼ 一块抛光的玛瑙片，有完美的圆形条纹

并成为许多沉积岩（如砂岩）的主要成分。它也以乳白色石英脉的形式出现，形成于富含二氧化硅流体的裂隙中，并与金等重要矿物伴生。

石英结晶具有三方晶系的对称性，通常表现为形状良好、细长的六棱柱体，具有不均匀的晶锥。它也可以是矮胖状、针状或锥形，通常柱面发育横纹。其尺寸的范围可从晶洞中的微小的晶体到重达数百公斤的巨块。石英有许多有趣的生长形式，通常为双晶。

石英为玻璃光泽。它经久耐用，是莫氏硬度表上7的标准矿物。它具有较差的解理，但可能很脆，具有类似于玻璃的贝壳状断口。隐晶质石英或玉髓的物理性质因其相对致密的特点而略有不同，虽然单个微晶具有显晶质石英的性质，但多晶体的集合体就不一样了。玉髓的光泽并不一定很明亮，硬度稍低，莫氏硬度在 6.5 ~ 7，但玉髓韧性更高，不那么脆。密度取决于孔隙率以及水和杂质的多寡。由于石英极为常见并且耐用度很高，所以它不仅在沙子中占比极高，也大量存在于灰尘中。因此特别要注意的是，当擦拭宝石上的灰尘时，莫氏硬度小于7的材料可能会被划伤。

石英具有较好的硬度、韧性和耐腐蚀性，是一种用于珠宝首饰的优质宝石。其可以在温热的肥皂水中清洗，只要不存在包体或裂缝，超声波清洗机也可以安全使用。应避免使用蒸汽清洁器和加热器，因为它们可能会导致宝石破裂。所有的有色显晶质品种佩戴和保养时都需要特别小心。由于变色处理是在相对较低的温度下进行的，因此应避免加热，如使用珠宝商的手电筒，因为加热可能会让颜色发生变化或褪色。隐晶质的品种可能孔隙较多，所以应避免接触香水和发胶，尤其是用于染色的类型。

◀来自瑞士的烟晶，具有六边棱柱形和不均匀的晶端

石英的化学纯度很高，在工业中应用广泛。石英砂是其主要用途之一，混凝土用的砂砾也是如此。它被开采出来为了制造玻璃、磨料和陶瓷，所含的硅可以用于制造硅质芯片。透明的水晶由于其压电特

性而被用作电子振荡器，可以通过施加机械压力而产生电荷。反过来也是如此，施加电荷可以使石英在精确的频率下共振，它被用于石英手表以保持时间的精确。它每秒振动 32 768 次，这比钟摆钟更精确。它也用于收音机和手机。

自 20 世纪 50 年代以来，合成石英已可以通过水热法商业化生产，并用于许多工业流程，比如现代电子产品和手表。它也被制成各种颜色的宝石。它可以通过缺乏天然包体而包含面包屑状的包体来进行鉴定，然而，大多数合成宝石是无瑕的，如果没有进行实验室分析，可能很难区分。

显晶质石英

成分：二氧化硅（SiO_2）
晶系：非结晶
莫氏硬度：7
解理：差
断口：贝壳状
光泽：玻璃光泽
相对密度：2.65
折射率：1.544 ~ 1.553
双折射率：0.009
光性：一轴晶正光性
色散：0.013

▲ 奥地利产的玻璃状阿尔卑斯山水晶

水晶

无色水晶是最常见的显晶质石英。它在世界各地都有发现和开采，出现在任何石英可能形成的地方，漂亮的晶体一般产自伟晶岩岩洞和热液矿脉中。巴西是最重要的产地，主要来自米纳斯吉拉斯州的伟晶岩矿床。其他产地包括马达加斯加、俄罗斯、美国、印度、秘鲁、缅甸、澳大利亚和阿尔卑斯山。

水晶可以形成巨大的透明晶体，从而产生数百甚至数千克拉的无瑕宝石。琢型后的宝石非常明亮，但由于色散低而缺乏火彩，因此被用于服装珠宝或作为钻石的廉价替代品。水晶通常被做成雕刻品或打磨成球体和其他形状。单个晶体经常将其晶面抛光，小的被镶嵌在珠宝（如吊坠）中，而大的则作为首饰出售。

薄的水晶片被用于双叠或三叠拼合宝石，为较软的宝石如蛋白石提供一个耐用的保护层。

水晶拥有令人难以置信的一系列有吸引力的包体，这使它很受欢迎。由于石英是地质环境中较晚结晶的矿物之一，它经常包裹着其他矿物以及液体和气泡。它的物理耐久性和化学稳定性保护了被包裹的矿物，包括脆弱的针状矿物晶体，使它们能够在数百万年的地质变化中生存下来。这些包体不仅创造了吸引人的宝石，还能够让人们通过它了解地球的曾经。

常见的水晶包体品种有：

- 金红石石英——含有金色、银色、红色或黑色金红石晶体的金属针状或毛状包体。针状包体可以呈簇状随机交错，或在以银色赤铁矿为中心的周围呈六芒星状。具有网状外观的金红石石英，被

◀ 镶嵌在戒指中的弧面型石英中的金色金红石包体

称为金红石发晶，主要产自巴西和印度。

▲ 一颗刻面水晶，中央有一个单一的黑电气石包体，垂直于台面，由亭部的刻面发生内反射，形成轮状效应

- 电气石石英——含有细长的黑电气石针状包体。石英的颜色从透明到乳白色不等，并带有随机方向的黑电气石。含不同颜色的电气石的细长晶体的类型较为罕见。

- 草莓石英——有许多细长的红色包体，多年来被认为是纤铁矿，现在被确定为铁的氧化物：赤铁矿。

- 粉火石英——含有硫化铜矿物铜蓝的微小薄片包体。这些薄片在光线的反射下会产生令人难以置信的金属紫色至粉红色的虹色闪光。

▶ 一种表面涂有金分子层的石英晶体，产生蓝色的彩虹，被称为"水之光环"石英

- 蓝线石石英——含有硼硅酸盐矿物蓝线石的包体，是一种不透明至半透明、蓝色至紫色的宝石，极为罕见，而且价值很高。

其他矿物包体可能是细长的绿色阳起石、苔藓状的绿色至棕色的绿泥石、金色的黄铁矿和其他硫化物矿物、各种颜色的萤石，以及罕见的呈绿色到蓝色球状团簇的铜硅酸盐斜硅铜矿。含有包体的水晶被加工成弧面型、刻面宝石和珠子，以突出包体，或雕刻成装饰品。含有斑点状的自然金包体乳白色石英脉有时被打磨成镶嵌物或被镶嵌在珠宝上。

可以使用薄膜沉积法将金属涂层施于水晶表面。氧化钛涂层可以创造出一种五彩斑斓的效果，被作为"神秘"石英而在市场上出售。而名为"水之光环"的浅蓝色商品则是用黄金镀膜的。这种处理方法可以通过其非自然的颜色和对较软涂层的划痕来进行检测。石英可以被加热并迅速冷却，从而诱发其产生大量裂缝，使染料可以进行渗透，这被称为淬火裂纹石英。这种技术可以用来仿制其他宝石（如祖母绿），可以通过沿裂缝的颜色浓度差异来进行检测。水晶可以通过辐照处理来制造烟晶，因为天然水晶会含有导致棕灰色的铝杂质。合成水晶通常不用于宝石行业。

几个世纪以来，水晶一直被用来仿制钻石，但因其缺乏火彩而容易被区分。它可能会与无色的黄玉、蓝宝石和不太知名但同样无色透明的硅铍石混淆，但因其折射率较低而可以进行鉴别。

烟晶

这种棕色到灰色的石英品种因其烟熏色的外观而得名。透明度从透明到半透明不等，颜色跨度很大，可以从很浅到几乎黑色的墨晶。这种颜色是由晶体结构中替代硅的铝杂质结合辐照引起的。这可能是自然发生的，也可能是通过对水晶进行伽马射线照射而人为引起的。而这种处理方式是无法检测到的，因此颜色非常深的烟晶是值得怀疑的。

烟晶产于含有微量放射性矿物的花岗岩、伟晶岩和变质片麻岩中。晶体可能非常大，可以做成数千克拉的刻面宝石。巴西是一个主要的产地，以产出大晶体著称，其他产地包括马达加斯加、莫桑比克、俄罗斯、乌克兰、瑞士、玻利维亚、斯里兰卡、缅

▲ 重 129.72 克拉的透明、阶梯型切工烟晶宝石，来自印度

甸、澳大利亚、美国和西班牙。来自苏格兰凯恩戈姆山的烟熏色至淡黄色晶体被称为"凯恩戈姆"（这就是地名直接用作商品名）。创造烟熏色的自然过程需要低温和漫长的地质时间，因此烟晶常发现在高海拔地区，包括阿尔卑斯山、凯恩戈姆山和洛基山。

烟晶拥有多色性，为黄褐色或红褐色。大多数宝石是无瑕的，其包体可能为液相或两相、负晶、具有愈合的裂缝、呈针状。

透明的烟晶晶体被做成刻面宝石或珠子，质量较差的材料被制成弧面型。由于宝石可以很大，所以它们是吊坠和耳环的绝佳主宝石。烟晶也被雕刻或塑造成各类装饰品，如大水晶球。一些宝石在紫外线下可能会褪色，应避免长时间暴露在阳光下。某些烟晶可以经过热处理变成黄绿色的黄水晶。烟晶可能会与黄玉混淆，但因其折射率较低而有所区别。

紫晶

紫晶那美丽的紫色使它成为最理想的石英品种。它的名字来源于希腊语"amethystos"，意思是喝不醉的，自古以来，紫晶护身符就被用来抵御酒醉。几千年来，它一直被尊为宝石而倍受宠爱，被做成珠子、雕刻品，并被镶嵌在古埃及人、希腊人和罗马人的珠宝中。在中世纪和文艺复兴时期，它是皇室的象征，在许多皇家珠宝和宗教物品中都能找到它的踪影。英国王室珠宝的一个特点就是大，在皇冠和权杖上都有大型的紫晶刻面宝石，就在库里南钻石的上方。

紫晶存在于许多地质环境中，晶体的结晶一般较为良好，但其大小和形状的范围与水晶和烟晶不同。紫晶经常形成短小、有晶端的晶体集合，称为晶洞。晶洞因其内衬在岩石内部的圆形空洞中而出名。这些圆形的空洞是由熔岩流凝固的过程中被困在其中的气泡形成的。含硅的液体在空洞形成后穿过，使紫晶晶体在其内壁里生长。晶洞可以出现巨大的尺寸，形状细长并长达数米。紫晶也可以与乳白色的石英一起出现在矿脉中，两者形成的层状人字形图案类型有时被称为紫晶石英。

　　埃及是一个古老的紫晶产地，至少在公元前2000年就进行了开采。德国、法国和俄罗斯都是历史上的重要产地，在过去的500年里生产出了很多精美的宝石。19世纪初，先是在巴西，随后又在乌拉圭发现了巨大的紫晶矿藏，为世界市场提供了稳定的货源，但也导致其价值大幅下降。南里奥格兰德州（巴西）和邻近的阿蒂加斯（乌拉圭）的矿床在被称为洪积玄武岩的巨大古代熔岩流形成的火山岩中。这些是世界上最具商业价值的紫晶矿床，也被用来开采玛瑙。其他优质紫晶产地包括赞比亚、马达加斯加、纳米比亚、肯尼亚、玻利维亚、加拿大、美国、墨西哥、斯里兰卡、缅甸、印度、澳大利亚和韩国。紫晶的晶体标本，特别是产自墨西哥和纳米比亚的，也广受矿物收藏家的热爱。

　　紫晶的颜色范围从深红紫色到蓝紫色再到淡淡的紫色。这种颜色是因为铁杂质在晶体结构中取代了硅，以及晶体被伽马射线照射造成的。紫晶拥有弱多色性，表现为蓝紫色或红紫色。来自俄罗斯的宝石可能表现出变色效应，在日光下呈现紫色，在白炽灯下呈现深紫红色。一些紫晶的颜色会随着紫外线的照射而褪去，因此应避免长时间暴露在阳光下。同样，要避免高温，因为高温也可能会导致褪色或颜色改变。

▼ 紫晶晶簇在一个薄玛瑙晶洞内

　　与晶体形状有关的互呈角度的颜色分区是很常见的，颜色通常集中在尖端。原石的切割以正面观看产生均匀的颜色为标准。具有饱和的颜色和无明显颜色分区的宝石是最有价值的。被称为俄罗斯或西伯利亚的紫晶因其强烈的紫色和红色闪光而极具价值。但是这些名称通常是根据颜色来起的，而不是产地。

琢型过的紫晶通常是无瑕的。最常见的包体被称为虎纹或斑马纹包体，由许多平行的人字形条纹形成，在放大镜下可以看到，被认为是紫晶的鉴定依据。它们的存在原理还不是非常确定，可能是由液相包体、愈合的裂缝或双晶造成的。流体的指纹状或薄纱状包体以及带有气泡的两相包体也很常见。板状或针状的铁的氧化物是最常见的矿物包体。红色的细长赤铁矿包体因其外观而被称为甲虫腿，这在紫晶（和草莓石英）中可以看到，金色纤维状的针铁矿簇能形成有吸引力的包体。大多数紫晶有重复的内部交替的薄片状双晶。虽然通常不会在切割后的宝石中看到，但这在偏光镜下会形成一种显示模式，可以用来鉴定天然宝石和合成宝石，也可以用来识别出由热处理的紫晶形成的黄水晶。

▲ 紫晶中的虎纹包体。视场为 3.12 毫米

▼ 产自乌拉圭重 33.86 克拉刻面紫晶，颜色饱满

紫晶可以琢型成各种尺寸和切工的宝石，包括自由式和绚烂式切割。宝石可能很大，甚至可以大到几百克拉。质量较差的材料被制成弧面型，并被抛光或打磨成珠子。紫晶也被用于雕刻和装饰品。小型天然晶体和从晶洞里切割下来的部分被镶嵌在珠宝上，以显示晶体的锐利。

紫晶的处理方式较多。可以用薄膜沉积法涂上金属涂层，以产生晕彩，这就是所谓的彩虹紫晶。它可能会进行染色处理以产生更深的颜色，偶尔会进行裂缝填充处理以提高清晰度。紫晶通常会进行加热处理以改善或改变其颜色。非高温下温和的加热处理可以使深色变淡，但不能用来使浅色变深。加热到 350 ~ 450 ℃会将紫色漂白为无色或淡黄色。将温度提高到 560 ℃左右时，则是将颜色加深到红棕色，在 600 ℃以上会变成乳白色。黄色至棕色的宝石通常会作为黄水晶出售，有时也被称为焦紫晶。来自某些地方的紫晶在 400 ~ 500 ℃下会保持无色，或者变成浅绿色的绿水晶。热处理通常是稳定的，有些情况下甚至完全检测不到。大多数经过热处理的紫晶可以通过辐照处理恢复原来的颜色，但也可能变成烟熏色。

自 20 世纪 60 年代初以来，紫晶一直是通过水热法合成的，20 世纪 70 年代以后开始有了商业用途，而且合成紫晶在市场上很常见。它缺乏天然包体（如虎纹）、颜色分区和重复的双晶，然而对于无瑕的宝石而言，如果没有实验室分析，就基本无法鉴别。

紫晶和紫色的蓝宝石容易混淆，后者以前被称为东方紫晶，在 18 世纪中期才被区分开来。术语"amethystine"有时也用来形容紫色的宝石材料，如玻璃。紫晶可能会与紫色尖晶石和紫色石榴石混淆，不过两者都可以通过其均质体的性质来区分。颜色较浅的材料可能会与锂辉石品种的紫锂辉石和粉色的方柱石混淆。坦桑石，以及掺杂钒的合成刚玉会产生紫粉色到蓝色的颜色变化，从而用来仿制变石，这两者都可以出现类似紫晶的多色性颜色。所有这些容易混淆的宝石都可以通过较高的折射率来加以区分。

▼ 重 20.01 克拉有色区的紫晶（左）和 17.74 克拉紫晶，热处理后为"烧焦"的黄棕色黄水晶（右）

黄水晶

黄水晶是石英的金色品种，从淡黄色到棕橙色不等。黄水晶是一种广受欢迎的宝石，因为它的颜色温暖，耐用，价格也够实惠。黄水晶具有柠檬色，所以其英文名字来源于法语中的"citron"和拉丁语中的"citrus"（这两个都与柠檬有关）。天然色彩的黄水晶是罕见的，市场上大多数黄水晶宝石是由紫晶经热处理而来，偶尔也有烟晶经处理的产物。黄水晶自古以来就被用于制作珠宝，一些文物中的雕刻宝石有热处理的迹象，这表明热处理紫晶以获得黄水晶的过程可能已经使用了 2 000 多年。

这个品种产自伟晶岩和热液矿脉中。天然黄水晶虽然罕见，但在许多国家都有发现，包括巴西、玻利维亚、西班牙、马达加斯加、美国、赞比亚、俄罗斯、挪威和澳大利亚。而用于加热处理的紫晶的产地包括巴西和乌拉圭。所有的黄水晶晶洞都是经过热处理的紫晶，由于处理后的晶洞比紫晶洞更脆弱，所以应该小心摆放。

黄水晶的颜色范围很广。天然黄水晶是淡黄色、黄绿色、黄橙色，直至棕色，棕色的类型也被划分为烟晶。通过热处理产生的黄水晶具有更丰富的颜色，并具有天然宝石中所没有的红色色调。天然黄水晶有弱多色性，为黄色或亮黄色，而热处理的黄水晶缺乏多色性。不同的颜色被赋予了不同的名称——橙色至红棕色被称为马德拉黄水晶，金色被称为金黄水晶，

▼ 黄水晶宝石的颜色范围

而来自巴西帕尔梅拉矿的紫晶进行热处理后产生了一种柔美的橙色，被称为帕尔梅拉黄水晶。最理想的颜色是深红橙色或没有褐色色调的浓烈的黄色，以及柠檬色。黄水晶的颜色目前还没有完全被了解，但有几个已知的原因。这些原因是：铝取代硅，再加上辐照（类似于烟晶）的产物；铁取代晶体结构中的硅；铁的存在与加热影响，导致形成亚微观的氧化铁颗粒。由于天然紫晶本身含有铁杂质，所以对其进行热处理就可以产生黄水晶。这种颜色变化可以通过辐照处理来逆转。热处理过的紫晶会被当作黄水晶出售，虽然这些处理应该被披露，但市场上却很少这么做。

同样含有锂的烟晶（天然的或经过人工辐照处理的无色石英）在进行280℃以下的加热处理时可产生绿黄色，在市场上以柠檬石英、酸橙黄水晶或欧鲁韦尔迪（葡萄牙语表示绿色黄金）的商品名出售。它具有多色性，为黄色或黄绿色，不具有加热处理后的紫晶中所见的红色。这种材料主要来自巴西。

大多数黄水晶宝石都是无瑕的。通过热处理紫晶形成的黄水晶含有与紫晶相同的包体——两相包体、其他矿物、可以拿来鉴定的虎纹和重复双晶。黄水晶可以形成大的晶体，已知有数千克拉的巨大无瑕宝石。它可以

▶ 来自西班牙萨拉曼卡的133.32克拉带浅色条纹的刻面黄水晶

◀ 一颗绚烂切工的20.45克拉柠檬黄水晶背面凹陷刻面，可能辐射处理过，然后再通过热处理产生颜色

被琢型成各种尺寸和使用各种切工，包括特别流行的绚烂切工。由于宝石通常重达 20 克拉，黄水晶常被用作吊坠、耳环和戒指的主宝石。较小的材料可以被抛光或滚压成珠子。黄水晶还可以进行雕刻。

　　合成黄水晶是通过水热法制造出来的，加入铁杂质可以创造出更为饱满的颜色。它缺乏天然黄水晶的天然包体和颜色分区，但可能有面包屑状包体。黄水晶经常与金黄色的黄玉和红橙色的帝王黄玉相混淆。由于黄玉是一种更有价值的宝石，黄水晶（特别是加热过的材料）经常被冠以黄玉石英、金黄玉的商品名进行销售，而棕红色的品种则被称为马德拉黄玉。这些名称都具有误导性，不应使用。其他类似的宝石包括黄色蓝宝石、金色的绿柱石品种金绿柱石、黄色的方柱石和黄色磷灰石。拥有较深的橙色至红色的黄水晶可能和一些石榴石混淆。它们可以通过不同的折射率和其他光学性质来区分。

紫黄水晶

　　这种双色石英品种有着明显的紫色和黄色色区，因其在颜色上结合了紫晶与黄水晶而得名。玻利维亚圣克鲁斯是天然彩色紫黄水晶的一个重要的产地，从 20 世纪 70 年代开始在市场上进行销售。紫黄水晶晶体产出在断裂的白云质石灰岩的热液矿脉中。当垂直于晶轴切开一个黄水晶时，它可能显示出六个紫色和黄色的交替色区，就像一个辐射警告标志。目前仍不清楚是什么机制或地质条件导致了这种扇形的颜色分区，尽管有人认为黄水晶部分的扇形是因为具有较高的铁或水含量。天然材料可能被加热和辐照处理以产生紫

▲ 来自玻利维亚重 10.50 克拉的紫黄水晶，花式切工，以充分利用颜色分区

黄两色，而紫黄水晶是可以人工合成的。因此，这种宝石在市场上不是特别罕见。宝石级是透明的，常见的重量可达 30 克拉。紫黄水晶经常被雕刻、琢型成双色宝石（如细长型祖母绿切工或花式切工），从而对宝石颜色进行艺术性加工。合成紫黄水晶自 1994 年开始生产，很难与天然宝石区分。其紫晶扇面通常缺乏天然紫晶的重复双晶片状结构。

绿水晶

绿水晶是显晶质石英的透明绿色品种。它因其颜色而得名，源自希腊语 "praso"，意为韭葱。它在自然界中极少，仅在加拿大、纳米比亚和波兰等少数地方发现。市场上几乎所有的宝石都是来自特定地区的热处理后的紫晶，包括巴西米纳斯吉拉斯州的蒙特苏马矿。紫晶加热到 400 ~ 500 ℃会产生浅绿色的颜色，而且这种处理产生的颜色是稳定的。这些宝石的颜色类似于橄榄石。绿水晶可以通过伽马射线进一步处理，然后加热，创造出深紫蓝色的蓝莓石英，类似于坦桑石。还有一种与绿水晶不同的深绿色石英，有时在市场上被称为绿紫晶。这是通过对巴西南里奥格兰德州晶洞中的高含水量紫晶进行辐照处理产生的。在查尔斯滤镜下绿紫晶显示红色，而绿水晶仍然是绿色。

芙蓉石

这是一种罕见的显晶质石英品种，颜色从柔粉色到桃红色。芙蓉石一般为非常轻至中等色调，纯粉红色或紫粉色最为理想。

芙蓉石产于世界各地的花岗伟晶岩和热液矿脉。巴西和马达加斯加是主要产地，在美国、俄罗斯、

▲ 由紫晶热处理产生的重 11.64 克拉的浅绿水晶

◀ 巴西米纳斯吉拉斯的稀有、形态良好的芙蓉石晶体

▶ 一块来自巴西、重25.55克拉的芙蓉石，含有乳白色的显微级包体

斯里兰卡、缅甸、印度、阿富汗、纳米比亚、南非和莫桑比克也有发现。

芙蓉石有两种类型。数量更多的类型是以半透明的块状出现，而不是发育良好的晶体。它具有均匀的乳粉色，不透明到半透明，很少为透明的。导致这种玫瑰色的原因有很多争论。目前的研究表明，一种与蓝线石有关的矿物微观纤维状包体造成了颜色和朦胧的外观。这种芙蓉石是二色性的，有两种粉红色的色调，这是由纤维状包体的优选排列造成的。第二种类型更为罕见，在白色石英上以结晶良好的晶簇或瓣状体的形式出现。它通常是透明的，没有乳白色的特点，并可能显示出颜色分区。造成这种类型的玫瑰色的原因是晶体结构中的铝和磷杂质再加上辐照的结果。由于这种石英在矿物学性质上的不同，它有时被称为粉红石英。它只在少数地方被发现，主要是巴西米纳斯吉拉斯州的磷酸伟晶岩。这种粉红石英对光和热非常敏感，暴露在紫外线下颜色会迅速褪去，不过可以通过辐照恢复颜色。这种类型的宝石应储存在黑暗中，并在晚上佩戴，以保护其颜色。

第一种类型的半透明至不透明的芙蓉石被雕刻、塑造成较大的装饰品，如石英球，并被用于弧面型、珠子和刻面宝石。第二种类型的透明的晶体比其他石英品种小，因此成品宝石也小得多。透明宝石通常在30克拉以下，较大的宝石则会有更好的颜色。

虽然大多数芙蓉石由于微小的纤维状包体而呈乳白色，但它通常不包含肉眼可见的其他包体。如果纤维状包体排列整齐，并以弧面型或球型的方式切割，芙蓉石可能会显示出六射的星光效应或猫眼效应。奇怪的是，这种星光效应可以通过反射和透射光看到。有些非常罕见的大块芙蓉石会显示出一种不寻常的光学现象，被称为廷德尔散射。进入宝石的光线被大小与可见光波长相似的微小包体散射，蓝色的光比其他颜色的光散射得更多，所以宝石呈现出蓝色的外观。

合成芙蓉石使用水热法生成，过程中添加铝和磷，然后进行辐照处理产生粉红色。

芙蓉石会与同样是浅粉红色的绿柱石品种摩根石和锂辉石品种紫锂辉石混淆，但其光学性质不同。

▲ 一个重 157.39 克拉的芙蓉石球，显示星光效应，带有透射（未反射）光。来自美国缅因州，直径 2.8 厘米

▼ 来自南非奥兰治河的抛光弧面型鹰眼石，在波纹带上显示出猫眼效应

石英猫眼品种——猫眼、虎睛石、鹰眼石

这类石英品种一般为半透明到不透明，由于其纤维状的内部结构，表现出华丽的丝绸状猫眼效应。石英猫眼的颜色有黄色、棕色、绿色和较为少见的蓝色，含有许多排列整齐的纤维状或针状包体。这些包体可能是石棉状矿物，如青石棉或绿色阳起石。当切割成弧面型时，就可以看到猫眼效应，不过比金绿石猫眼更模糊一些。石英猫眼产自斯里兰卡、印度和巴西。

虎睛石以其金黄色和巧克力棕色的光带而闻名，而知名度不高的鹰眼石（或猎鹰眼）则呈现淡蓝色调的灰色。这些石英品种介于显晶质石英和隐晶质石英之间。它们含有矿物青石棉（蓝色石棉），虽然其已硅酸化，但保留了纤维结构。鹰眼石含有部分硅酸化青石棉，产生深蓝色至灰色光带。虎睛石则是完全硅酸化的，青石棉被石英和氧化铁（褐

▼ 镶在金针上的虎睛石，显示出猫眼效果。来自南非

铁矿或针铁矿）替代，形成金黄色到棕色的光带。两者均形成于铁矿床中，青石棉在薄的矿脉中沿着垂直于矿脉边缘的方向生长。大部分虎睛石和鹰眼石产自南非，少量产自澳大利亚。两者的抛光效果都不错，具有玻璃般的光泽，可用作宝石、珠子、把玩、装饰物和装饰石的贴片。猫眼效应是非常漂亮的，眼线会穿过纤维状的波纹移动，当石头转动时，交替的颜色会出现反转。虎睛石比鹰眼石更明亮，也可以进行漂白处理以使颜色变浅。虽然青石棉具有非常明确的危险性，但鹰眼石和虎睛石是安全的宝石材料，因为这些矿物纤维已经嵌入石英内部并发生硅酸化了。

东陵石

东陵石的金属闪光效应是由于含有微小薄片所致的，这种现象被称为砂金效应。它最常见的是深绿色，含有铬白云母（白云母的富铬品种）包体。含铁的氧化物如赤铁矿包体较为罕见，会产生红色至金棕色的砂金效应。东陵石和砂金效应这个英文名字来自意大利语 "aventura"，意思是偶然，据说是因为意外地创造了一种有含铜包体的闪亮的人造玻璃，称为金星玻璃或砂金玻璃。东

▲ 含铁氧化物的东陵石，抛光成13.1克拉的心形弧面型切割，来自美国内华达州

陵石通常被归类为显晶质石英，它由相互交织的石英晶体组成紧凑的颗粒状结构，严格意义上说更像一种岩石。它有时被归类为隐晶质石英，但其晶体通常不是微观的。东陵石的产地是巴西、印度、俄罗斯、坦桑尼亚、奥地利和挪威。颜色饱满的绿色东陵石可能会与祖母绿和玉石混淆，但在放大镜下可以通过片状包体来区分。褐色颜色的品种可能会与砂金长石（如日光石）和人造金星玻璃混淆。

隐晶质石英

成分：二氧化硅（SiO_2）、杂质、水
晶系：三方晶系（隐晶质）
莫氏硬度：6.5 ~ 7
解理：无
断口：参差状、碎裂状
光泽：玻璃光泽、蜡状光泽
相对密度：2.55 ~ 2.91
折射率：1.530 ~ 1.553
双折射率：0.004 ~ 0.009
光性：一轴晶正光性
色散：无

▼ 棱柱形的玉髓珠子，主体颜色为褐色，因光线的散射而呈现出蓝色

玉髓

　　玉髓这一术语包含了许多不同品种的石英的致密集合体。本文主要列出了广受欢迎的品种。玉髓以层状形式出现在空洞和矿脉中，呈圆形的葡萄状集合体和钟乳状。它由富含二氧化硅的凝胶液体在接近地表的地方于低温环境下形成。二氧化硅的来源是岩石的风化，玉髓在火山岩和沉积岩中都很常见。

　　科学定义上玉髓一词只适用于隐晶质品种，其中的微小晶体在纤维状结构中平行生长，其方向与带状或层状结构垂直。这个定义不包括碧玉，因为碧玉是一种微晶粒状结构。在宝石贸易中，玉髓一词通常用于不属于任何其他品种的乳蓝色至乳灰色材料。蓝色是由光线的瑞利散射造成的，这种现象是指进入宝石的光线被比光的波长小得多的微小颗粒所反射和散射。由于波长较短

的蓝光被散射得比其他颜色更多，使得玉髓呈现蓝色。这一现象也解释了为什么天空呈现蓝色，因为阳光会被空气中的气体分子散射。瑞利散射与廷德尔散射类似，但来自较小的颗粒。蓝色品种产自美国、印度、巴西、乌拉圭、马达加斯加、纳米比亚和俄罗斯。

燧石及其结核形式的火石，是由隐晶石英（包括纤维状的玉髓和微晶粒状的碧玉）和杂质组成的富含石英的致密岩石。它们具有历史和文化上的意义，因其韧性而受到重视，并被加工成锋利的工具。箭镞除了用作武器外，有时也被用作吊坠佩戴。其可以进行良好的抛光，并被做成珠子。燧石通常为白色至灰色，有时为红色或绿色。燧石的颜色一般较深，经常以结核的形式出现在白垩或石灰岩地层中。当敲击钢铁时，燧石会产生火花，可以用来点火。

玛瑙

玛瑙是玉髓的半透明具带状纹的品种，具有厚度、颜色和半透明程度不同的带状纹。玛瑙这个英文名字最早是由古希腊哲学家泰奥弗拉斯托斯在《论石》中使用的。玛瑙作为内衬矿物或者填充矿物形成于岩石空洞中。大多数以结核形式出现在火山岩中，直径从 1 厘米到 50 多厘米，但也有一些在沉积岩或热液矿脉中形成。玛瑙形成的确切过程仍有争议，其中一种理论认为是由二氧化硅凝胶液体有节奏地分步结晶形成。玛瑙从空洞的表面向内生长，生长全层呈同心带、水平层或混合状。它可能会填满空洞，或形成一个中心中空的晶洞，通常最后一层是闪亮的石英或紫晶。原地埋藏的水平分层的玛瑙用作测量倾斜度，通过各层与水平面的倾斜角度来测量主岩形成后的地质变动。

埃及是玛瑙的历史产地，其实它在世界各地都有产出。至少从 1548 年起，在德国的伊达尔奥伯施泰因地区就开始进行开采和加工。19 世纪初，德国移民在巴西发现了大量的玛瑙和紫晶矿藏，这些稳定的矿产被直

▶ 来自墨西哥奇瓦瓦的珍贵的拉古纳玛瑙结核的抛光片

接装船运往伊达尔奥伯施泰因。时至今日，伊达尔奥伯施泰因仍然是玛瑙最重要的宝石加工中心。最重要的矿藏是在巴西和乌拉圭。其他产地包括阿根廷、墨西哥、摩洛哥、马达加斯加、美国、澳大利亚、印度、中国和英国。玛瑙被广泛用作宝石材料，包括用于做成弧面型、珠子、雕刻、装饰品和研磨钵。纹层平直的类型是浮雕和凹雕宝石的完美选择，可以利用其纹层清晰的对比色来进行设计。

玛瑙可以形成任何颜色，其不同的颜色纹层由不同的矿物杂质造成。灰色和白色是最常见的，也是成分比较纯净的。棕色、红色和黄色是由铁的氧化物引起的。这些层具有不同的半透明性，在透射光和反射光下观看时，往往出现奇妙的颜色反转。玛瑙是多孔的，通常被染成各种颜色，包括不自然的亮蓝色、粉红色和绿色。不同的纹层对染料的吸收是不同的，这进一步突出了带状的效果。染料可能不稳定，处理应始终予以披露。

玛瑙的类型取决于其颜色和图案、包体或来源：

- 城堡玛瑙——有棱角般的带状图案，类似中世纪棱堡的平面图。
- 眼玛瑙——圆形同心环状纹层，像一只眼睛。

- 花边玛瑙——扇形或之字形的带状纹层，类似花边。蓝色花边玛瑙产于纳米比亚，而墨西哥的疯狂花边玛瑙有着明亮的、通常是红色的复杂图案。
- 火玛瑙——棕褐色的葡萄状表层上闪耀着彩虹般的虹彩。这种效果是由于玉髓的细腻纹层上有铁的氧化物涂层，如针铁矿。光线从非常薄的矿物层中衍射出来，创造出彩虹般的效果。一般火玛瑙的弧面型切割是不对称的，会沿着不规则的色块层进行切割，从而能呈现彩虹色的晕彩效应。火玛瑙发现于墨西哥和美国亚利桑那州，其中精美的宝石可以与蛋白石媲美。

树枝玛瑙、苔纹玛瑙、苔藓玛瑙，此类玛瑙树枝状包体（树枝晶）镶嵌在半透明无色、淡黄色或灰色背景中。虽然缺乏真正的玛瑙条带（因为玛瑙和玉髓的区别就是是否有条带），但是它们是传统上所认为的玛瑙品种之一。树枝玛瑙由黑色、棕色或红色的铁锰氧化物组成的树枝晶，原产地包括巴西、印度和美国。苔纹玛瑙是最早发现于也门穆哈的一种树枝玛瑙，有黑色的锰树枝晶，类似于黄色背景中的树木或景观。苔藓玛瑙含有绿泥石或角闪石构成的苔藓状绿色包体，可氧化为棕色和红色。它最出名的产地是印度，其他来源包括美国、加拿大、中国和英国。树枝玛瑙经过仔细打磨，可将其包体漏出表面，类似树木或景观的石头非常有价值。苔

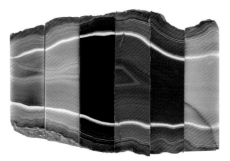

▲ 显示天然（最左边）和人工染色颜色的玛瑙切片系列

▼ 雕刻精美的苔藓玛瑙杯

藓玛瑙常常做成薄片，以突出包体，主要作为弧面型切割或装饰物。

▲ 一只玛瑙雕成的老鼠，利用了带状结构（8.2厘米高），旁边是同一玛瑙的抛光部分。由格雷格·雷德尔雕刻

缟玛瑙

缟玛瑙是一种具有黑色或平直带状结构的玉髓，所以可以归入玛瑙大家庭，但通常被认为是独立的品种。它通常是黑色或深棕色，带有白色的条纹。传统上，缟玛瑙被用于制作浮雕，在黑色背景下以白色浮雕方式雕刻图像。黑色层通常是不透明的，可以单独使用。其他玛瑙通常可以通过染色处理来制作缟玛瑙。方法是将其浸泡在糖溶液中，然后在硫酸中加热，使黑碳沉积在孔隙中，形成黑色或深色的纹

◀ 弧面型切割缟玛瑙，有黑色、棕色和白色的直条纹

层。这种处理方法自古以来就被使用，经过处理的玛瑙很难与天然缟玛瑙区分开来。缟玛瑙不应与不相关的缟状大理石相混淆——这是一种更软的、褐色的、拥有带状方解石结构的大理石，用于装饰和雕刻。

肉红缟玛瑙

肉红缟玛瑙，顾名思义，是肉红玉髓和缟玛瑙的混合体，有棕橙色或红白相间的条纹。

肉红玉髓

肉红玉髓是半透明的棕色或棕橙色玉髓，与红玉髓的区别在于色调

较棕。这种颜色是由铁的氧化物杂质造成的。肉红玉髓没有带状纹层。它以结核形式出现在玄武岩等火山岩中，与玉髓和玛瑙的环境相同，产自印度、巴西和乌拉圭。

红玉髓

红玉髓，或称麦加石，是半透明的橙色至橘红色的玉髓，由铁的氧化物杂质（特别是赤铁矿）致色。红玉髓是没有带状条纹的，其颜色分布可能是混浊不清的。而统一的鲜红色和橙色是最有价值的。红玉髓以结核形式出现在火山岩中，通常是玄武岩，与玉髓和玛瑙的环境相同。它产自巴西、乌拉圭和埃及，精美漂亮的材料则来自印度。它与肉红玉髓的区别在于其为橙红色。带有棕色或黄色调的红玉髓经过热处理后会产生更红的颜色。其他玉髓种类（如玛瑙），虽然经过染色和热处理，形成了红玉髓的颜色，但在透射光下是可以看出其带状区别的。

▲ 来自英国自然历史博物馆汉斯·斯隆爵士收藏的红玉髓雕花碗，可追溯到 1750 年以前

绿玉髓

绿玉髓是玉髓中的薄荷绿至苹果绿品种，也是最有价值的品种。这个名字来自希腊语，其中"chryso"，意思是金色，"praso"意思是韭葱，意指其蓝色至黄色色调的绿色。绿玉髓的透明度范围从接近透明到不透明，最理想的绿玉髓是半透明的、饱和且均匀的色调。它的颜色是由富含镍的矿物的微观包体造成的，而铁的存在会产生淡黄色的泛光。

绿玉髓形成于变质的含镍基性岩（如蛇纹岩）的空洞或矿脉中，或在上覆红土中。历史上绿玉髓产自波兰，现在大多数绿玉髓产自澳大利亚昆士兰州的马尔堡，以其细腻的半透明的绿色而闻名。其他产地包括坦桑尼亚、巴西、印度、马达加斯加、澳大利亚、俄罗斯和美国。一些绿玉髓的颜色在强光或高温下会褪色，但据一些研究报道说通过补充水分可以恢复。绿玉髓的颜色、光泽和韧性都和玉石非常相似，从而成为玉石的仿制宝石之一。当然绿玉髓自己也会被用铬或镍进行染色或着色的玉髓以及绿色玻璃所模仿，绿色玻璃可以其中的气泡和旋涡状包体作为鉴定特征。绿蛋白石是一种具有相同颜色的普通蛋白石，其绿色也是由镍致色的。它和绿玉髓会在一些相同的地方被发现，但因其折射率和密度不同而有所区别。柠檬绿玉髓是一种在西澳大利亚发现的黄绿色宝石材料，由石英和菱镁矿组成，有时和绿玉髓共生。

葱绿玉髓和其他的绿色隐晶质石英

绿色的隐晶石英品种很多，根据其不同的外观而进行命名。有些品种如葱绿玉髓、深绿玉髓和血滴石，定义模糊，在一些参考文献中被一起归类为玉髓，而在另一些文献中则被归类为碧玉。葱绿玉髓这个名称适用于中等至深色的韭菜绿色石英，其颜色由阳起石或绿泥石等矿物的包体造成。该名称源自希腊语"praso"，意思是韭葱。该名称的使用随着时间的推移而改变，最初是指一种绿色的石英岩，然后变成了隐晶质的绿色石英，包括不透明的绿色碧玉和半透明的绿色玉髓。今天，这个名字指含有阳起石包体的显晶质绿色石英。葱绿玉髓与绿水晶（浅绿色透明石英）、韭绿泥石（绿泥石的一个韭葱绿色品种）和绿蛋白石（一种由镍着色的亮绿色普通蛋白石）不同。

深绿玉髓是一种深绿色的隐晶质石英。这个名字适用于不透明的绿色碧玉，以及半透明的绿色玉髓，它通常比葱绿玉髓颜色更深，透明度更低。

这种颜色可能是由绿泥石等包体造成的，而且有时会有淡黄色或白色的斑点。产地包括印度、马达加斯加、埃及和美国。血滴石，是不透明的深绿色，颜色由阳起石或绿泥石的微观包体造成，有类似血点般的由铁的氧化物造成的红色斑点。由于与血液、生命力和勇敢有关，它一直被用作为护身符。它在许多地方都有产出，包括印度、巴西、美国、澳大利亚和中国。铬玉髓，是一种来自津巴布韦的绿色玉髓，由铬着色。它与绿玉髓非常相似，但在查尔斯滤镜下显示为红色，而绿玉髓仍然是绿色，这点可以用来进行鉴别。铬玉髓是罗马时代的宠儿，产自土耳其。

碧玉

碧玉是石英的一个隐晶质颗粒状不透明品种，因为不是纤维状，因此在科学定义上被排除在玉髓的范畴外。但它有时会被认为是玉髓的一个品种。它的矿物杂质含量很高，通常因含铁的氧化物而呈红色、黄色和棕色。它经常是色彩斑斓的，并有各种不同的独特图案。这个名字来源于古法语中的"jaspre"，意思是有斑点的石头。几千年来，它一直是一种流行的宝石，用于雕刻、装饰和镶嵌，或者做成弧面型宝石和珠子。

该品种形成于变质岩和沉积岩的岩层中，如带状铁矿层。它产出于火山岩的矿脉和裂缝中，与玉髓和玛瑙伴生，但并不形成晶洞。偶尔也会在

◀ 45.8 克拉的弧面型切工半透明绿玉髓

▶ 雕刻成浮雕的血滴石

火成岩（如花岗岩）中形成矿脉。它在世界各地都有发现，包括印度、澳大利亚、美国、埃及、巴西、乌拉圭、加拿大、墨西哥、马达加斯加和俄罗斯。

碧玉品种繁多，因其外观或发现地点而得名如下：

◀ 来自西澳大利亚的弧面型磨光摩卡石

▼ 马达加斯加的海洋碧玉

- 圆形碧玉——具有同心圆环状纹，有些看起来像圆圆的"眼睛"。豹纹碧玉有棕褐色的环，而海洋碧玉有多种颜色的环，通常是深绿色，产自马达加斯加的一个沿海地区。

- 埃及碧玉——其中一类为深红至黄色的碧玉，还有一类是带有细的黑色条带纹的浅棕色碧玉。

- 苔藓碧玉——苔藓玛瑙的不透明版本，含角闪石包体。

- 风景碧玉——其图案可以描绘成场景或风景，美国俄勒冈州产出的标本的图案非常生动。

- 玛瑙碧玉——不透明带状碧玉。

- 摩卡石——有温暖的红色、黄色、棕色和淡紫色，产自西澳大利亚的穆卡溪。

碧玉可以被染色，这种处理很稳定，可以被检测出来，也可以通过热处理来改变颜色，这也是很稳定的，但完全检测不到。

木变石

石化或化石化的木材，是指木材细胞已被二氧化硅所取代，但保留了其细胞结构。它有可能出现在所有的隐晶质石英品种中，包括玛瑙和碧玉。骨头和珊瑚的化石也可以被玉髓所取代。

菱锰矿

成分：碳酸锰（$MnCO_3$）
晶系：三方晶系
莫氏硬度：3.5 ~ 4
解理：完全
断口：贝壳状、参差状
光泽：玻璃光泽、珍珠光泽
相对密度：3.40 ~ 3.72
折射率：1.578 ~ 1.820
双折射率：0.201 ~ 0.220
光性：一轴晶负光性
色散：0.015

▲ 来自阿根廷卡皮利塔斯的"印加玫瑰"菱锰矿，其具带状纹的抛光板非常漂亮

▼ 南非卡拉哈里锰矿区 7 厘米宽的菱锰矿晶体样品

菱锰矿因其诱人的覆盆子红色和淡淡的乳白色条纹而广为人知。它在宝石贸易中并不常见，而华丽、透明、饱满的粉红色的刻面宝石就更为罕见了。这个名字来自希腊语，其中"rhódon"，意思是玫瑰，而"chro"意思是彩色的，其颜色则来自它所含的锰。

这种矿物通常是不透明至半透明的细粒块状或带状集合体。它以矿脉、钟乳石或结核的形式出现，表现为弯曲的不规则的条带结构。菱锰矿是三方晶系的一员，在少数情况下会形成透明的晶体，以菱形六面体或偏三角面体为主。其晶体标本和透明的刻面宝石是收藏家的最爱之一。

菱锰矿形成于低到中等温度的热液矿脉中，也存在于沉积型锰矿床或交代型矿床。几十年来，阿根廷一直是带状和钟乳状材料的主要来源。它是阿根廷的国家宝石，也被称为"印加玫瑰"。在美国科罗拉多州矿产出发育良好的晶体，它也是该州的州宝石。其他产地包括南非的卡拉哈里锰矿区、中国广西的梧桐矿和秘鲁的几个地方，以及德国、罗马尼亚、墨西哥、日本和巴西。

菱锰矿拥有美丽的深色到浅粉色、白色或淡黄色的带状结构，边缘有锯齿状或花边。从钟乳石中生长出来的菱锰矿在切片时会展现出美丽的同心带纹。菱锰矿被用作观赏石，或被制成弧面型和珠子，以突出其特点。刻面宝石非常罕见，颜色范围从深红色、玫瑰粉色到橙红色。它们可能是无瑕的，或带有两相或三相包体和部分愈合的裂缝。由于双折射率很高，可以看到强烈的双折射效应。菱锰矿是一种脆弱的宝石材料，莫氏硬度低至 3.5 ~ 4，在三个方向有完全的菱形六面体解理。以上特点再加上它的相对稀有性，使它成为收藏级的宝石。它具有玻璃光泽，在解理面上可能是珍珠光泽的。不透明的材料可以显示整个带状结构的光泽和抛光质量的变化效果。

菱锰矿需要小心对待。最好将其使用于有保护措施的佩戴首饰，如吊坠和耳环，并单独存放以防止划伤。作为一种碳酸盐矿物，它会与酸发生反应，所以要避免与家用清洁剂、香水和发胶接触。它也略微溶于水，所以要用湿布擦拭干净。菱锰矿的外观与蔷薇辉石相似，但可通过较低的硬度、菱形六面体解理和带锯齿的边缘来区分。

▲ 来自美国科罗拉多州重 3.64 克拉的阶梯型切割菱锰矿

蔷薇辉石

成分：
硅酸锰 [CaMn$_3$- Mn(Si$_5$O$_{15}$)]
晶系： 三斜晶系
莫氏硬度： 5.5 ~ 6.5
解理： 完全
断口： 参差状、贝壳状
光泽： 玻璃光泽、珍珠光泽
相对密度： 3.40 ~ 3.76
折射率： 1.711 ~ 1.752
双折射率： 0.010 ~ 0.014
光性： 二轴晶正光性
色散： 无

蔷薇辉石是一种硅酸锰矿物，其迷人的玫瑰粉色是因其所含的锰。它的英文名字来自希腊语"rhódon"，意思是蔷薇。它为三斜晶系，主要为不透明到半透明的深粉色致密或颗粒状集合体。锰的氧化物形成的黑色树枝状包体是一个常见的鉴定特征，这给了它有吸引力的外观。当结晶良好时，蔷薇辉石能生成片状或细长的棱柱状晶体。透明的宝石级材料极其罕见，会被切割成极好的玫瑰粉色、红色或棕红色的宝石，并且具有明显的红色到橙色的多色性。

蔷薇辉石存在于富含锰和钙的矽卡岩中，这是一种在硅酸盐岩或岩浆熔融体与碳酸盐岩石的接触处形成的变质岩。在俄罗斯的乌拉尔山脉和坦桑尼亚开采了大量的蔷薇辉石。澳大利亚的布罗肯山、巴西的莫罗达米纳矿、中国和秘鲁都有宝石级的晶体产出。其他产地包括美国的新泽西和加利福尼亚、日本、马达加斯加、墨西哥和瑞典。

蔷薇辉石硬度适中，莫氏硬度为5.5 ~ 6.5。它在两个相互角度几乎是90度的方向上有完全的解理，这让平时对待其需要小心谨慎，以避免划痕

▶ 来自澳大利亚新南威尔士州布罗肯山的与银色方铅矿共生的蔷薇辉石的宝石级红色晶体

和磕碰。其光泽是玻璃光泽到暗淡光泽，或在解理面上有珍珠光泽。不透明的材料因其粉色和黑色颜色对比而受到追捧，被制成弧面型和珠子，并作为装饰宝石用于装饰、雕刻和瓷砖。漂亮透明的暗红色晶体标本和刻面宝石则是收藏家的最

▲ 来自罗马尼亚的具有典型黑色脉纹的蔷薇辉石制成的装饰盒

爱之一，但由于其脆弱的性质，很少应用于珠宝中。蔷薇辉石可以通过其较高的硬度和黑色的脉纹与外观相似的菱锰矿区分开来。

方柱石

▼ 4.5 厘米高的方柱石晶体

成分：
　钠钙铝硅酸盐 [$Na_4Al_3Si_9O_{24}Cl$ 至 $Ca_4Al_6Si_6O_{24}(CO_3)$]
晶系：四方晶系
莫氏硬度：5～6
解理：中等
　　　（还有一组不完全解理）
断口：贝壳状
光泽：玻璃光泽
相对密度：2.50～2.78
折射率：1.531～1.600
双折射率：0.004～0.037
光性：一轴晶负光性
色散：0.017

　方柱石以诱人的黄色、粉色和紫色以及精美的猫眼效应而闻名遐迩，但尽管颜色美丽，却往往只能用作收藏。在矿物学上，方柱石是一个矿物族，富含钠的端元成员钠柱石（$Na_4Al_3Si_9O_{24}Cl$）和富含钙的端元成员钙柱石（$Ca_4Al_6Si_6O_{24}CO_3$）之间形成类质同象。术语"wernerite"用于介于两者之间的中间成员或有着强烈荧光效应的方柱石。由于很难从视觉上区分这两种端元成员，而且成分通

常是混合的，方柱石宝石通常被称为
"scapolite"。这个名字被认为是来自希
腊语中的柱、棒或杆，特指其晶体形状。

方柱石为四方晶系，晶体倾向于形
成细长的棱柱状，横截面呈方形，有锥
形的晶端，柱面发育条纹。颜色范围包
括无色、淡黄色、淡粉色和紫色、红棕
色和灰色。紫色和黄色的刻面宝石最受
欢迎。方柱石有多色性，显示出两种不
同的颜色：粉色石头是淡粉色、无色，
黄色石头则是淡黄色、无色，紫色石头
有强烈的紫色、深蓝色。方柱石以其能
在紫外线下常显示出强烈的荧光而闻
名，其荧光颜色范围包括黄色、红色、
粉红色、蓝色和白色。

方柱石可以产出大的透明晶体，已
知的最大的刻面宝石中无色的超过 100
克拉，而黄色的也超过了 70 克拉。许

▲ 来自巴西重 76 克拉的无瑕的阶梯型切割方柱石

▼ 一颗重 3.04 克拉的透明猫眼方柱石，拥有锐利的眼线，来自缅甸

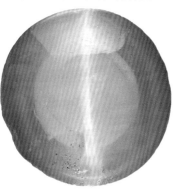

多刻面宝石都是无瑕的。包体可能是针状物、空心管和其他矿物的固体晶
体。在粉色、棕色、灰色、蓝色和白色的宝石中，当切割成弧面型时，方
柱石可能会因许多平行的包体而产生特别漂亮的猫眼效应。偶见能产生四
射的星光效应。有的方柱石包体还能呈现出美丽的虹彩。

这种矿物形成于变质岩，如大理岩、矽卡岩和片麻岩。在变质等级较
高的岩石中钙柱石更为普遍。方柱石也可能出现在火成岩中。

虽然方柱石是一种相当常见的矿物，但宝石级的却很罕见。主要产地
包括缅甸的抹谷，这里生产各种颜色的猫眼方柱石，包括粉红色，以及无

色、黄色、粉红色和紫色的刻面宝石。马达加斯加出产透明的黄色石头，巴西出产无色到金黄色的刻面宝石，肯尼亚出产紫粉色的石头，坦桑尼亚出产橙色到粉色的猫眼石和黄色石头，还有一种紫色的品种，以商品名"petschite"出售。阿富汗和塔吉克斯坦出产紫色方柱石，而加拿大则以出产大量不透明的黄色或灰色的与透辉石交织生长的方柱石而闻名，这些材料被制成具有强烈荧光效应的迷人的弧面型宝石。

中等的硬度和中等的解理意味着方柱石需要小心处理，避免强烈的碰撞。如果镶嵌在珠宝上，应使用保护性的镶嵌设置，而且方柱石对于日常佩戴来说也不够耐用。方柱石一般不经处理。黄色或无色的材料可以通过辐照产生紫色，但颜色并不稳定，这有别于天然的紫色方柱石。热处理也可以改善颜色，但无法被检测。

有时，方柱石会被误认为是石英品种的水晶、黄水晶和紫晶，因为它们的颜色相似，密度、折射率和双折射率的数值也很接近。粉红色的品种与紫锂辉石和黄玉相似。方柱石可以通过其荧光效应和较低的硬度来鉴别。同时它的光学性质为负光性（石英是正光性），可能有较高的双折射率。

硅线石（夕线石、矽线石）

成分：硅酸铝（Al_2SiO_5）
晶系：斜方晶系
莫氏硬度：6～7.5
解理：完全
断口：参差状
光泽：玻璃光泽
相对密度：3.20～3.31
折射率：1.652～1.685
双折射率：0.014～0.023
光性：双轴晶正光性
色散：0.015

硅线石是一种罕见的宝石，也是对刻面琢型最具有挑战性的矿物之一，但一旦刻面完成，宝石就会具有明亮的多色性闪光，相当漂亮。这种矿物以美国化学家本杰明·西利曼的名字命名，因为它通常形成长的平行纤维状晶体交织生长的块状集合体。这个名字有时仍然适用于透明的刻面宝石。

硅线石是一种常见的变质矿物，存在于高级别变质的片麻岩、片岩和花岗

◀ 一颗重 19.85 克拉的
优质紫蓝色刻面硅线石，
显示出闪耀的棕色多色
性，来自缅甸抹谷

▶ 一种来自缅甸抹谷的
宝石级硅线石水蚀晶体

岩中，很少存在于伟晶岩中。它是硅酸铝在高压、高温环境下的同质多象，与红柱石和蓝晶石的成分相同，但在不同的条件下形成不同的晶体结构。硅线石为斜方晶系。主要是纤维状或块状，罕见细长棱柱状晶体，晶端发育不完整。大多数宝石原石是在冲积砾石矿床中以水磨晶体的形式出现。

　　紫蓝色是最受欢迎的颜色，比较常见的是灰色、灰蓝色、绿色或棕色。纤维状的晶体往往是无色的。硅线石的透明度范围从不透明到宝石级的透明都有，但透明的宝石级极其罕见。硅线石有着强烈的三色性。绿色宝石表现为黄绿色、深绿色、蓝色。紫色的宝石是最漂亮的，切割后可以显示出紫色，并闪耀着黄色和棕色的多色性。虽然极为罕见，但在稀少的大尺寸宝石级晶体中可以创造出华丽的刻面宝石。

　　虽然硅线石作为一种变质矿物广泛存在于世界各地，但宝石级的材料只在几个地方发现：斯里兰卡的拉特纳普勒（产出绿色至灰色品种），印度的奥里萨邦（产出无色至绿色品种），以及缅甸的抹谷（产出最优质的紫蓝色品种）。而在斯里兰卡、印度、马达加斯加和坦桑尼亚产出通常为不透明的灰绿色至深褐色，有纤维状包体并在切割成弧面型时产生锐利猫眼效应的宝石品种。

　　由于其完全的解理和碎裂状的断口，硅线石的切割和抛光难得令人发指。切割后的宝石往往是长方形的坐垫形或椭圆形，以利用细长的晶体形状，并对棱角给予保护。佩戴时应特别小心，并建议采用保护性镶嵌措施。由于拥有类似的黄色多色性的特点，紫蓝色的硅线石可能会与堇青石混淆。

方钠石

成分：
水铝硅酸盐 $[Na_4(Al_3Si_3)O_{12}Cl]$
晶系：等轴晶系
莫氏硬度：5.5 ～ 6
解理：中等
断口：参差状、贝壳状
光泽：玻璃光泽、油脂光泽
相对密度：2.15 ～ 2.40
折射率：1.478 ～ 1.488
双折射率：无
光性：均质体
色散：0.018

方钠石以其饱满的皇家蓝色而闻名于世，被做成弧面型和雕刻。由于其内有白色方解石脉的存在，所以它经常具有斑驳或杂色的外观。它的名字是因为它的钠含量。一种罕见的品种紫方钠石有一个叫作变色荧光的有趣的特性，当暴露在光线下时，其在紫外线下的变色会很快恢复。

这种宝石主要是在霞石正长岩和其他相关的火成岩的矿脉中以不透明的块状产出。偶尔会出现半透明至透明的晶体，由于其属于等轴晶系，晶体倾向于十二面体形状。虽然相对罕见，但其分布还算广泛。加拿大有几个重要的产地，包括安大略省的班克罗夫特，在那里发现了大量的优质矿床，被用来作为装饰石。其他产地包括巴西、印度、纳米比亚、意大利和俄罗斯。

不透明的均匀蓝色是最好的方钠石材料，被用于珠宝的弧面宝石以及珠子。表面斑驳的材料通常显示出一系列的蓝色和白色条纹，被用作镶嵌和雕刻以及装饰石。宝石级的晶体可以被切割成美丽的刻面石头。除了蓝色，方钠石还可能出现灰色、黄色、绿色和粉红色。其在长波和短波紫外线下会发出橙色的荧光，并可能显示磷光。

方钠石很坚韧，在六个方向上都有中等的解理，裂纹遍及石头表面。

◀ 来自纳米比亚库内内的大块方钠石，带有白色方解石脉

▼ 有方解石脉的方钠石弧面宝石

抛光后，它有一种玻璃质到油脂质的光泽。它的莫氏硬度只有5.5 ~ 6，所以会被刮伤，建议采用保护性的镶嵌措施，最好是镶嵌在戒指上。

紫方钠石是方钠石的含硫品种，显示出变色荧光的效果。它主要为不透明至半透明的灰色、淡粉色或绿色的晶体。暴露在紫外线下，颜色会变得更加饱和，会变成紫色、更深的粉红色或绿色。当暴露在如日光这类的白光下时，颜色就会逆转，淡化为较浅或白色的色调。硫的存在被认为是其原因。紫方钠石发现于加拿大和格陵兰岛，阿富汗和缅甸也有少量产出。收藏家将其视为矿物标本而满世界寻找。

方钠石与青金石及其组成矿物的浓郁蓝色相似，通常是青金石的一种更实惠的替代品。它可以从初始解理的裂纹和缺乏黄铁矿晶体包体来和青金石进行区别。方钠石已经可以人工合成。

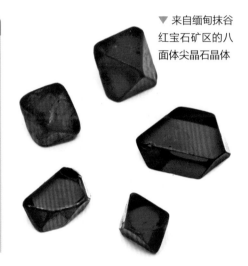

▼ 来自缅甸抹谷
红宝石矿区的八
面体尖晶石晶体

尖晶石

成分：镁铝氧化物（$MgAl_2O_4$）

晶系：等轴晶系

莫氏硬度：8

解理：无

断口：参差状、贝壳状

光泽：玻璃光泽

相对密度：3.50 ~ 4.10

折射率：1.711 ~ 1.742（纯 1.718）

双折射率：无

光性：均质体

色散：0.020

尖晶石作为一种受人追捧的宝石，正迅速流行开来。其色彩范围宽广以及丰富和柔和的颜色，加上高耐用性、明亮的光泽和实惠的价格，使其成为珠宝的绝佳选择。尖晶石的使用已经有两个半世纪的历史，但在之前的许多年里，它与其他宝石（如红宝石和蓝宝石）相混淆，直到最近才被鉴定出来"自立门户"。2007 年在坦桑尼亚的马亨盖发现的鲜红色和粉红色尖晶石，被认为是使天然尖晶石流行的开端。不寻常的颜色，如粉紫色，特别是灰色，如今深受人们的喜爱。它的英文名字来自拉丁语"spinella"，意思是小刺，因为它尖锐的八面体晶体。

耐人寻味的是，这种宝石被称为伟大的"冒牌货"。尖晶石很容易通过人工合成形成各种颜色，大约自 20 世纪 20 年代以来一直被用作各类仿制宝石。但在此之前的几个世纪，尖晶石曾被误认为是其他类似颜色的宝石，特别是拥有鲜红颜色的红宝石。尖晶石和红宝石具有相似的外观和属性，并产自相同的矿床，因此一直被认为是同一种宝石。直到 18 世纪，当科学界能够从化学成分角度区分红色宝石时，尖晶石才被确定为一种单独的矿物。后来人们发现，许多大型和珍贵的"红宝石"实际上是精美的红色尖晶石。这包括英国王室珠宝中的两颗著名的宝石——英王皇冠前的

170克拉黑太子红宝石，以及送给维多利亚女王的项链上镶嵌的352.5克拉帖木儿红宝石。

最大的红色尖晶石被认为是伊朗王室珠宝中的珍藏，重达500克拉。所有这些大型红色尖晶石琢型方式都是抛光，而不是刻面，部分原因是它们早在现代刻面雕琢方法发明之前的几百年就已经被发现并被用作珠宝。在历史上，这些宝石被称为巴拉斯红宝石，发现于阿富汗的巴达赫尚省，与塔吉克斯坦接壤。这个地区曾被认为是红色尖晶石的主要产地。

尖晶石在变质岩和火成岩中都有发现。它在高温下形成，许多矿床与大规模的构造事件和相关的变质作用有关，例如在东非和斯里兰卡（形成于大约6亿年前至5亿年前）和喜马拉雅山（形成于4 500万年前至500万年前）。宝石级的材料经常在白色大理岩（变质的富含白云石的石灰岩）和周围的泥质片麻岩中发现，它经常与红宝石共生。由于其硬度和耐受风化的能力很强，尖晶石也是宝石砾石矿床的一个常见组成部分。它可以被运送到很远的地方，对于一些此类矿床来说，其原岩位置是难以追溯的。最重要的产地是缅甸（抹谷）、越南、阿富汗、塔吉克斯坦、坦桑尼亚（马亨盖、莫罗戈罗）和肯尼亚。重要的冲积矿床包括马达加斯加、尼日利亚、莫桑比克、斯里兰卡（拉特纳普勒）和坦桑尼亚。其他值得注意的产地是柬埔寨、泰国、巴基斯坦、尼泊尔、巴西、俄罗斯和澳大利亚。

尖晶石是一种镁铝氧化物，具有等轴晶系对称性。天然晶体通常形成八面体，往往形状完美，晶面平整，具有明亮的玻璃光泽。表面可能有三角形的蚀刻纹，或阶梯状的生长纹。尖晶石通常有双晶，以至于这种类型的双晶在任何等轴晶系的矿物中都被称为尖晶石律双晶。这是一个八面体双晶形成的平坦三角形，每边之间形成V形。

这种宝石的透明度从透明到不透明。大的宝石级晶体并不常见，所以大多数刻面宝石都小于2克拉，很少超过5克拉。刻面后的宝石，特别是颜色较浅的类型，相对包体很少，肉眼无瑕。而颜色较深的红色和蓝色可能有更多的包体，但由于其稀有性，这是可以接受的。包体可能是液体或固体，如其他矿物的晶体，包括碳酸盐矿物、磷灰石、石墨和针状金红石。带有晕环的锆石包体（锆石周围的圆形应力裂纹）在斯里兰卡的宝石中很常见。最著名的包体是整齐排列的微小八面体晶体，反映了尖晶石的晶体对称性。这些可能是尖晶石族矿物（如磁铁矿），或可能是有白色或黑色填充物的负晶。晶体沿着重合的断裂面形成连成一串，看起来很像指纹。当金红石针状包体或其他纤维状矿物的数量足够多时，切割成弧面型，会显示出四射或六射的星光效应，但是此类宝石较为罕见。

尖晶石的一部分吸引力在于它的各种颜色。纯净的尖晶石是无色的，尽管这在自然界中很少见到，而微量的铁、铬、钒或钴杂质会导致不同的颜色。锰和锌也可能存在其中。杂质会导致标本的光学性质和密度发生轻微变化，密度随着铁和锌含量的增加而增加。

饱满的红色尖晶石是最受欢迎和最有价值的。粉红色，特别是桃红色，也是相当受追捧的。明亮的橘红色被称为火焰尖晶石，21世纪初在缅甸发现的一种明亮的粉红色被称为绝地武士尖晶石，因为它有"光剑"般的光芒。红色和粉色是铬的颜色，橙色和紫色是铬和铁的颜色。由锰造成的黄色是最罕见的颜色。

蓝色、紫色和较少见的绿色由铁致色，往往有灰色的底色。纯粹的灰色非常受欢迎，而富含铁的不透明黑色尖晶石由于光泽明亮，做成刻面宝石后也很有吸引力。来自斯里兰卡的镁锌尖晶石是富含锌的品种，它的蓝紫色与蓝宝石非常相似。一种罕见的、亮度很高并且拥有饱和蓝色的尖

▲ 混合型切割的重 9.83 克拉尖晶石，来自抹谷，颜色深沉

◀ 一颗来自缅甸抹谷的重 11.3 克拉阶梯型切割变色尖晶石，在日光下显示为蓝色

▶ 在白炽灯下，尖晶石呈紫色

晶石，由钴的杂质致色，是非常受欢迎的，价格很高。这种含钴的尖晶石最早在斯里兰卡发现，较新的发现在越南。尖晶石也有变色性的品种，包括从蓝色到紫色、粉红色的变化，可能会与蓝宝石混淆。红色、粉红色、紫色和钴蓝尖晶石在长波紫外线照射下可能会发出微红的荧光。

高硬度和无解理使尖晶石成为珠宝首饰的完美选择。尖晶石的切割主要遵循其颜色，有一系列的形状和刻面风格。它的等轴晶体形状使其适合圆形、椭圆形和枕形切割。尖晶石的高耐用度意味着它经常出现在古董珠宝中，尽管它并不一定被认为是尖晶石。它很稳定，能抵抗加热和化学侵蚀。用温肥皂水清洗是最好的方式，除非宝石有明显的包体，否则可以谨慎地使用超声波和蒸汽清洗机清洗。

市场上的大多数尖晶石是未经处理的。它可以被加热处理或辐照处理以改善颜色和清晰度，这种处理是稳定的但很少见。填充裂缝以隐藏表面的裂纹也是已知的处理方式。没有处理的尖晶石是很有吸引力的，特别是在尖晶石的主要市场竞争对手红宝石和蓝宝石通常都要通过处理来改善颜色和清晰度的情况下。

合成尖晶石最早诞生于 1907 年，自 20 世纪 20 年代开始进行商业化生产。市场上的大多数无色尖晶石都是人工合成的，它可以低廉的价格制成任何颜色。那些用焰熔法制造的尖晶石折射率（1.727）比天然尖晶石（1.718）略高，比较容易与天然尖晶石区分开。由于尖晶石是均质体，它在偏光镜下应该是保持黑暗的（消光），然而合成宝石往往因内部应力造成晶格扭曲，使得它被转动时，会有薄薄的阴暗条纹在宝石上移动。这被称为斑纹状异常消光，此英文名是因为这个现象与虎斑猫的条纹相似。同时合成品内也没有天然尖晶石应有的包体。

▼ 一颗饱满蓝色钻石型切割合成尖晶石，重12.35克拉，通过焰熔法生长，并添加钴着色

尖晶石可能会与许多其他颜色类似的宝石混淆，特别是红宝石、蓝宝石、堇青石、电气石、锆石、紫晶和石榴石，但可以通过其没有双折射的性质和不同的吸收光谱加以区分。

锂辉石

成分：硅酸铝锂（LiAlSi$_2$O$_6$）
晶系：单斜晶系
莫氏硬度：6.5 ~ 7
解理：完全
断口：参差状、碎裂状
光泽：玻璃光泽
相对密度：3.15 ~ 3.24
折射率：1.651 ~ 1.681
双折射率：0.014 ~ 0.027
光性：二轴晶正光性
色散：0.017

透明的锂辉石有一系列柔和的颜色，能被做成有吸引力的刻面宝石。而这种比较常见的矿物通常是不透明的灰色、白色或黄色，其英文名称来自希腊语"spodumenos"，意思是烧成灰烬的样子。锂辉石是锂的一个重要来源，是手机和电动汽车使用的可充电电池的一种关键元素。作为一种宝石，它最出名的是它不同颜色的品种——粉红色的紫锂辉石、浅祖母绿色的翠铬锂辉石（翠绿锂辉石）。

锂辉石是辉石族矿物的一员，因此也属于单斜晶系。它形成典型的长方形至扁平棱柱状的晶体，沿晶轴方向有条纹、有偏斜或锥形的晶端。它经常被溶蚀，在晶体表面有三角形的印痕。

▶ 具有蚀刻表面的宝石级紫锂辉石晶体，来自巴西米纳斯吉拉斯州

锂辉石形成于富锂花岗岩和伟晶岩中。可以长到巨大的尺寸，有记载的单个晶体的长度甚至超过 14 米。宝石品质的晶体也可以出现大尺寸，并被矿物收藏家高度重视，特别是当它仍然附着在主岩上时。

紫锂辉石是淡粉色至紫色的锂辉石宝石品种，由锰致色。它的英文名是为了纪念著名的宝石学家和矿物学家乔治－弗雷德里克－昆兹而命名的，他在 1902 年首次从加利福尼亚南部的伟晶岩矿中发现了它。昆兹是蒂芙尼公司的首席宝石鉴定师，在他的努力下，使得这种宝石流行起来。除了美国，紫锂辉石在巴西、马达加斯加、缅甸、阿富汗和巴基斯坦都有发现。由于它能形成大的透明晶体，所以最终成型的宝石也可以是巨大的。史密森学会就拥有一颗来自巴西的 880 克拉的刻面宝石。

翠铬锂辉石是一种罕见的、具有极高价值的淡绿到亮绿的锂辉石品种。它于 1879 年在美国北卡罗来纳州的亚历山大县首次发现。翠铬锂辉石的颜色是由铬杂质引起的。由于晶体一般比其他品种小，所以大多数刻面宝石都在 2 克拉以下。一些人认为，翠铬锂辉石这个名字应该专门给来自此地的透明绿色锂辉石，然而，在巴西、阿富汗和巴基斯坦的新发现也往往被贴上翠铬锂辉石的标签。所以很多人使用这个名字来形容任何由铬致色的绿色锂辉石。

锂辉石具有强烈的多色性，最深的颜色总是在晶体的晶轴方向上看到。粉红色的晶体显示为紫色、粉红色、无色，由于多色性，其晶端可以

▲ 来自美国加利福尼亚州的紫锂辉石，重 50.79 克拉，为花型切割

▲ 一颗重 36.17 克拉的八角形阶梯型切割翠铬锂辉石，来自巴西

◀ 一颗重 78.25 克拉的椭圆形阶梯型切割的黄色锂辉石，来自巴西

显示为非常深的颜色。绿色晶体显示黄绿色、绿色、蓝绿色，黄色晶体显示浅黄色、黄色、深黄色。宝石切割师在切割前需要仔细地确定原石的切割方向，使宝石的台面与晶轴垂直，以获得最精细的颜色效果。宝石会被切割琢型成一系列的形状和切割风格。较深的亭部能增加细腻色调的饱和度。大部分宝石都是无瑕的。包体可能是重新愈合的裂缝、规则排列的生长管和蚀刻特征。在长波紫外线照射下，锂辉石可能会发出深橙红色的荧光，在短波紫外线中则反应较弱。

虽然锂辉石比较耐刮，莫氏硬度为 6.5～7，但很脆，在两个方向上有相互近 90 度角的完全解理，这是辉石族矿物的共同特点。这种类型的解理对热的敏感性和强烈的多色性，使其的切割琢型成了一种极具挑战性的工作。

佩戴这种宝石时应注意避免磕碰，它更适合于耳环或吊坠，这些珠宝的底座可以提供更多保护。

锂辉石可以通过辐照或热处理来改善颜色。热处理将去除绿褐色或褐色晶体的褐色色调，使其分别呈现浅绿色或粉红色。浅粉色可通过处理使颜色变深。

锂辉石的颜色可能会随着时间的推移而褪色，特别是暴露在强烈的阳光或高温下。这种情况在天然的彩色品种和处理过的宝石中都会发生，而处理过的颜色被认为褪色会更快。所以储存时一定要避开光线和热源。

紫锂辉石经常与粉红色的绿柱石品种摩根石和粉红色黄玉混淆。紫锂辉石可以被合成的粉红尖晶石和玻璃仿制，然而两者都可以通过缺乏双折射率来鉴别。

坦桑石

成分：硅酸铝钙
{Ca$_2$-Al$_3$[Si$_2$O$_7$][SiO$_4$]O(OH)}
晶系：斜方晶系
莫氏硬度：6～7
解理：完全
断口：参差状
光泽：玻璃光泽
相对密度：3.35
折射率：1.691～1.700
双折射率：0.008～0.009
光性：二轴晶正光性
色散：0.019

▼ 一颗经过热处理的重13.39克拉的坐垫形切割坦桑石，具有紫色至蓝色的饱和色彩

坦桑石比钻石更稀有，是一种在市场上相对较新的宝石，因其饱满的深蓝色至紫色而令人垂涎。它是黝帘石矿物的蓝紫色宝石品种，只在坦桑尼亚的梅拉尼山有商业性开采。它是由珠宝商蒂芙尼推广给世界的，并给它起了一个更浪漫的名字——坦桑石，以突出其为黝帘石家族中独特的存在。它的稀有性和美丽的外观使它作为一种宝石非常受欢迎。

坦桑石于1967年首次被发现，是一些散落在梅拉尼山地面上的蓝色矿物碎片。最初被认为是蓝宝石，后来它们被确认为一个新的宝石品种。坦桑石产于一个经历了大量构造活动的地区，被称为莫桑比克造山带。这个地带包含了许多东非的宝石矿藏，也是世界上丰富的宝石矿藏之一。坦桑石形成于石墨片麻岩的伟晶质矿脉中，被认为诞生于5.85亿年前。矿区面积只有几平方千米。它们在1971年被收归国有，并在1990年被分成四个区块，授予不同的公司或小规模采矿者。在过去的十年里，为了控制非法开采和交易，已经采取了更为严格的控制措施。已知最大的两颗坦桑石晶体是在2020年报道的，分别为9.27千克和5.10千克。在此之前，已知最大的坦桑石晶体为3.38千克。

▼ 一种有条纹的棱柱状坦桑石晶体

坦桑石是黝帘石的一个品种，是一种含有钙和铝的硅酸盐矿物。它是斜方晶系的一员，能形成细长的锥形晶端，横截面呈矩形，晶面上有条纹。它可以形成大的宝石级晶体，深受矿物收藏家的青睐。

坦桑石的颜色范围从蓝宝石的蓝色到紫晶的紫色，其中纯蓝色或饱和的紫蓝色是最理想的颜色。颜色的饱和度随大小而增加，5克拉以上的宝石颜色较深，2克拉以下的则颜色较浅。这种颜色是由钒造成的。宝石级的黝帘石也可以出现其他颜色，包括绿色、棕色、橙色和粉红色。由于坦桑石是蓝色到紫色的品种，其他颜色的宝石品种依然被称为黝帘石，但往往在市场上被作为花色坦桑石销售。

坦桑石具有强烈的多色性，显示出三种颜色（三色性），即蓝色、红紫色、绿黄色到棕色。当从不同的方向观察晶体时，可以看到这些颜色——蓝色和紫色穿过晶体的主体，彼此呈90度角，而褐色则是沿着晶轴方向。市场上的大多数宝石都经过热处理以去除褐色。

坦桑石的刻面琢型遵循其天鹅绒般柔和的颜色，强烈的多色性对切割过程的影响最大。原石被定向切割以获得最佳的蓝紫色到紫蓝色的颜色，在一些宝石中，多色性会产生迷人的红色闪耀。原石在切割中为了获得最好的颜色，往往牺牲重量，导致宝石变小。然而，这些顶级品质的宝石每克拉的价格较高，可以与优质的蓝宝石相媲美。

▲ 一颗3.8厘米的坦桑石晶体，从每一面和顶部看都显示出三色性的颜色

坦桑石的透明度范围从透明到不透明。很少刻面宝石有肉眼可见的包体。当包体存在时，通常是波浪形的裂缝、针状物或石墨晶体。包体会降低其价值，而裂缝也会影响耐久性。在极少数情况下，平行的、针状的包体可以在切割成弧面型时产生迷人的猫眼效应。宝石级的原石被琢型成一系列风格和形状，常见的有垫形、椭圆形、三角形和圆形。宝石一般在5克拉以下，尽管较大的宝石高达20克拉，偶尔也有超过100克拉的宝石。质量较差的材料可以被抛光打磨并做成珠子。

坦桑石的莫氏硬度为6～7，因此容易划伤，并且易碎，具有完美的解理。这种较低的耐用性意味着它应在保护设置中佩戴。佩戴戒指时应格外小心，避免高温或温度突变。用温肥皂水清洗，但避免使用超声波或蒸汽清洁器。

　　一些坦桑石晶体在被发现时就是天然的蓝紫色。然而，大多数原石是淡黄色到灰色或棕色。通过几百摄氏度的加热（只比家用烤箱温度高一些）处理就可以去除褐色的成分，使宝石变成理想的紫蓝色。热处理通常使用于刻面后的宝石，并且是永久性和稳定的。市场上的大多数坦桑石都经过热处理，由于它几乎不可能被检测到，所以在没有得到证明之前，都假定其经过热处理。有趣的是，由于失去了棕色的成分，宝石变成了二色性，只显示蓝色和紫色两种颜色，这可以作为热处理的一种鉴定标志。其他缺乏钒的宝石级黝帘石的颜色不受热处理的影响。

　　自然形成的蓝紫色宝石可能是在变质过程中在地下被加热的。科学家认为最早生成的坦桑石晶体的原始颜色是棕色的，当被风化到地表后，被经过它们的森林大火加热，变成蓝色。

▲ 自然色的棕色和蓝紫色的晶体碎片。
棕色晶体将被热处理，使其变成紫蓝色

其他处理方法包括在刻面宝石的亭部上涂一层薄薄的富钴或富钛的涂层，以提高颜色的强度，以及填补裂缝以提高清晰度，但是这种情况不多见。

现在还没有已知的合成坦桑石，但是坦桑石可以被合成的镁橄榄石所仿制，它俩具有非常相似的外观。可以通过其较低的折射率和较高的双折射率来鉴别镁橄榄石。紫晶与坦桑石非常相似，其他蓝色宝石也是如此，如蓝宝石、尖晶石和董青石，这可以通过不同的光学性质来识别。蓝色玻璃的仿制品和拼合宝石是比较常见的，如带有坦桑石冠部的玻璃二叠宝石。

玻陨石（溶融石）	
成分：二氧化硅（SiO_2）、镁、铁、铝等	
晶系：非结晶	
莫氏硬度：5 ~ 6.5	
解理：无	
断口：贝壳状	
光泽：玻璃光泽	
相对密度：2.30 ~ 2.50	
折射率：1.460 ~ 1.540	
双折射率：无	
光性：均质体	
色散：无	

▲ 来自泰国的哑铃形东南亚玻陨石

◀ 来自菲律宾的球形菲律宾玻陨石。沿着应力裂缝方向的蚀刻形成了有凹槽的坑纹表面

许多宝石爱好者都对玻陨石族的一个如绿色玻璃泪滴状雕塑的绿玻陨石非常熟悉。玻陨石是一种天然玻璃而不是矿物，这意味着它们是非结晶的。在自然界中，当熔化的岩石迅速冷却和凝固时，原子没有时间排列成有序的晶体结构，就会形成天然玻璃。这个名字被认为来自希腊语"tēktos"，意思是熔化。

虽然其形成的确切过程尚不清楚，但普遍认为它们是由地外物质撞击地球表面形成的。在撞击过程中，撞击处的陆地岩石被熔化，被抛射到高空并迅速冷却。熔化的物质在空气中高速移动，并形成特有的空气动力学固化形态特征。

玻陨石是一种富含二氧化硅的玻璃。它们的确切成分是由熔融发生时岩石碎片的成分决定的。因此，来自同一撞击事件的玻陨石即使相隔千里，也有着相对类似的成分，但对来自不同撞击事件的玻陨石则有不同的成分。发现玻陨石的区域被称为"散落区"。撞击的大小、方向和角度决定了熔岩在陆地上"飞溅"的位置。一些玻陨石可以追溯其撞击位置，而其他玻陨石则无法得知，现在的研究表明一次撞击的散落区可能有数千千米之大。玻陨石的大小随着与撞击区的距离增加而减少，从厘米级到毫米级都有。玻陨石的形状由其凝固时在空气中的速度和旋转状态决定，可以形成包括球形、细长形、纽扣形、水滴形、哑铃形和碗形等形状。

玻陨石通常是绿色到淡黄色或棕色，其中铁的存在会导致绿色和棕色。玻陨石的包体是球形或拉长形状的气泡，以及旋涡状的图案。偶尔也会发现地外物质包体。玻陨石的表面经常有风化和埋葬的蚀刻痕迹，沿着它们的长轴形成槽脊、尖峰或坑洼的纹理，玻陨石可以形成非常好看和壮观的标本。

玻陨石的品种是根据它们的发现地来命名的。澳大利亚石，发现于南澳大利亚州和塔斯马尼亚州，为深色玻璃状，通常呈纽扣形。菲律宾石，发现于菲律宾，倾向于球形、水滴形或哑铃形，并具有蚀刻产生的深槽作为其特征。东南亚石是一种来自东南亚的

▼ 半透明的绿玻陨石，形状扁平，表面有脊状物，两边有贝壳状断口

深色玻璃，具有各种不同的尺寸和形态，最大的纪录能达到 11 千克！这三个品种的玻陨石都有很高的价值并具有非常相似的成分，且被确定为来自同一个撞击事件。它们与勿里洞岛石一起，形成了世界上最大的散落区（澳大利亚－东南亚散落区）。虽然撞击坑尚未确定，但据推测是在东南亚或中国南海。

1787 年，欧洲首次在捷克共和国的莫尔道河（当地叫瓦尔塔瓦河）记录了玻陨石。这些玻陨石被称为绿玻陨石（莫尔达维石），源自河流的名称，是玻陨石在宝石市场上最出名的一款。所有中欧玻陨石（主要发现于捷克共和国，加上邻近的奥地利和德国）被确定为具有相同的来源，大约在 1 500 万年前由创造德国里斯火山口的撞击事件形成。绿玻陨石是最透明的玻陨石品种，颜色范围从森林绿到蓝绿色，或棕色，拥有深绿色色调的种类是非常理想的。它的形态范围从球形到椭圆形都有，或扁平的具备空气动力学特征的水滴形状。表面通常有脊或坑，可能是由于埋藏时的严重蚀刻造成的，并可能显示出玻璃的典型的贝壳状断口。常见的包体是很有辨识度的旋涡和气泡，以及蚯蚓状（蠕虫状）的焦石英（玻璃质的石英）。雕塑般的表面纹理很吸引人，绿玻陨石经常不被切割而直接用于珠宝，如吊坠的镶嵌物。质量最高的是具有玻璃光泽的透明绿色刻面宝石。

这种天然玻璃的莫氏硬度为 5 ~ 6.5，比较软，而且易碎，所以最好在有保护的情况下佩戴。圆形或椭圆形钻石型切割和祖母绿形阶梯型切割很常见，这样既能突出颜色，又能保护脆弱的边角。使用温肥皂水进行清洗是安全的，但要避免使用化学品、超声波和蒸汽清洗机。同时也要避免长期暴露在光线

▲ 阶梯型切割的绿玻陨石，四角磨圆，有气泡和旋涡状包体

下，以及温度的极端变化。

玻陨石最常与火山玻璃黑曜石混淆。黑曜石往往是灰色的，有更多微小的黑色矿物包体，而玻陨石是透明的，有旋涡状包体。玻陨石的含水量可以忽略不计，将玻陨石的碎片放在火焰中其就会融化成玻璃融滴，而黑曜石的碎片则会因其含水量而沸腾并产生泡沫——不过，不要在家里尝试这样做！

利比亚沙漠玻璃

这种黄色到绿色的天然玻璃只在埃及利比亚沙漠的一个偏远地区发现，散布于几十千米的范围内。它被称为沙漠玻璃或二氧化硅玻璃，由几乎纯的二氧化硅组成，相当于无结晶结构的石英。它的莫氏硬度为 6，折射率为 1.462 ~ 1.465，相对密度为 2.20 ~ 2.22，比玻陨石低。它因有许多被困的气泡而通常体色浑浊。其天然原石有被沙漠风沙剥蚀的磨光和具凹槽的表面。

这种天然玻璃的起源仍然是一个谜。有一种说法认为它是由一颗在沙漠上空爆炸的彗星形成的，这种方式没有留下陨石坑，但产生的热量却足以融化富含石英的沙子。目前的研究表明，它是由类似于形成玻陨石的撞击事件形成的，撞击的热量和压力融化了沙子，而撞击

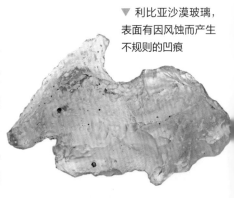
▼ 利比亚沙漠玻璃，表面有因风蚀而产生不规则的凹痕

▲ 一颗阶梯型切割的利比亚沙漠玻璃宝石，具有诱人的颜色，但亮度较低

坑还没有被发现的原因可能是被风化侵蚀掉了。利比亚沙漠玻璃被认为形成于大约2 850万年前。自1932年以来，它已被现代社会逐渐了解和描述，但早在数千年前就被用作宝石材料。其中最有名的是在图坦卡蒙的墓室中发现的镶嵌在布满金、银和宝石的胸甲中央的圣甲虫雕刻。如今，有一些材料会被进行切割琢型和抛光，然而，其较低的亮度和色散并不能创造出充满活力的刻面宝石。

◀ 图坦卡蒙的胸甲上镶嵌的一只圣甲虫雕刻，由利比亚沙漠玻璃制成，创造于3 000多年前

黄玉

成分：
　氟羟基硅酸铝 [Al$_2$SiO$_4$(F,OH)$_2$]
晶系：斜方晶系
莫氏硬度：8
解理：完全
断口：贝壳状
光泽：玻璃光泽
相对密度：3.49 ~ 3.57
折射率：1.606 ~ 1.649
双折射率：0.008 ~ 0.011
光性：二轴晶正光性
色散：0.014

黄玉是一种美丽而明亮的宝石，有各种精致的颜色，包括蓝色、粉红色、橙色、黄色、棕色和无色。黄玉因高透明度、高硬度和玻璃光泽成为珠宝中广受欢迎的刻面宝石之一。其晶体能形成让矿物收藏家趋之若鹜的具有艺术性的标本。透明的宝石级晶体可能会有巨大的尺寸，从而可以切割出巨大的刻面宝石，目前世界上最大的宝石级刻面宝石是埃尔多拉多黄玉。

　　"topaz"或"topazion"的英文名字在历史上适用于任何黄色或金色的宝石。这个名字的起源并不清楚。许多人认为它来自古希腊罗马人对红海中的扎巴加德岛的称呼（希腊语"topazos"的意思是难以寻找，这是由于该岛较为隐蔽而难以被发现）。2 000 多年前开采的黄绿色的黄玉宝石现在确定其实际上为橄榄石，是与黄玉不同的另外一种宝石。关于这个名字的另一种说法是，它来自梵文"tapas"，意思是火。今天，黄玉这个名字仍然被误用在黄色宝石上，如石英黄玉（黄水晶）和东方黄玉（黄色蓝宝石），所以应该注意避免混淆。

尽管黄玉这个名字使用得很早，但在古代珠宝中却很少见到，而黄水晶和橄榄石则更为普遍。现如今被称为黄玉的矿物可能是在这些历史名字使用很久之后才被发现和了解的。最早提到现代黄玉的是约翰·弗里德里希·亨克尔，他在 1737 年对在德国著名的施内肯斯坦矿过去十年发现的浅黄色黄玉晶体进行了描述。在过去的一个世纪里，黄玉的使用已经变得非常广泛，除了本身作为一种宝石以外，还可以用来仿制无色钻石、黄色黄水晶和蓝色的海蓝宝石。

黄玉唯一的官方品种是帝王黄玉，在 19 世纪中叶首次从俄罗斯的乌拉尔山开采出来。这种粉红色的黄玉受到俄罗斯皇室的喜爱，因此被称为帝王黄玉。如今，这个名字适用于具有饱和粉红色、粉橙色到红橙色的宝石，其颜色就像夕阳一样。还有一些其他的商品名称，包括浅褐粉色到橙褐色的雪利黄玉。

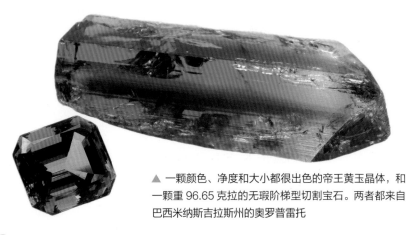

▲ 一颗颜色、净度和大小都很出色的帝王黄玉晶体，和一颗重 96.65 克拉的无瑕阶梯型切割宝石。两者都来自巴西米纳斯吉拉斯州的奥罗普雷托

黄玉是一种氟羟基硅酸铝，具有可变的氟（F）和羟基（OH）。化学元素之比影响其宝石性质，会使折射率和密度产生连续变化。黄玉为斜方晶系，能形成具有菱形或菱形横截面的细长棱柱状晶体，顶部为扁平或棱锥状晶端。这些晶体通常形状锐利，非常吸引人。沿晶轴方向的条纹很常见，偶尔也会有蚀刻纹路。

▶ 来自俄罗斯的锐利的黄玉晶体，具有天然的淡蓝色

▼ 一颗来自苏格兰阿伯丁郡的水磨黄玉晶体

这种矿物主要产于各种富含二氧化硅的地质环境中。它在火成岩中最为常见，包括花岗岩和与其相关的伟晶岩和云英岩，以及喷出型火成岩流纹岩——它一般在成岩的后期阶段以液体、熔融体或蒸汽的形态在矿脉或空洞中结晶。大部分的宝石级黄玉来自伟晶岩。黄玉也产自热液矿脉中或者通过变质作用形成。由于其硬度高，常在冲积矿床中以水磨卵石的形式出现。

结晶良好的晶体直径可以超过 1 米，其中最大的原石晶体据说为 10 米、350 吨，产自巴西的圣多明各矿山。史密森学会拥有两块宝石级的晶体，分别为 50.4 千克和 31.8 千克，都来自巴西。据报道，乌克兰有重约 100 千克的蓝色晶体，维也纳自然历史博物馆则收藏了重达 117 千克的宝石级黄玉，美国自然历史博物馆陈列有最大的黄玉晶体，重达 270.3 千克，两者均产自巴西米纳斯吉拉斯州的圣玛丽亚伊塔比拉矿的伟晶岩。

大型的宝石级晶体可以生产出巨大的宝石。最大的刻面黄玉是黄金之国，重 31 000 克拉（6.2 千克），也被认为是世界上最大的宝石级刻面宝石。

这颗黄褐色的宝石是由 1984 年在巴西米纳斯吉拉斯州发现的一颗 36 千克的原石晶体切割而成。

黄玉在许多国家都有产出，巴西是最重要的产出国。其他产地包括巴基斯坦、斯里兰卡、俄罗斯、乌克兰、尼日利亚、澳大利亚、美国、墨西哥、日本、纳米比亚、津巴布韦、马达加斯加、中国等。最重要的沉积宝石矿床在巴西、斯里兰卡、澳大利亚和缅甸。黄玉在英国也有产出，但产出的晶体基本都进入了矿物收藏市场。

帝王黄玉有两个产地——俄罗斯和巴西。这种粉红色的宝石于 1853 年在俄罗斯乌拉尔山脉的卡门卡河谷被发现。而自 18 世纪中叶以来，巴西的欧鲁普雷图就已经发现了帝王黄玉，以橘红色而闻名，粉色、淡紫色和红色被认为是最珍贵的。帝王黄玉晶体不大，宝石级的也不常见，所以 20 克拉的宝

▲ 这颗来自缅甸抹谷的重 58.48 克拉的阶梯型切割的黄玉原本是淡粉色的，但现在已经褪至无色

▲ 这颗宏伟的天然蓝色阶梯型切割黄玉重达 2 982 克拉，来自巴西米纳斯吉拉斯州

▼ 一颗重 40.43 克拉的粉红黄玉，椭圆形阶梯型切割，用于制作胸针

石就已经算作大宝石了，而超过 50 克拉的则很罕见。巴基斯坦卡兰地区产出特殊的粉红色到紫色的透明晶体，然而由于晶体尺寸小，切割后的宝石很少超过 5 克拉。

黄玉有一系列赏心悦目的颜色，晶体可能有不止一种色调的颜色分区。纯正的黄玉是无色的，并且十分常见。

蓝色是人们最熟悉的黄玉颜色。天然的蓝色黄玉实际上相当罕见，市场上几乎所有的蓝色宝石都是通过辐照和热处理产生的。其颜色与天然的淡蓝色截然不同。瑞士蓝是天蓝色黄玉的商品术语，而伦敦蓝是指较深的蓝色黄玉。

黄色至棕色的黄玉非常常见，棕黄色至橙黄色的品种被称为雪利黄玉。而来自美国犹他州、日本和乌克兰的淡褐色品种则并不稳定，长期暴露在光线下会褪至无色。帝王黄玉的高价值的饱和粉橙色至红橙色通常不包括这些褐色的色调。

粉红色是最受欢迎的颜色，饱和的紫粉色尤其受到追捧。天然的粉色黄玉是相当罕见的，今天市场上的大多数的粉色品种是产自巴西的热处理后的宝石。红色黄玉很罕见，价值很高。天然的绿色黄玉也很罕见，深绿色黄玉是通过处理产生的。

颜色不同的原因是多种多样的：粉红色、红色和紫色是由铬的杂质引起的；而蓝色、黄色和棕色是由晶体结构的缺陷引起的，这可能是由自然辐照引起的。橙色是由铬和结构缺陷引起的粉色和黄色的组合。黄玉具有三色性，表现出三种由体色决定的多色性颜色——两种比较强，一种较弱。不同的颜色可能显示出微弱的荧光。

黄玉非常耐刮，在莫氏硬度表上为 8。然而，由于它拥有完全解理，韧性较低，使用时需要特别的小心。解理与晶轴呈 90 度角，被称为底面解理，可以用来鉴定黄玉。它可以在晶体上看到一个平坦的底部，上面有细小的阶梯形波浪状痕迹。在内部，它呈现为平行的初始解理平面，其中一部分往往有被困在其中的液体，这会形成镜面或彩虹色的平面。完全的解理对切割师傅来说是一个挑战，原石的切割方向一般使切面与解理平面不平行，也减少了日后断裂的风险。黄玉也有贝壳状的断口。

大多数刻面宝石都是透明和无瑕的。对于较罕见的、较小的粉红色和帝王黄玉，即便含有包体，其价值也不会有太多的变化。当含有包体时，由于黄玉生长在富含液体的环境中，所以流体包体是其极具特色的包体类型。普遍存在的是含有两相、三相或不混合液体的水滴状空洞，以及裂缝、矿脉和通常是彩虹色的愈合裂缝、各种颜色的矿物包体，当然还有指示性的初始解理。与晶轴平行的长管状空洞在巴西的帝王黄玉中很常见。在极少数情况下，黄玉在被切割成弧面型时会出现猫眼效应，这通常是由所含的空心管状包体造成的。

由于透明度高，大多数黄玉都会做成刻面宝石。由于它的硬度也较高，所以需要高强度的打磨抛光，而成型的刻面宝石是非常闪亮的。无色和非常淡的颜色有利于钻石型切割，以显示其亮度和玻璃光泽，并可用于仿制钻石或蓝宝石。原石的长条形状适合椭圆形和梨形的轮廓。阶梯型或剪型切割也很流行，以最好地展示颜色，祖母绿型切割也很常见，以保护其脆弱的边角。黄玉可用于各种形式的珠宝，但应注意避免磕碰，特别是在戒指中。黄玉对化学腐蚀抵抗力较高，最好用肥皂水清洗，并确保避免使用超声波和蒸汽清洗机。

大多数黄玉都被使用过热处理或辐照处理以改善或改变其颜色。蓝色是最主要目标色，但也可能会产生一系列其他颜色。这些处

▲ "奥斯特罗黄玉"是同类品种中最大的蓝色黄玉，宽15厘米，重9 381克拉。鲜艳的颜色是通过辐照和热处理产生的

理在宝石鉴定中是无法检测到的，因此应予以披露。无色黄玉经辐照处理产生蓝色是一个普遍现象，因此市场上的任何蓝色黄玉都可以推断其经过辐照处理，而由此产生的中到深的饱和蓝色在自然界中是看不到的。自 20 世纪 70 年代以来，辐照处理的蓝色黄玉已被商业化生产，不同的辐照类型（电子、中子、伽马辐射）会产生不同的蓝色。辐照处理后可能会进行 200 ℃ 左右的热处理，以去除任何褐色的色调，留下纯粹的蓝色。辐照处理通常发生在宝石刻面琢型后。通常由此产生的颜色对光和热都很稳定。辐照处理也可以创造出绿色的黄玉，但是颜色可能不稳定。辐照过的宝石必须进行残余放射性测试，一些宝石会被暂时储存起来，以便让放射性元素进行衰变。

许多粉红黄玉宝石都经过热处理，以加深粉红的颜色。将红橙色和粉橙色的含铬帝王黄玉加热到 400 ~ 500 ℃，就可以去除橙色的色调，留下粉红色到紫红色的颜色。经过处理的粉色是稳定的，不太可能褪色。

黄玉可能被进行整体或局部镀膜处理以改善其颜色。这会使它具有虹彩或斑点状的外观，并且可以通过刻面连接处的磨损或涂层的剥落来检测。具有虹彩外观的"神秘"黄玉是无色的，因其黄色通过蒸气沉积涂上一层薄薄的金属氧化物（如氧化钛）而导致，表面的虹彩是因为涂层的薄膜干涉。在一些老式珠宝中，淡色的黄玉可能在封闭的镶嵌底衬中加入金属箔，以增强颜色。

合成黄玉虽然有，但由于天然黄玉数量众多且价格低廉，合成黄玉一般并不出现在市场上。玻璃可以作为黄玉的仿制品。许多宝石可能会与黄玉混淆，包括蓝色的海蓝宝石、粉色的紫锂辉石、淡色的蓝宝石、磷灰石、电气石、黄水晶和赛黄晶。

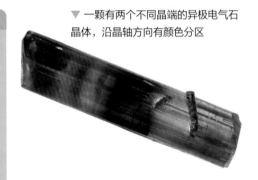

▼ 一颗有两个不同晶端的异极电气石晶体，沿晶轴方向有颜色分区

电气石

成分：硼硅酸盐
晶系：三方晶系
莫氏硬度：7～7.5
解理：无
断口：贝壳状
光泽：玻璃光泽
相对密度：2.85～3.40
折射率：1.610～1.778
双折射率：0.014～0.04
光性：一轴晶负光性
色散：0.017

电气石是美丽的宝石之一，其颜色范围之广无可匹敌。它不仅有各种颜色，而且在一个晶体中可以出现多个色区。

自古以来，电气石就一直被用作宝石材料，但如果仅凭其鲜艳的色彩进行识别，就经常会误认为是其他宝石，如祖母绿和红宝石。它是由荷兰东印度公司从斯里兰卡带到欧洲的，在18世纪初，它被认定为一种新的宝石和新的矿物种类。18世纪末，它被正式命名为电气石。这个名字被认为起源于僧伽罗语的"toramalli"或"turamali"，意思是混合颜色的宝石或石头，就是指它的多种颜色。随着科学技术的发展，电气石复杂多变的化学成分被认为是由一组密切相关的矿物种类组成的。然而，对于宝石来说，它们往往是按其颜色分类，有一系列的品种和贸易名称，或简单地作为电气石出售。

电气石具有三方晶系的对称性，通常形成细长的棱柱形晶体，或有时形成短的矮胖形晶体，具有特征性的三边或六边的圆形截面。晶端从平坦的、锥形的，到有许多晶面的复杂形，甚至有晶体呈平行发丝状的冠状晶端。电气石晶面几乎都有晶纹。晶体可能两边都有晶端，通常在两端有不同的形状，称为异极，意思是两种形状。

由于其晶体的不对称性，它有两个有趣的特性：热释电和压电性。热释电是一种现象，加热晶体会使得晶体棱柱的一端产生正电荷，而在另一

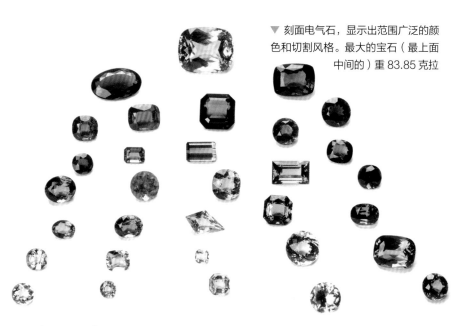

▼ 刻面电气石，显示出范围广泛的颜色和切割风格。最大的宝石（最上面中间的）重 83.85 克拉

端产生负电荷，这使晶体被加热时能够吸引灰尘甚至是小纸片。此特性在 2 000 多年前首次被希腊人发现，而荷兰人在 18 世纪使用电气石将温暖的烟灰从他们的烟斗中拉出来。压电性是指受到定向压力或张力时晶体两个相对的表面产生电压的能力。电气石的这种特性被用于检测设备的加速度和压力的变化，并被用于二战时期的潜艇，以检测舰体的爆炸。这些现象带来的麻烦是会让电气石吸引灰尘，需要经常清洗，特别是在珠宝商的灯光下展示时，灯光的热度就会使得它们变得开始吸灰。

　　电气石族是一系列关系紧密的硼硅酸盐，即含有硼元素的硅酸盐矿物，具有相同的晶体结构和一系列复杂的化学成分。许多电气石品种与其他成员形成类质同象系列，在晶体结构中，大小相似的元素可以相互替代。这意味着电气石宝石往往是不同品种之间的混合体。不同的成分与不同的化学杂质相结合，形成了一系列的不同特征，并产生了彩虹般多样的色彩。一个电气石晶体可能会由不同成分甚至不同品种的多个区域组成，从而显示多种颜色。这些晶体被称为双色或多色宝石。

电气石族中已知的种类超过 37 种，其中有 5 种常用作宝石：

- 锂电气石——这种富含钠和锂的电气石是丰富的宝石级电气石，颜色范围最为广泛。它通常是多色的，最普遍的组合是绿色与红色或粉红色。市场上的大多数电气石宝石都是锂电气石。它是以意大利的厄尔巴岛命名的。

- 钙锂电气石——一种富含钙和锂的电气石，有一系列的不同颜色，通常是粉红色到绿色和蓝色，并且经常是多色的。很少会进行刻面琢型，然而来自马达加斯加的大型多色晶体经常被切割和抛光成有吸引力的晶片。

- 黑电气石——一种常见的富含钠和铁的品种，不透明，颜色为黑色至深棕色，因其不透明而很少被做成刻面宝石。天然晶体有时会被整体用作吊坠。它也可以成为透明石英的包体，被打磨成有吸引力的宝石，称为电气石石英。黑电气石命名的历史可以追溯到 600 多年前，被认为起源于今天德国萨克森州的一个村庄，在那里的一座矿井中发现了黑电气石。

- 镁电气石——一种富含钠和镁的电气石，通常呈深黄色至棕色、黑色或绿色。镁电气石是以斯洛文尼亚的德拉瓦河（德劳河）命名的，它最早是在这条河边被发现的。

- 钙镁电气石——一种富含钙和镁的电气石，通常为棕色或深绿色至黑色。它是以斯里兰卡的乌瓦省命名的，也是在那里被发现的。

几十年来，电气石一直以颜色来对其品种或商品名称进行分类，部分原因是不经分析根本无法确定其确切矿物种类。因此，一种电气石成分可以是一个以上的商品品种，这对矿物来说是不寻常的，著名的是：

- 红碧玺——拥有美丽的覆盆子粉红到红色，是抢手的颜色品种之一，通常带有紫红色、橙色或棕色的色调。与其他颜色相比，红碧玺的包体更多，所以透明无瑕的宝石价值会很高。然而，由于其饱满的颜色，包体被认为是可以接受的。红色的颜色可能是由微量的锰杂质造成的。

● 铬碧玺——一种含铬、钒或两者都有的杂质引起的亮绿色品种。其饱和的绿色可以与祖母绿和沙弗莱石相媲美，而且价格还不贵，是那两种绿色宝石的实惠替代品。它主要产自坦桑尼亚。

● 蓝碧玺——从浅到艳再到非常深的蓝色，通常带有绿色、紫色或灰色的暗示。蓝碧玺比红碧玺或绿碧玺更少见。蓝色是由铁的杂质引起的。

▼ 一颗 6.75 克拉的彩色带状刻面电气石，有明显的包体

● 金丝雀碧玺——鲜黄色。金丝雀碧玺发现于马拉维。有些是由微量的锰着色的。黄色的颜色也可以通过辐照或加热产生。

● 无色碧玺——碧玺的一个无色品种，相当罕见，很少做成刻面宝石。

● 西瓜碧玺——因其粉红色的中心和薄薄的绿色"外皮"很像西瓜而被命名。它通常被打磨成片状以显示颜色分区。西瓜碧玺通常含有包体。

● 帕拉伊巴——电绿色、霓虹蓝色或紫罗兰色的品种。这

▲ 一颗来自莫桑比克的重 29.4 克拉宏伟的含铜"帕拉伊巴型"碧玺，具有珍贵的霓虹色彩

是所有碧玺品种中最稀有和最有价值的，达到了所有宝石价格中最高的一档。它首次于 1987 年在巴西帕拉伊巴州被发现，这也是其名字的由来。其含不常见的铜和锰的杂质导致了不可思议的颜色。在此之前，还没发现由

▶ 来自巴西帕拉伊巴州的帕拉伊巴碧玺，在一枚金戒指上和钻石镶嵌在一起

铜致色的碧玺种类。自然形成的颜色是蓝绿色、蓝色、绿色到粉红色和紫色。加热处理可以去除粉色和紫色，改变颜色为纯粹的霓虹绿、蓝色或青绿色。类似的含铜帕拉伊巴型碧玺于 21 世纪初在莫桑比克和尼日利亚发现。对于这些不是来自巴西的碧玺是否能被称为帕拉伊巴，存在一些争议。这个品种的成分主要是锂电气石，但也有一些是钙锂电气石。

电气石是一种产量丰富的矿物，在火成岩、变质岩和沉积岩环境中都有发现。它最常见的成因与花岗岩和伟晶岩有关。最优质的宝石级晶体出现在伟晶岩中，如果有足够空间的空洞让其生长，它们可以形成令人难以置信的交织生长的晶体标本。锂电气石和钙锂电气石出现在伟晶岩中，钙镁电气石和镁电气石在富含钙或镁的变质岩中形成，如大理岩。电气石也可以在沉积岩中找到。作为一种坚韧度较高的矿物，它能抵抗风化，并可能被运送到远离其母岩的地方，在宝石砾石矿床中形成圆形的卵石和砾石。近年来，人们认识到电气石（特别是具有带状分区的晶体）能够反映出它们生长的地质条件，这使它们成为研究岩石的起源和形成的重要矿物。

宝石级的电气石在世界各地都有发现。著名的彩色晶体产地包括巴西（主要是米纳斯吉拉斯州）、巴基斯坦、阿富汗、美国（特别是缅因州和

加利福尼亚南部）、俄罗斯、斯里兰卡、缅甸，以及许多非洲国家，包括马达加斯加、莫桑比克、纳米比亚、坦桑尼亚、肯尼亚、尼日利亚和马拉维。帕拉伊巴来自巴西，而帕拉伊巴型的碧玺则来自莫桑比克和尼日利亚。铬碧玺主要产自坦桑尼亚和肯尼亚，缅甸也有一小部分产出。

▼ 来自巴西米纳斯吉拉斯州佩德内拉矿的壮观的锂电气石标本，高 24.5 厘米

电气石的透明度各不相同，许多刻面宝石都是透明的，很少有包体。绿碧玺的特点是无瑕的。其他颜色的碧玺可能会有一些可见的包体，而红碧玺和西瓜碧玺则通常拥有包体。电气石生长在富含液体的环境中，因此液体包体如液体羽毛状和充满液体的愈合裂缝是很常见的。其他特征性的包体是横跨晶体的波浪形不规则断裂、针状矿物包体和平行于晶轴的细发状空心生长管包体，它们其中可能是液体或气体填充的。如果有足够的平行包体存在，按正确方向切割的宝石可能会显示出猫眼效应。

电气石有很高的双折射率，在较大的宝石中，借助于手持放大镜就可以看到双折射效应。

颜色是切工的首要考虑因素。电气石具有中强的多色性，显示两种颜色（二色性），这在绿色或棕色的材料中最容易看到。多色性的颜色经常是同一颜色的浅色和深色（如浅蓝和深蓝），但也可能是两种不同的颜色（如蓝和绿）。其中一种颜色作为晶体的主体颜色，而另一种颜色（总是较深的颜色那种）是沿着晶轴方向看到的。电气石在晶轴方向吸收的光线也最多，以至于绿色晶体在晶轴方向看起来几乎是黑色的。这一点结合其强烈的多色性，决定了宝石的切割方向。修长的结晶特性会决定成形后宝石的整体形状。如果电气石的颜色很深，切割时需要使台面与晶轴平行，以显示最浅的颜色。这使得最终琢型完后成为一个长方形或拉长的宝石，这充分利用了其晶体长的特点。如果原石的颜色较浅，则在切割时要将台面与晶轴垂直，以利用最深的颜色，从而产生一个更均衡的圆形、方形或三角形的形状。这种琢型选择是在大重量但颜色较淡和小重量但颜色佳之间做出的权衡。深的亭部有助于加强颜色。包体较多的材料会被制成弧面型或珠子。

具有多种色区的电气石晶体可能会沿着晶轴或从中心向外改变颜色。原石的切割会充分利用这一点，琢型后会显示不同的色调。一些具有由内向外颜色分区的晶体（如西瓜碧玺），可以被切片和抛光。产自马达加斯加的晶体以其复杂的颜色分区而闻名，显示出三方结构，也和西瓜碧玺一样做成切片。多色的电气石是雕刻艺术家的最爱。

含有大量平行包体的宝石将被切割成弧面型，以产生猫眼效应。由于管状包体的尺寸较大，电气石中的猫眼效应比在金绿石中看到的更为模糊。猫眼碧玺可能是蓝色、粉红色和绿色，甚至是多色的。

在少数情况下，电气石在不同的灯光下会表现出微妙的颜色变化。含铬的电气石可能会显示出一种不寻常的光学现象，即乌桑巴拉效应，随着晶体厚度的增加（也就是光线通过宝石时的路径长度增加），电气石从深绿色变成暗红色。

电气石是相当耐用的，再加上可爱的颜色，使其成为完美的珠宝用宝石。它被用于各种形式的珠宝以及雕刻和装饰品。它的莫氏硬度为 7 ~ 7.5，不容易刮伤或裂开。不过它也可能会很脆，特别是在包体很多或有断裂的情况下，应避免其受敲击和温度的突然变化。电气石可以用温肥皂水清洗，不建议使用超声波和蒸汽清洗机。

处理方法包括通过填充表面的裂缝和裂纹来提高透明度。填料使用的是树脂或油。加热和辐照处理通常被用来改变颜色，这些处理很难被发现。处理通常是在宝石被刻面琢型后才进行。热处理通常是稳定的。它可以淡化深棕色的镁电气石、蓝色和绿色的电气石，而用在含铜的帕拉伊巴碧玺中，它可以去除粉红色的色调，以创造出纯正的霓虹蓝到绿色的理想颜色。浅色宝石包括一些绿色也可以通过加热处理而使其颜色加深。淡粉色可以通过辐照处理来创造桃红色和红色。金丝雀黄色碧玺通常会被处理，以减少橙色和棕色的色调，从而获得更为纯净的颜色。辐照处理并不总是稳定的，所产生的颜色可能会在暴露于光或热的情况下发生褪色。电气石也可能被涂上薄薄一层涂层以改变或加强颜色。

合成电气石早在 1991 年就已出现，但其复杂的化学成分使其合成难度很高，所以没有被用于宝石市场。市场上号称合成电气石销售的宝石通常是类似颜色的合成尖晶石或立方氧化锆这类仿制品。其他仿制品包括玻璃夹着一层彩色塑料，用来仿制多色电气石。

▼ 有平行包体的猫眼碧玺。从上到下：3.90 克拉灰蓝色椭圆形，8.88 克拉粉红色椭圆形和 4.23 克拉黄绿色圆形弧面型

绿松石

成分：水合磷酸铜 $[CuAl_6(PO_4)_4(OH)_8 \cdot 4H_2O]$

晶系：三斜晶系（隐晶质）

莫氏硬度：5~6

解理：无

断口：贝壳状

光泽：蜡质光泽、无光泽

相对密度：2.31~2.91（稳定化处理的绿松石可能更低）

折射率：1.610~1.650

双折射率：0.04

光性：二轴晶正光性

色散：无

▼ 产自埃及的结节状绿松石，颜色饱满

绿松石是古老的宝石之一，因其美丽绚烂的天蓝色至蓝绿色而备受推崇，天蓝色这种颜色就是以它的名字命名的。几千年来，埃及、波斯和中国的古代文明一直将其用于装饰和雕刻，也是北美原住民（印第安人）用来进行仪式的宝石。这个名字来自法语 "pierre turquoise"，意思是土耳其石，因为最早到达欧洲的绿松石是从伊朗和埃及经土耳其运来的。

古埃及文明对绿松石极为珍视，将其镶嵌在黄金首饰上，并雕刻成圣甲虫护身符。许多绿松石装饰的工艺品都能在古墓中发现，其中最著名的可能是图坦卡蒙国王的金质陪葬面具，上面镶嵌有绿松石、红玉髓、青金石和玻璃。古代波斯人把绿松石作为能带来保护和胜利的护身符佩戴。他们也把绿松石作为一种装饰石，经常用于雕刻，并用绿松石覆盖宫殿穹顶，以其美丽的天蓝色来象征天堂。印第安人把绿松石作为护身符和珠宝用于各种仪式，并把它附在猎弓上，认为它能提高箭的准确性。阿兹特克人偏爱绿松石，将其镶嵌在华丽的仪式物品（如面具）上。人们曾认为他们是与印第安人进行交易才获得这种高价值的宝石，但最近的研究表明绿松石的来源其实就是中美洲。绿松石在维多利亚时期曾有过一次流行，而纳瓦霍人和其他印第安人部落生产的传统绿松石和银质珠宝实际上是在 19 世纪末才被引入的。

绿松石是一种磷酸铜矿物，铜是造成诱人的亮蓝至绿色的致色元素。最理想的颜色是纯粹的、高度饱和的蓝色。铁的杂质会增加绿色的色调。

这种宝石的产地比较有限，只在世界上的个别地区有发现。它是一种次生矿物，需要在特定环境下通过沉积过程形成：在干旱的环境中，酸性地下水析出铜并通过干燥的土地向下渗入，与含有铝和磷酸盐的矿物发生反应生成绿松石。绿松石产在铜矿床的蚀变区，或在火成岩和沉积岩裂缝中被地下水淋滤的矿脉中。它通常与其他次生铜矿物，如硅孔雀石和孔雀石以及富含硅的玉髓共生。

该矿物以细粒不透明至半透明的块状集合体形式出现在矿脉、葡萄状或簇状矿体以及结核中。单晶形式非常罕见，体积小，有时是透明的，极具收藏价值。质地较细腻的材料硬度高，孔隙率低，在抛光后光泽度很好。然而，大多数材料是粉状或白垩状且多孔的。绿松石通常含有非常有趣的棕色至黑色脉状矿物包体，如褐铁矿或其主岩矿物（主岩基质）。精

▼ 一颗历史悠久的上等波斯绿松石珠子，颜色均匀。来自伊朗尼沙布尔附近的古老绿松石矿

▼ 产自美国内华达州的抛光弧面型绿松石，带有褐铁矿脉

▲ 产自美国亚利桑那州的绿松石，用苯乙烯和醇酸树脂浸渍，以改善颜色、光泽和耐久性

▼ 吉尔森合成绿松石的"蛛网"型珠子
（左）和"颜色统一"型弧面型宝石（右）

▲ 抛光的羟硅硼钙石，经过染色以模仿绿松石

致的网状图案还是很受欢迎的，可以称为蛛网绿松石。脉络的图案，连同颜色、硬度和出处都是用来确定绿松石价值的判断标准。

　　埃及的西奈半岛可能是最早的绿松石产地，至少从公元前3200年起有记载并受到高度重视。它通常是蓝色到绿色并时常有明亮的蓝色斑点。伊朗尼沙布尔是历史上颜色质量最好的绿松石产地，据记载自公元前2000年就开始开采了。此地产出的绿松石拥有极为饱满的蓝色，与其他产地相比，其所含脉络或斑纹较少，有时可能有白色的斑点。它被称为波斯蓝，不过此名字如今通常用于任何没有脉络的纯天蓝色绿松石，而不论其来源如何。美国是另一个可以与伊朗相媲美的重要产地，在内华达州、亚利桑那州、新墨西哥州和科罗拉多州的西南部都有产出。自公元前200年左右，当地原住民就开始开采。其他产地是墨西哥和中国，在那里也已经开采了几千年之久。

　　绿松石在宝石市场上很有名，尤其是在银质珠宝中非常流行，这会强化其迷人的颜色。宝石材料会被做成弧面型和珠子，或者作为装饰性宝石用于雕刻和镶嵌。有时会留下其天然矿物的表面，创造出一种有触感的宝石作品。弧面型宝石可以是整块使用，也可以切成小块做成马赛克镶嵌到大件物品上。绿松石可以被粉压重组，小块的绿松石会被做成矿粉后重新黏合在树脂中，有时被称为块状绿松石（粉压绿松石）。

高孔隙率意味着绿松石可能会被水等液体损坏，或被化妆品和香水化学腐蚀。即使是皮肤上的油脂也会损坏绿松石或使其变色产生绿色的色调。用湿布擦拭时只能用水，不要使用超声波或蒸汽清洗机。由于绿松石较软，应注意防止其被刮伤。绿松石长期暴露在阳光下或高温下可能会变色、褪色或脱水。

锆石

成分：硅酸锆（$ZrSiO_4$）
晶系：四方晶系
莫氏硬度：7.5（低型为 6）
解理：不完全
断口：贝壳状
光泽：玻璃光泽、亚金刚光泽
相对密度：4.65 ~ 4.73
（低型为 3.90 ~ 4.10）
折射率：1.923 ~ 2.024
（低型为 1.780 ~ 1.850）
双折射率：0.036 ~ 0.059
（低型为 0 ~ 0.005）
光性：一轴晶正光性
色散：0.039

锆石美丽、颜色多样，如钻石的火彩逼人，是地壳中已知最古老的矿物。1789 年通过对锆石的研究，才发现了锆元素。这个名字被认为是来自波斯语的 "zargun"，意思是金色的。锆石作为钻石的仿制宝石而广为人知，但其本身也是一种很有吸引力的宝石。

锆石被分为高型、中型和低型三种，由其晶体结构决定。高型锆石具有正常的晶体结构，其物理和光学性质各项数值最高（被用作标准），显示出最大的光泽度和火彩。这些通常被做成刻面宝石。低型或非晶质锆石含有微量的铀或钍元素，随着时间的推移会发生放射性衰变。衰变辐射破坏了锆石的晶体结构，在数千年的时间里将其逐步分解，并改变其外观和特性。锆石会变得浑浊和发绿，光泽可

▼ 刻面锆石有一系列的天然颜色，最大的重 27.44
克拉（中间）。请注意，因其脆性，大多数的切割都
是圆形的

能不那么明亮。由于这些重元素衰变为轻元素，相对密度也从 4.7 左右降
至 3.9。中型锆石只有部分来自放射性元素的损害，因此它们的属性介于
高型锆石和低型锆石之间。不过大多数锆石都可以安全地用于珠宝，因为
研究表明，锆石的放射性通常大大低于对人体的安全值。

　　由于铀向较轻元素铅的衰变以恒定的速度发生，这使得锆石可以被拿
来进行测年。这种地质测年作用再加上锆石在地质环境中的高耐久性，使
得它成为地质年代学中的一种非常关键矿物。科学家已经确定了西澳大利
亚杰克山的岩石中所包含的锆石晶体年龄为 44 亿年，这也是目前已知的
源自地球上最古老的矿物。

　　锆石为四方晶系，通常形成横截面为正方形的矩形晶体，两端为锥形
晶端。两端晶端较短的晶体可能出现八面体形状。大尺寸晶体较为罕见，
更多的是作为一种副矿物以小颗粒的形式出现在火成岩、伟晶岩和变质岩

中。由于其抗风化性和高密度，锆石会被风化并堆积在沉积岩中，包括冲积矿床或重矿物砂矿。大多数宝石级的锆石都是在这些宝石砾石矿床中以卵石的形式被发现。比较重要的产地是斯里兰卡、柬埔寨、泰国、越南和缅甸。其他值得注意的产地包括尼日利亚、澳大利亚、法国、中国、马达加斯加、莫桑比克和坦桑尼亚。低型的锆石主要来自斯里兰卡。锆石也是许多其他宝

▼ 锆石在基岩上显示出典型的晶体形态和明亮的光泽

石矿物中常见的包体，以带有晕状结构的微小晶体形式存在，这是由于放射性衰变会轻微地损害主宝石结构而造成的。

　　锆石晶体通常是红褐色的，而刻面锆石的颜色则五花八门，从无色到秋黄色、橙色、棕色、红色、绿色、醒目的天蓝色，甚至紫色。蓝色、红色和无色的锆石实际上是很罕见的，市场上的大多数锆石都是经过热处理的。到目前为止，蓝色是最受欢迎的颜色，然后是鲜艳饱和的绿色和红色。无色和金黄色也比较常见。在蓝色、红色或棕色的锆石中，多色性较为明显，在经过热处理的蓝色宝石中为蓝色或近乎无色。锆石在短波和长波紫外线下都会发出荧光，有些荧光反应还很强烈。由于含铀，锆石通常会显示出独特的吸收光谱，有些会有超过40条的吸收线，而有些可能只有微弱的光谱或根本不显示光谱。

　　琢型过的刻面锆石通常是无瑕的。包体会降低其价值，可能含固体晶体或针状包体、重新愈合的裂缝、流体包体以及片状双晶或分区。锆石有时会有模糊的外观，尤其是在向非晶质转变的时候。锆石也会出现猫眼效应，但极其罕见。

锆石具有接近钻石的高折射率和高色散，这使它具有非常明亮的光泽、亮度和强烈的火彩。它也有很高的双折射率，用眼睛就能很容易看到强烈的双影效应。这种双影效应也有助于增加火彩。

锆石是一种耐用的宝石，莫氏硬度为7.5，解理不完全，但它很脆，容易碎裂——无划痕的刻面和碎裂状的边缘是旧珠宝中锆石的良好识别方法。热处理会增加其脆性。

锆石通常被切割成钻石型，以最大限度地提高亮度和火彩。形状一般不带棱角，如圆形或椭圆形，这会为宝石提供更多的保护。深色宝石一般使用八边形或祖母绿形阶梯型切割，以最好地展示其颜色。锆石由于其脆性使得切割颇具难度。原石的切割方向也是为了最大限度地减少双折射效应，否则宝石会因内部的双影效应而显得模糊不清。市场上的许多宝石都在5克拉以下，但是更大也不算很罕见，蓝色锆石可以超过10克拉，而刻面宝石里超过100克拉的也是有的。

这种宝石可用于各种珠宝，但由于其脆性，最适合用于吊坠和耳环的镶嵌。佩戴时要避免磕碰并单独存放，以避免碎裂。锆石比较能耐高温和化学品。可以用温肥皂水清洗，不建议使用超声波和蒸汽清洗机。

热处理是很普遍的，特别是为了创造蓝色和无色的宝石，这种现象普遍到可以认为在市场中出售的所有蓝色锆石都是经过热处理的。这种处理一般无法察觉。热处理通常适用于棕色、暗红色或灰色的宝石。在还原性环境中（即去除氧气）加热，就可能会产生深天蓝色或无色的宝石。在富含氧气的环境中对通过加热室的空气进行加热，则可

▲ 非晶质绿色锆石，内部呈模糊状

能会产生金黄色、红色和无色。使用的温度最高可达 1 100 ℃左右。产生的颜色可能是不稳定的，特别是较浅的蓝色，会褪至原来的颜色。暴露在长波紫外线或热量下也可能改变或褪去颜色，因此应注意避免长期暴露在阳光下。一些宝石可以通过重新加热来恢复颜色。来自不同地方的锆石对热处理有不同的反应（因为它们的化学成分不同），例如来自柬埔寨的锆石就会产生深蓝色。将非晶质锆石加热到高温可以帮助修复其晶体结构并改善其外观，将低型锆石变为高型。

锆石可能会与许多类似颜色的宝石相混淆，如海蓝宝石、钙铝榴石、黄玉和电气石。然而，它的高火彩、高光泽、强烈的双折射效果以及无划痕的刻面与碎裂边缘的特点是独特且容易辨认的。由于密度高，它比同等大小的其他矿物的宝石更重，这也意味着同等重量的刻面宝石会比其他宝石小。

由于具有类似的特性，以及高火彩和高亮度，无色锆石常被用来仿制钻石，特别是在 20 世纪初。这可以很容易地从它背面刻面边缘的双影效应来区分，因为单折射的钻石不会显示出双影。

锆石经常与立方氧化锆相混淆。立方氧化锆是一种由氧化锆组成的人造钻石仿制品。虽然它们看起来很相似，有很高的火彩，但它们是两种完全不同的宝石材料，只是通过含有锆元素而联系起来。立方氧化锆是单折射的，可以通过缺乏双折射来区分。

稀有宝石

　　虽然与常见宝石一样的美丽，但由于具有稀有性或低耐久性，以下介绍的宝石种类不太为人所知。有一些是因为产量有限（如蓝锥矿），还有一些则因其塑形雕刻颇具挑战而不适合于装饰作用（如闪锌矿）。因此，这些宝石通常被用于收藏，因其华丽而备受赞赏。

蓝锥矿

成分：钡钛硅酸盐（$BaTiSi_3O_9$）
晶系：六方晶系
莫氏硬度：6～6.5
解理：不完全
断口：贝壳状
光泽：玻璃光泽
相对密度：3.61～3.68
折射率：1.754～1.804
双折射率：0.047
光性：一轴晶正光性
色散：0.039～0.046

　　很少有宝石爱好者了解这种美丽的蓝色宝石，它的英文名字来自美国加利福尼亚州的圣贝尼托县。它于1906年在这里被发现，至今这里仍然是宝石级晶体的唯一产地。蓝锥矿在1985年被定为加利福尼亚州的州宝石，但遗憾的是，该地矿床现在已经枯竭，并在2005年关闭，这使得宝石级的蓝锥矿成了非常稀有的宝石。

▶ 美国加利福尼亚州圣贝尼托县蓝锥矿的基岩上的三角形蓝色蓝锥矿晶体

◀ 来自肯尼亚的罕见的、具有吸引力的亮绿色的柱晶石，为收藏级宝石

蓝锥矿是六方晶系，晶体为独特的板状或片状三角形。在圣贝尼托，这种晶体产于灰蓝色蓝闪石片岩中的白色钠沸石矿脉中。这里的晶体标本因其稀有性、诱人的颜色和形状以及矿物组合方式而受到收藏家的青睐。该地拥有六个类型的矿物标本，其中就包括蓝锥矿。

▲ 钻石型切割重 1.02 克拉的蓝锥矿宝石，来自美国加利福尼亚州圣贝尼托县的蓝锥矿

这种宝石通常是蓝色的，但也可能是无色、玫瑰粉色或橙色。美丽的蓝色到紫蓝色是由铁与钛的杂质共同造成的，这与蓝色蓝宝石相同。蓝锥矿拥有强烈的多色性，为蓝色或无色（二色性）。它具有很高的色散，能创造出与钻石相似的火彩，不过其彩虹般耀眼的闪光往往被深色的体色所掩盖。蓝锥矿有很高的双折射率，在较大的宝石中

▼ 一对蓝锥矿宝石，分别重 5.95 克拉和 5.88 克拉，来自美国加利福尼亚州圣贝尼托县的蓝锥矿

可以看到双影效果。所含包体可能是微小的纤维状青铝闪石、裂缝和两相包体。蓝锥矿在短波紫外线下表现出强烈的蓝色荧光，而在长波紫外线下没有反应。

由于晶体的板状性质，以及为在正面显示理想的蓝色和多色性颜色所需的原石切割方向的选择，切割工作变得极具挑战性。再加上宝石级晶体偏小，意味着大多数的刻面宝石都非常小，很少超过 1 克拉。已知最大的刻面宝石刚刚超过 15 克拉。由于蓝锥矿的稀有性，有时会牺牲切割的质量来获得更高的宝石重量。

蓝锥矿的硬度适中，而且较脆。建议作为有保护性底座的镶嵌宝石，并避免日常佩戴。由于蓝锥矿极其稀有，它往往作为一种收藏宝石。

蓝锥矿通常不会被处理，不过罕见的无色宝石可能会被热处理成桃红色。蓝锥矿因其颜色和蓝宝石、坦桑石和堇青石类似而可能会被误认，但其强烈的二色性、不同密度和折射率都可以作为鉴别标准。

方解石

成分：碳酸钙（$CaCO_3$）
晶系：三方晶系
莫氏硬度：3
解理：完全
断口：贝壳状
光泽：玻璃光泽
相对密度：2.65 ~ 2.94
折射率：1.486 ~ 1.740
双折射率：0.172 ~ 0.190
光性：一轴晶负光性
色散：0.008 ~ 0.017

◀ 来自英国坎布里亚郡矿的无瑕方解石晶体

方解石是最为丰富的碳酸盐矿物，有各种各样的颜色，并拥有最多的晶体形式。虽然它是一种脆弱的宝石材料并对刻面琢型极具挑战，但它可以创造出具有令人难以置信的光谱颜色的宝石[1]。

这种矿物为三方晶系，已知有800多种不同的结晶形式。最常见的是菱面体和偏三角面体，但它也可能是纤维状、针状、棱柱状或板状。双晶现象很常见。方解石和文石是同质多象，这意味着它们具有相同的化学成分 $CaCO_3$，但晶体结构不同，文石是斜方晶系。当为隐晶质时，它们很难被区分。

▼ 方解石拥有强烈的双折射效应，可以看到放置在劈开的晶体后面的十字架的双影

方解石存在于各种沉积岩（如石灰岩）中，其与文石都是海洋生物外壳的主要成分。它也出现在火成岩和变质岩（如大理石）中。钟乳石和其他洞穴构造都是由方解石构成的，它们是从富含钙质的地下水中以隐晶质层的形式析出的。方解石是提取钙的主要矿石，用于化学、药物、肥料和玻璃。它被开采为石灰而用作水泥，所以也被称为石灰石。富含方解石的岩石，如大理岩和石灰华（石灰岩的一种），都具有迷人的外观，被开采用于建筑石料和装饰品。

方解石具有脆弱的菱面形完全解理，即解理的方向是菱面体的三个方向——这是方解石的识别特征之一。它是莫氏硬度为3的矿物，只比你的手指甲（莫氏硬度为2.5）硬一点而已。它的低硬度和低韧性使它不适合做珠宝，因此它是一种收藏用的宝石。

冰岛方解石是一种具备光学特性的透明方解石品种，最初来自冰岛。它以主要为无色透明的大晶体并被劈开成菱面体。在17世纪末，它因具有强烈的双重折射效应而被重视，这一特性有助于支持光是波的理论。用

译者注：实际上，方解石并非稀有宝石。

肉眼就能清楚地看到放在透明晶体后面的重影的图像。这种强烈的双折射在雷达、偏振显微镜和其他光学设备中都得到了应用。耐人寻味的是，三叶虫化石具有的独特复眼中的水晶体就是透明的方解石晶体。

纯净的方解石是无色的，其他元素或矿物的杂质会造成精妙的黄色、红色（铁或铁的氧化物）、橙色、淡紫色、粉红色（钴）、绿色和蓝

▲ 重 1 030.5 克拉的刻面彩虹方解石，来自巴西南马托格罗索州

色。方解石在长波或短波紫外线下通常具有强烈的荧光，颜色各不相同。

方解石可以被做成刻面宝石、弧面型或雕刻成装饰品。大型宝石极为罕见，因为这种非常柔软的矿物很难切割，并且很容易开裂。大多数刻面方解石是透明的无色至黄色、橙色或棕色，如果富含钴，则是半透明的粉红色。

彩虹方解石是美丽的宝石之一。可以巧妙地对透明的双晶晶体进行切割，使双晶面与台面形成一个角度。光线与双晶面相互作用，再加上方解石的高色散和强烈的双折射效应，产生令人难以置信的火彩。最好的原石来自美国的纽约州。

块状的材料可以被染色，以仿制玉石并被称为墨西哥玉。通常是通过浸渍处理来提高硬度和韧性。一种被称为石灰石缟玛瑙或大理石缟玛瑙的含带状结构的方解石品种被用作装饰石材，然而，由于真正的缟玛瑙是石英的一个品种，应避免使用这种误导性的名称。

方解石的耐用性低，甚至对弱酸也有很强的反应，应该避免接触化妆品、发胶和家用清洁剂（如果考虑使用大理石台面或水槽，这点尤其重要）。

柱晶石

成分：混合硼硅酸盐
$[Mg_3- Al_6(Si, Al, B)_5O_{21}(OH)]$

晶系：斜方晶系

莫氏硬度：6～7

解理：完全

断口：贝壳状

光泽：玻璃光泽

相对密度：3.25～3.45

折射率：1.660～1.690

双折射率：0.010～0.017

光性：二轴晶负光性

色散：0.018

▼ 一颗来自肯尼亚重 1.52 克拉的阶梯型切割柱晶石，因含有微量的钒而呈现出特殊的亮绿色

柱晶石作为宝石和矿物标本是不太常见的，主要用作收藏。它的颜色有不同范围的绿色和棕色，明亮的祖母绿色和蓝绿色是最受欢迎的颜色。宝石偶尔会表现出猫眼现象，星光现象则非常罕见。柱晶石的英文名是为了纪念丹麦地质学家安德烈亚斯·尼古拉·科内鲁普，他曾在格陵兰岛探索过这种矿物。它是一种罕见的混合硼硅酸盐矿物，为斜方晶系。它是富含硼的火山岩和沉积岩通过变质作用形成的，不过其主要的来源还是宝石砾石矿床。主要产地是斯里兰卡（包括猫眼石）、缅甸（包括猫眼石和罕见的星光宝石）、印度（包括猫眼石）和马达加斯加。明亮的绿色柱晶石产自肯尼亚的夸莱，而蓝色至蓝绿色柱晶石则产自肯尼亚和坦桑尼亚。次要的产地包括澳大利亚和加拿大，格陵兰岛也产出少量的宝石级柱晶石。

柱晶石具有玻璃光泽，通常为深绿色至棕色或金色。罕见的亮绿色是由钒引起的，而更罕见的蓝色至蓝绿色是由铬引起的。强烈的三色性是其非常独有的特征，多色性的颜色随体色和产地而不同。来自斯里兰卡和马达加斯加的绿色至棕色宝石显示出棕色、绿色、黄色。来自肯尼亚的亮绿色宝石表现为绿色、浅绿色、绿黄色。来自肯尼亚和坦桑尼亚的淡蓝色宝石显示出绿色、紫红色、蓝色。当对宝石进行适当切割后，可以在正面看到一

种以上的多色性颜色，来自坦桑尼亚的宝石可以看到海绿色到紫色的颜色，特别漂亮。

透明的柱晶石可以做成刻面宝石，而质量较差的宝石材料可以做成弧面型。大多数宝石较小，普遍小于 3 克拉，但也有高达 20 克拉的。较小的刻面宝石往往是无瑕的，而较大的宝石则更可能有平行生长的管状包体和片状石墨或锆石的固体晶体包体。平行的、针状的金红石包体在深绿色、棕色或淡黄色的宝石中会产生猫眼效应。

柱晶石硬度适中，但有完全解理，应注意避免磕碰。柱晶石可能会被误认为是祖母绿、红柱石、电气石和浅色坦桑石，因为它们具有相似的绿色、棕色或蓝色，但可以通过不同的多色性和折射率加以区分。

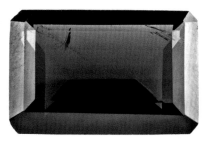

▲ 一颗重 5.28 克拉的褐绿色阶梯型切割柱晶石，来自马达加斯加

▼ 一颗绿色的阶梯型切割的柱晶石，重 2.69 克拉，来自缅甸

硅铍石

成分：硅酸铍（Be$_2$SiO$_4$）
晶系：三方晶系
莫氏硬度：7.5 ~ 8
解理：中等
断口：贝壳状
光泽：玻璃光泽、油脂光泽
相对密度：2.90 ~ 3.05
折射率：1.650 ~ 1.696
双折射率：0.015 ~ 0.019
光性：一轴晶正光性
色散：0.015

▼ 一颗重 19.11 克拉的钻石型切割硅铍石，水净且光泽度高，来自俄罗斯

硅铍石是一种比较罕见的矿物，偶尔被用作宝石，因为它能创造出水净、

活泼的宝石。它的名字也可以拼写为"phenacite"，来自希腊语，意思是欺骗者或骗子，因为它与石英很相似，容易混淆。硅铍石因其诱人的透明晶体而受到矿物收藏家的关注。由于非常罕见，硅铍石的刻面宝石一般都用作收藏。

这种矿物是一种含铍硅酸盐，为三方晶系，形成短的棱镜状、片状、透镜状或菱面体晶体。晶端通常是一个扁平的锥形。它看起来与石英的无色品种水晶非常相似。硅铍石双晶经常呈穿插双晶形，这会形成一个具有钻头状晶端的六边形棱晶，此类经常在缅甸的晶体中看到。

硅铍石发现于花岗岩、花岗质伟晶岩和片岩中。最好的标本来自俄罗斯的乌拉尔山，也是这种矿物的首次发现地，与其他含铍矿物如祖母绿和变石共生。在巴西、缅甸、尼日利亚、纳米比亚、马达加斯加和斯里兰卡的宝石砾石矿中也发现了宝石级的晶体。其他产地包括美国、瑞士、意大利、津巴布韦、坦桑尼亚和墨西哥，还有产自挪威的大尺寸晶体，不过它们达不到宝石级别。

硅铍石通常是无色的，但也可能是淡黄色或淡粉色至棕色。彩色的晶体会显示出从黄橙色到无色的多色性。有些颜色是不稳定的，长时间暴露在光线下可能会褪色。硅铍石在紫外线下可能表现出淡蓝色或绿色的荧光。宝石级的硅铍石透明度从透明到半透明不等，刻面宝石通常是无瑕的。包体可能是波浪形层状两相包体和金红石针状包体。细小的针状包体较多时会出现迷人的猫眼效应，不过极其罕见。无色透明的晶体通常被琢型成钻石型，以创造出具有高度玻璃光泽和油脂光泽的

▲ 一块由穿插双晶形成的硅铍石晶体，形成一个具有钻头型晶端的六边形棱柱

明亮清晰的迷人宝石。由于晶体往往很小，大多数的刻面宝石都小于 5 克拉。已知最大的是一块 569 克拉的椭圆形刻面宝石，它是由从斯里兰卡发现的一块 1 470 克拉的卵石原石切割而成。

有时，硅铍石会作为微小的包体出现在合成祖母绿中，这点可以用来识别合成祖母绿。合成硅铍石技术是没问题的，但数量很少。

硅铍石最容易和石英混淆，因为它们具有类似的硬度、晶系和水净的外观。它也可能与颜色相似的黄玉和绿柱石相混淆，但可以通过其较高的折射率将它与上述三者区分开来。由于它的亮度高，也可能被误认为是钻石，然而低色散意味着它缺乏钻石那样的火彩。有趣的是，硅铍石在钻石热测试仪上会被鉴定为钻石。这些测试仪测量宝石的表面温度在受热时的变化速度。钻石有非常高的热惯量，所以温度变化缓慢，这可以将一些热惯量较低的仿制宝石（如立方氧化锆）鉴别出来。而硅铍石则具有与钻石类似的高热惯量。这一特性也意味着它摸起来很凉。

红硅硼铝钙石（硅硼钙铝石）

成分：
　混合硼酸盐 [CaZrAl$_9$O$_{15}$(BO$_3$)]
晶系： 六方晶系
莫氏硬度： 7.5 ~ 8
解理： 未知
断口： 贝壳状
光泽： 玻璃光泽
相对密度： 4.00 ~ 4.03
折射率： 1.787 ~ 1.816
双折射率： 0.028 ~ 0.029
光性： 一轴晶负光性
色散： 未知

红硅硼铝钙石是一种极其罕见的矿物，曾一度被认为是地球上最稀有的矿物。1956 年，在英国自然历史博物馆工作的科学家首次描述了它，并以在缅甸工作并发现第一个标本的英国宝石学家和矿物学家帕因命名。他在宝石砾石中发现了一个不寻常的深红色晶体，将其送到伦敦进行鉴定，发现它是一种新的矿物。1959 年，第二块晶体被博物馆收藏。1979 年，第三块晶体被发现并捐赠给美国宝石学院。直到 2001 年，以上便是已知的仅有的三颗红硅硼铝钙石晶体。然后，在 21 世纪初期，出

▶ 第一块（左下）和第二块最早发现的红硅硼铝钙石晶体，以及棕色"电气石"上的红宝石标本（上图），该标本在获得后近100年才被发现是红硅硼铝钙石

现了不少新的晶体，最后在缅甸发现了宝石矿的源头。有趣的是，2007年底，英国自然历史博物馆的科学家们分析了来自缅甸抹谷的红宝石标本，该标本生长在被标记为电气石的棕色晶体上。他们发现这个棕色晶体实际上是红硅硼铝钙石。这个较大的标本是博物馆在1914年获得的，大约比红硅硼铝钙石的发现早40年。它一直躺在离最早发现的两块晶体几米远的地方，近100年来一直不为人知。

红硅硼铝钙石是一种含有锆的硼酸盐矿物。它如此罕见的原因之一是硼和锆元素在自然界中通常不会同时出现。红硅硼铝钙石与红宝石一样，形成于白花岗岩和大理岩接触处的矽卡岩中，绝大部分标本产自次级宝石砾石矿床，很少与红宝石晶体一起附着在其母岩上。缅甸仍然是其唯一的产出国，那里有几个产地是很出名的。

红硅硼铝钙石晶体为六方晶系，细长的棱柱形，通常具有假斜方体形式。它们通常较小，大多数长度小于1厘米，并且大部分有断裂。高质量的宝石级材料非常罕见。晶体为深红色至棕色，表现出红色、淡棕橙色的多色性；或淡粉色，带有淡橙粉色、无色的多色性。它的莫氏硬度7.5～8，具有玻璃光泽。虽然是透明的，但红硅硼铝钙石通常含有羽毛状包体、小型片状晶体和裂缝。它可以被刻面琢型成各种形状，或被打磨成弧面型。由于晶体尺寸小，大多数刻面宝石都小于1克拉。红硅硼铝钙石的外观与石榴石、锆石和红宝石相似，但有几个光学特性不同，可以用来区分。

硼铝镁石

成分：硼酸铝镁（MgAlBO$_4$）
晶系：斜方晶系
莫氏硬度：6.5～7
解理：无
断口：贝壳状
光泽：玻璃光泽
相对密度：3.46～3.51
折射率：1.662～1.712
双折射率：0.035～0.042
光性：二轴晶负光性
色散：0.018

这种透明的蜂蜜黄色至棕色的宝石直到1952年才被确认，由于其特性的相似性而被误认为橄榄石。长期以来，人们认为这是一个富含铁的橄榄石品种，英国自然历史博物馆的科学家们的调查研究给了这种矿物新的描述和命名。调查分析所使用的标本都是刻面宝石。

"Sinhalite"英文名字是来自梵文"sinhala"，意思是斯里兰卡，因为直到近代，这里都是已知唯一的产地。它作为水磨晶体产于冲积宝石砾石矿床中，斯里兰卡至今仍然是最优质宝石的来源。这种罕见的矿物后来在缅甸的宝石砾石矿中被发现，在坦桑尼亚、马达加斯加、俄罗斯和美国也产出非宝石级的晶体。

硼铝镁石是一种变质矿物，出现在石灰岩和花岗岩或片麻岩之间接触带的含硼矽卡岩中。它为斜方晶系，但单晶体非常罕见，通常为颗粒状集合体。宝石级材料主要是以冲积卵石的形式出现，大多数刻面宝石都很小，然而，斯里兰卡的硼铝镁石可以出现大尺寸，且存在超过100克拉的刻面宝石。

其颜色范围从浅黄褐色到深褐色或绿褐色。它有强烈的多色性，为淡褐色、深褐色、绿褐色。硼铝镁石具有玻璃光泽，能创造出有吸引力的明亮透明的宝石。它可能会与橄榄石、金绿石、黄水晶和锆石相混淆，可以通过其稍高的折射率和密度与橄榄石区分开来。在大多数情况下，它的光性符号也不同。

▲ 一颗重74.85克拉的混合型切割硼铝镁石宝石，几乎肯定来自斯里兰卡

闪锌矿

成分：硫化锌（ZnS）
晶系：等轴晶系
莫氏硬度：3.5 ~ 4
解理：完全
断口：参差状、贝壳状
光泽：金刚光泽、油脂光泽
相对密度：3.90 ~ 4.10
折射率：2.250 ~ 2.500
双折射率：无
光性：均质体
色散：0.156

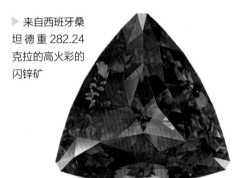

▶ 来自西班牙桑坦德重 282.24 克拉的高火彩的闪锌矿

闪锌矿是锌的主要矿石，宝石爱好者通常对其不感兴趣。由于含有铁，它通常是不透明的棕色至黑色，但在少数情况下，会出现成分较纯或铁含量很低的宝石级晶体。这些晶体会被切割成黄色、橙色、红色和蜂蜜褐色的宝石，因其美丽的火彩而受到追捧。由于含有微量的钴，有时会出现罕见的绿色晶体。闪锌矿的英文名来自希腊语"sphaleros"，意思是误导，其深色品种因高密度和金属般的外观，通常被误认为是一种含铅矿物方铅矿。闪锌矿也被称为黑闪锌矿，红色品种也被叫作红闪锌矿。

它具有等轴晶系的晶体结构，其结晶良好的晶体一般呈四面体、十二面体或复杂形式。也可能是颗粒状甚至是球状集合体。闪锌矿在硫化物矿石的热液矿脉中形成，并在全球许多地方被发现。高质量的晶体标本来自美国的三个州和英国北部等地，为收藏家所追捧。西班牙的桑坦德是一些最好的宝石级材料的产地，其他产地包括保加利亚、中国、秘鲁和墨西哥。

闪锌矿作为宝石的美丽之处在于其非常高的色散，超过钻石的 3 倍以上。钻石型切割最能突出这种特点，能发出强烈的全光谱火彩。色散高的特性在浅色宝石中显得更为明显，因为较深的体色会掩盖火彩。闪锌矿具有强烈的双折射效应，很容易用眼睛看到。由于高折射率，闪锌矿拥有一个非常明亮的金刚光泽到油脂光泽的外观。

◀ 来自西班牙桑
坦德的宝石级闪
锌矿晶体

▶ 一颗来自西班牙
桑坦德重 4.59 克
拉的钻石型切割闪
锌矿，显示出高色
散的光谱色彩

　　尽管闪锌矿具有高火彩、光泽和诱人的颜色，但它是一种收藏用的宝石。它的莫氏硬度为 3.5 ~ 4，在几个方向上都有完全的解理，因此既难以切割，又极为脆弱，不适合大多数珠宝。合成闪锌矿是已知的，但其光学特性略有不同，可以通过其折射率来进行区分。

塔菲石

成分：
镁铝铍氧化物（$Mg_3Al_8BeO_{16}$）

晶系：六方晶系

莫氏硬度：8 ~ 8.5

解理：无

断口：贝壳状

光泽：玻璃光泽

相对密度：3.59 ~ 3.72

折射率：1.716 ~ 1.730

双折射率：0.004 ~ 0.009

光性：一轴晶负光性

色散：0.019

　　这种罕见的宝石是由都柏林的宝石学家爱德华·查尔斯·理查德·塔菲伯爵于 1945 年首次在一批刻面宝石中发现的，这些宝石是他从一个珠宝商那里购买的旧珠宝中搜罗出来的。这颗淡紫色的宝石当时被当作尖晶石出售，然而塔菲伯爵注意到它有明显的双折射效应，因此它不可能是单折射的尖晶石。

▶ 塔菲伯爵发现的塔菲石宝石
（左，重 0.56 克拉，为垫形混
合型切割）和第二颗发现的宝
石（右，重 0.87 克拉，为圆
形混合型切割）

于是他将宝石送到伦敦商会的钻石、珍珠和贵重宝石实验室进行测试，并在英国自然历史博物馆进行进一步分析。它于 1951 年被证实是一种新的矿物。塔菲石是第一个从刻面宝石中发现的矿物种类，并以塔菲伯爵的名字命名。1949 年，在实验室的常规宝石测试中又发现了第二块宝石。

直到 1967 年人们也只发现了四块塔菲石，它是稀有的宝石之一。塔菲石的来源多年来不为人知，后来发现是在斯里兰卡。塔菲石形成于含铍花岗岩接触处的矽卡岩中的碳酸盐岩中，但通常产自冲积宝石砾石矿床中。斯里兰卡仍然是最重要的产地，而且在那里还发现了一种具备猫眼效应的紫褐色品种。其他产地包括坦桑尼亚、中国、俄罗斯、缅甸和马达加斯加。

塔菲石后来被确定为一个矿物族，而不是一个单一的矿物种类，以其铁或镁的含量来进行区分。这种宝石的正确矿物名称是不那么浪漫的镁橄榄石 -2N' 2S。它的成分介于尖晶石和金绿石之间，具有类似它们的特性，所以经常被误认为是尖晶石也就不足为奇了。塔菲石是六方晶系，晶体颜色为无色、淡紫色、红色和蓝色。塔菲石莫氏硬度为 8 ~ 8.5，透明且具有玻璃光泽。包体是矿物包体或愈合的裂缝。

榍石

成分：钙钛硅酸盐（$CaTiSiO_5$）

晶系：单斜晶系

莫氏硬度：5 ~ 5.5

解理：中等

断口：贝壳状

光泽：金刚光泽

相对密度：3.45 ~ 3.60

折射率：1.843 ~ 2.110

双折射率：0.100 ~ 0.192

光性：二轴晶正光性

色散：0.051

▼ 来自马达加斯加重 98.41 克拉的华丽刻面榍石，显示出高色散

榍石拥有极高的色散，比钻石的火彩还要耀眼，然而，其宝石级材料的极低产量和低硬度限制了它在珠宝中的使用。它多被用于收藏。榍石是一种钙钛硅酸盐矿物，其英文名"sphene"则来自希腊语"sphenos"，意思是楔子，指的是晶体的细长扁平的形状。

▼一颗重 1.37 克拉的榍石宝石，有一个粒径长 4.3 厘米的双晶晶体，来自巴西米纳斯吉拉斯州的卡佩利尼亚

榍石是酸性火成岩和相关的伟晶岩，以及变质片岩、片岩和矽卡岩中常见的副矿物。它被用作提炼钛的一种次要矿石。它产自巴基斯坦、意大利和瑞士、巴西、缅甸、印度、马达加斯加、俄罗斯、斯里兰卡、加拿大、澳大利亚和美国。榍石为单斜晶系，楔形晶体通常为 V 形双晶。它也可能是颗粒状或块状的。

这种矿物具有美妙的秋季色调，包括绿色、黄绿色、黄色、橙色、棕色或黑色。铁和铝是致色的原因，含铁量低产生绿色和黄色，而高含铁量则产生棕色到黑色。祖母绿绿色的晶体是因铬杂质而着色，也存在因锰杂质而产生的粉红色品种。榍石表现出强烈的三色性，三种颜色由体色决定，通常为无色、淡黄色，第三种颜色为绿色、棕色或橙色。由于含铁，榍石在紫外线下通常不发荧光。榍石通常是透明的，但经常包含波浪形的愈合裂缝、双晶平面、微小晶体或针状包体。无瑕的宝石是罕见的，也是非常紧俏的。它的高折射率产生了明亮的金刚光泽，高双折射率意味着用眼睛很容易看到双影效果。榍石通常以钻石型切割的方式进行刻面琢型，以充分利用其高色散，给予最大的火彩。但受到楔形晶体的大小和形状的限制，大多数宝石都在 2 克拉以下，不过也有超过 12 克拉的大家伙。它通常被用在吊坠或耳环上，这使柔软的宝石可以镶嵌在具有保护性的底座里。大多数榍石是未经处理的，不过它可能被加热以产生橙色到红色的颜色。

4 有机宝石

本章所介绍的宝石成因来源生物，它们是由植物或动物构成或创造的。有些只由有机材料组成，如琥珀；而其他的有机宝石中则含有无机成分，如珍珠和珊瑚。这些极具魅力的宝石有一种吸引人的温暖和美丽。

琥珀

成分：有机化合物（C-H-O）
晶系：非晶质
莫氏硬度：2～2.5
解理：中等
断口：贝壳状
光泽：树脂光泽
相对密度：1.00～1.10
折射率：1.539～1.545
双折射率：无
光性：均质体
色散：无

◄ 在这块菊石化石的外壳上，可以看到华丽的晕彩

▼ 周围镶嵌钻石的琥珀垂饰，内含昆虫和蜘蛛

琥珀是一种树脂化石，因其温暖的金色而被人类珍视了数千年，颜色范围从红色到黄色或白色，在少数情况下也有蓝色或绿色。琥珀的英文名字来源于阿拉伯文"anbar"和古法语"ambre"。如今，琥珀因其科学价值和它的美丽而备受重视，它就像一个时间胶囊那样封印了过往的时光。琥珀是由数百万年前的树木渗出

的黏性树脂形成的，它捕获并保存了当时的动物和植物。仅在琥珀中发现的昆虫就超过 6 800 种。

许多树木都会产生树脂，主要用来对抗疾病或保护外力造成的伤口。当树脂被埋在无氧环境中时，就可以在埋藏的热量和压力影响下慢慢形成琥珀。随着琥珀逐渐形成，它会转化为一种天然的聚合物（塑料），任何挥发性的成分（在室温下容易蒸发的物质）都会在过程中挥发掉。整个过程需要数百万年。较年轻的树脂（如柯巴脂）可能会被称为"年轻的琥珀"，但因为它们还没有完全化石化，仍然含有挥发性物质，所以不能算作琥珀。

琥珀被认为来自各种已灭绝的树木，包括松柏类和被子植物。它在世界各地都有发现，但只有少数产地有重要的商业价值。最受欢迎的琥珀是波罗的海琥珀。它由一个巨大的森林所形成，并在波罗的海周围堆积，形成了地球上最大的琥珀矿藏。大多数的波罗的海琥珀年龄为 3 400 万～3 800 万年。它可以沿着海岸线被采集，也可以从波罗的海中直接挖掘，还能在露天矿坑中开采。波罗的海琥珀中含有 3%～8% 的琥珀酸，有时会被称为钙铝榴石。另外两个在宝石市场和科学研究上很有价值的产地是多米尼加和缅甸。多米尼加琥珀是年龄为 1 600 万～2 000 万年的年轻琥珀，而缅甸琥珀（也被称为缅甸硬琥珀）更古老，大多有 9 900 万～1 亿年的

▲ 波罗的海琥珀的卵石原石，表面经过抛光，显示出红色

▶ 多米尼加蓝琥珀，大约有 2 000 万年历史，由于荧光而呈现蓝色

历史。这些琥珀因其保存完好，内含各种动物和植物而闻名遐迩。次要产地包括墨西哥、意大利、罗马尼亚和印度尼西亚。

琥珀拥有迷人的暖色调，从焦橙色到黄色、棕色或白色，其中红色是最受欢迎的。虽然通过处理可以产生绿色，不过蓝色或绿色还是很罕见。一块琥珀的颜色可能会随着时间的推移而改变，它暴露在空气中会被逐渐氧化而变暗。这个过程可以通过加热和光照来加速。琥珀进行切割和抛光因去掉了较硬的外壳也会增加发生这种情况的机会，不过许多人其实很喜欢琥珀宝石老化后颜色更深的"古董"外观。蓝琥珀很罕见，主要产自多米尼加共和国，少量来自印度尼西亚和墨西哥。

蓝色的外观是由琥珀表面产生的绿蓝色荧光引起的，实际上琥珀的主体颜色可能是红色或黄色。因此，在含有一些紫外线的日光下，琥珀就会呈现蓝色，在紫外灯下则会有非常强烈的荧光反应。荧光是由所含的烃类化合物引起的。

琥珀是透明到浑浊或不透明的。透明的宝石材料比较便宜，但具有有趣包体的材料是非常有价值的。昆虫和蛛形纲动物是最常见的包体。偶尔也会发现植物碎片或较大的生物，如蜥蜴、青蛙和蝎子，甚至能发现恐龙的羽毛。琥珀保存了这些包裹物令人难以置信的细节，以三维方式凝固了它们的最后的动作，而不是像岩石里的化石那样被压扁。其他的天然包体为连贯的线、旋涡和气泡。经过处理的琥珀可能含有可反射光线的盘状内部应力裂

▲ 一枚镶嵌有弧面型波罗的海琥珀的戒指，里面有一只长腿苍蝇，大约有 3 500 万年历史

缝，称为太阳光芒。浑浊或不透明的材料是由于云状气泡包体，这在放大镜下可以看到。琥珀的密度比较低，相对密度约为1.08，接近于水（1.00），所以它可以漂浮在饱和盐水溶液中。如果包含气泡包体，则可进一步降低密度从而可以漂浮在海水中，琥珀经常会被冲到海滩上。琥珀在摩擦时有非常好闻的气味，而且还会产生静电（摩擦电）从而可以吸引小纸片。

几千年来，琥珀一直被用作宝石材料。它被打磨成珠子、弧面型和镶嵌在珠宝上的自由形状。刻面宝石极为罕见，更多的是雕刻成珠子而不是琢型宝石。作为一种有机材料，它触感温热。它的温暖和轻盈使它佩戴起来非常舒适，尤其是大件的琥珀，厚实的琥珀珠宝很受欢迎。琥珀经常被做成各种颜色混合的珠串或多块拼接的镶嵌珠宝。琥珀也被雕刻成装饰品，

▲ 琥珀垂饰上有圆盘状的应力裂纹，称为太阳光芒，是通过加热然后迅速冷却而产生的

并作为装饰石使用。在俄罗斯圣彼得堡附近凯瑟琳宫的著名琥珀厅是在18世纪初建造的。最初琥珀厅的墙壁上镶嵌着6吨的琥珀，并以金箔为底。琥珀也被用作药物，在古代，加热琥珀产生的琥珀油也被用作香水。

作为一种敏感脆弱的宝石材料，琥珀的使用需要特别小心。它很脆很软，莫氏硬度仅为2～2.5，所以很容易被刮伤。琥珀要远离热源，因为高温会导致它融化。热量和强光也会使颜色加速变暗，并且会使经过处理的琥珀（如染色的琥珀）发生褪色。要用温肥皂水清洗，并用软布单独包好存放。要避免接触化学品，如香水、发胶和清洁产品，这些都会损害它。

琥珀通常通过加热加压处理来改善或改变颜色，并提高透明度。加热加压处理被用来将浑浊的材料变为清晰的宝石级材料，同时提高硬度。加

热加压处理也被用来产生一种明亮的黄绿色，这种颜色在自然界中是不存在的。在氧气中加热的琥珀会变成深红的"古董"色，但这只存在于表面，可通过后续的抛光去除。在折射率相似的植物油（如菜籽油）中加热，可以将油填充进琥珀原本造成混浊的气泡内来提高透明度。太阳光芒是识别处理的一个特征，它是由温度或压力的快速下降引起，这会使得气泡包体爆裂，形成内部圆盘状的应力断裂。这些通常是人为的，就是为了能有一个吸引人的太阳光芒的外观，这种琥珀有时被命名为花琥珀。因为琥珀的多孔性，它也可能会被染色。

压制琥珀是一种复合或重建的琥珀材料，由小块琥珀（利用切割下来的不同碎片或边角料）融化后挤压而成。它可以制成多种颜色，具有天然琥珀的外观。在放大镜下，它可以通过斑状的透明度和颜色、颗粒之间的边界角、因压力而拉长的气泡来进行鉴别。

更年轻的树脂经常会被拿来仿制琥珀，如贝壳杉胶和其他柯巴脂、人造树脂（塑料）和玻璃。柯巴脂和贝壳杉胶尚未失去其挥发性成分，所以当用力摩擦时有一种松树的香味。而较年轻的树脂往往更容易开裂，表面有细密的网络状裂纹。塑料有较高的密度，在饱和盐溶液中会下沉。玻璃可以通过其冰凉的触感和较高的密度来进行鉴定。当使用正交偏光镜观察时，琥珀会显示出由内部应变引起的干涉色。内部应变的部分原因是外表的硬化速度比内部快，这也可以在包体周围看到，如气泡和动物，它们的最后的运动被捕获成为琥珀中的应变。塑料和

▲ 由赛璐珞（塑料）、酚醛树脂、酪蛋白（由牛奶蛋白制成的塑料）和玻璃珠组成的仿琥珀珠串项链

年轻的树脂可能会显示出类似的干涉色，然而这种技术可能有助于鉴定释放了一部分应变的加热琥珀。

有几种破坏性的测试可以在琥珀不显眼的地方非常小心地使用。滴一滴有机溶剂（如丙酮），琥珀的表面不会被溶解，而年轻的树脂和一些塑料会变得柔软或黏稠。用锋利的刀子测试时，琥珀会碎裂，而塑料是可切片并可以剥落。当使用热点测试时，加热的针尖触碰琥珀表面会产生松香味，而不是塑料烧焦的刺鼻气味。

伪造琥珀中的包体已经有数百年的历史了，将现代动物包裹在塑料、玻璃或熔化的柯巴脂中，这种包体往往显得过于完美，没有挣扎的迹象，所以如果看起来好得不像真的，那就可能真的不是真的。

▲ 贝壳杉胶，一种用来仿制琥珀的柯巴脂，有细密的网络裂纹

斑彩石

成分：含杂质的碳酸钙（$CaCO_3$）
晶系：斜方晶系（隐晶质）
莫氏硬度：3.5 ~ 4
解理：无
断口：分层断裂
光泽：玻璃光泽、树脂光泽
相对密度：2.60 ~ 2.85
折射率：1.52 ~ 1.68
双折射率：0.135 ~ 0.155
光性：不适用
色散：无

斑彩石是两种有着高度彩色化外壳的菊石化石的商品名称。斑彩石只产于熊掌地层中，该地层从加拿大的阿尔伯塔省延伸到美国的蒙大拿州，并且只在阿尔伯塔省的页岩中开采。这种有7 100万年历史的化石通常在铁石结核中发现，除了会被压碎，其在埋藏和化石化的过程中几乎没有改变。斑彩石在20世纪初就已被发现，但直到1962年才被作为宝石。这种菊石化石的贝壳具

有高度的晕彩，具有全光谱的彩虹色。红色、黄色和绿色是最典型的，而蓝色和紫色则不太常见。与鲍鱼等现代贝壳类似，斑彩石的贝壳主要由文石组成，呈薄薄的微细层状。晕彩是由光经厚度均匀的多层文石进行反射后的薄膜干涉效应造成的。

斑彩石有两种方式：破碎的斑彩石由于壳的碎裂特性而具有独特的彩色玻璃窗效果，而未破碎的薄片状斑彩石的壳则拥有连续的颜色。其层状的壳薄而柔软，莫氏硬度为 3.5 ~ 4。斑彩石通常被留在页岩基岩上以保持稳固，或用树脂加以稳定，然后再进行抛光。抛光后的外壳通常厚度小于3毫米。斑彩石宝石通常被做成带有页岩底衬的二叠拼合石，或由一层薄薄的无色石英或合成尖晶石覆盖的三叠拼合石。这可以增加宝石的厚度和耐久性。斑彩石主要用于吊坠和耳环的镶嵌，这样可以提供更多的保护，但三叠石也足够耐用，可以戴在戒指上。没有覆膜的宝石材料应特别小心对待。用潮湿的软布清洁，不要使用超声波或蒸汽清洁器，并避免热和酸，如发胶和香水。

▶ 一块美丽的斑彩石具有红色到绿色的晕彩，来自加拿大阿尔伯塔省

珊瑚

成分：碳酸钙（CaCO₃）

晶系：三方晶系（隐晶质）

莫氏硬度：3～4（黑珊瑚、金珊瑚为 1～2）

解理：无

断口：参差状、碎裂状

光泽：玻璃光泽、蜡质光泽

相对密度：2.60～2.70（黑珊瑚、金珊瑚为 1.34～1.40）

折射率：1.486～1.690

双折射率：0.160～0.172

光性：一轴晶负光性

色散：无

▼ 产自地中海的红色珊瑚枝状骨骼

珊瑚是由微小的海洋动物珊瑚虫的骨架形成的，它们以群落的方式构建成分支的蒲扇状结构。珊瑚自古以来就被用于珠宝，尤其在维多利亚时代极受欢迎。它的主要产地一直是地中海，而且大多数用作宝石的珊瑚都生长在温暖的水域中。

大多数珊瑚由碳酸钙组成，颜色可能是红色、粉红色、白色或蓝色。黑色和金色珊瑚是由角质蛋白介壳质形成的，这种有机材料也可以在珍珠中找到。最流行的珊瑚是红珊瑚，也被称为贵珊瑚，其颜色饱满且均匀，从淡粉色到鲑鱼粉色和红色。它抛光后会有一个非常光滑的表面，并可能显示出精细的平行纹理。正是因为它作为宝石的流行程度，导致"珊瑚色"被用来定义这种红颜色。贵珊瑚主要产自意大利、法国和西班牙附近的地中海，以及北非的海岸线上。其他红色的红珊瑚科珊瑚产自西太平洋的日本、中国和马来西亚附近。黑珊瑚生活在澳大利亚、夏威夷、菲律宾和印度尼西亚的海岸边。金珊瑚的颜色是珊瑚中最稀有的，它生长在夏威夷海岸，是备受追捧的珊瑚种类。黑珊瑚和金珊瑚都可能显示出树木年轮般的同心环状结构，而金珊瑚的表面有细密的丘疹状外观。黑珊瑚和金珊瑚比贵珊瑚更软，所以很容易被刮伤，而且可能会变干和破裂。

因为过度捕捞、污染和环境变化，目前珊瑚一直处于濒临灭绝的危机中。许多种类的珊瑚开采受到限制，其贸易受到《濒危野生动植物物种国际贸易公约》的保护。所以对于不断变化的法规和准则的了解是很重要的。

珊瑚的透明度为不透明到半透明，有初始骨骼的微细纹路。颜色可以是纯色的，也可以是旋涡状和带状分布的，最理想的是颜色均匀的类型。天然珊瑚有一个暗淡的表面，但高度抛光后会显示出玻璃光泽。由于它不透明性和柔软性，会被制成弧面型和圆形的珠子，也会将其小"树枝"抛光并串在一起作为项链。珊瑚雕刻成的装饰品非常受欢迎。

与大多数有机宝石一样，珊瑚耐用性并不高，需要特别小心和保护。它很柔软，容易被刮伤，所以应单独存放，并用潮湿的软布擦拭清洁。珊瑚不耐热和酸，要避免接触发胶、香水和清洁产品。其颜色不稳定，长期暴露在阳光下可能会褪色。珊瑚可以通过漂白处理来淡化其颜色，或者漂白后再染成更理想的色调，如深红色。染色处理可以通过钻孔或表面丘疹结构中的颜色浓度来进行检测。漂白黑珊瑚可以产生金色的颜色。黑珊瑚和金珊瑚可以用树脂进行涂层处理，以改善颜色及耐久性。所有的处理方式都应该公开。

塑料、染色的象牙或动物的骨头、角和玻璃可以不同程度地仿制珊瑚。塑料的仿制品可以通过热点测试来区分，塑料会产生一种刺鼻的气味。

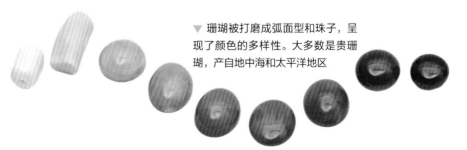

▼ 珊瑚被打磨成弧面型和珠子，呈现了颜色的多样性。大多数是贵珊瑚，产自地中海和太平洋地区

玻璃的触感会比较冰凉。两者都缺乏丘疹状的表面、细胞结构或平行纹路。贵珊瑚可能会与其他橙粉色的宝石混淆，如蔷薇辉石和红玉髓，但是可以通过其较低的硬度和温热的触感来进行区分。由于颜色和质地相似，它也可能与海螺珍珠相混淆。

▼ 带贝壳垫片的金珊瑚珠子项链。金珊瑚显示出典型的丘疹状表面，来自夏威夷海岸

象牙

成分：牙本质（磷酸钙＋有机物）
晶系：无
莫氏硬度：2～3
解理：无
断口：纤维状
光泽：树脂光泽、蜡质光泽
相对密度：1.7～2.0
折射率：1.52～1.57
双折射率：无
光性：不适用
色散：无

▼ 一只象牙雕刻的小杯子，显示了史垂格线的"旋转引擎纹"模式

象牙的使用已有数千年的历史，常制作成复杂的乳白色雕刻品。一看到这个名字就会让人马上和大象的牙齿联系在一起，这个词在传统上（或者说狭义上）指的就是大象牙。然而，由于哺乳动物牙齿的化学结构是相同的，广义的象牙也包括其他动物的牙齿，如野猪、河马、海象、抹香鲸和独角鲸。猛犸象牙的化石也包括在内。象牙是一种持续生长的牙齿，在漫长的进化过程中逐渐伸出嘴唇之外，并且具有专门的功能。

这种宝石是由牙本质组成的，包括大约 75% 的矿物磷灰石和 25% 的有机质物质。

最好的象牙来自非洲象，非洲象牙也是最主要的使用材料。象牙本身较大的尺寸和奶油般的颜色使其成为雕刻的理想材料。印度象的象牙较小，其象牙制品较软，并趋向于黄色。象牙的流行导致了非洲象的濒临灭绝。1989 年，根据《濒危野生动植物物种国际贸易公约》对象牙贸易实施了国际禁令，以保护这些动物。可悲的是，非法偷猎仍然威胁着它们的生存。其他广义上的象牙物种也有不同的受保护级别。由于规则和准则经常变化，了解最新动态至关重要，正确识别不同类型的象牙也很关键。猛犸象牙因猛犸象已灭绝目前没有被列入《濒危野生动植物物种国际贸易公约》。

大象的象牙可以通过其内部的结构牙本质小管来识别。其横截面上形成了一个"旋转引擎纹"的图案，被称为史垂格线，这些线的角度平均大于 100 度。化石化的大象或猛犸象牙的史垂格线之间平均角度较小，一般小于 100 度，这点可以用来和现代象牙进行区分。

非大象物种的象牙会在牙髓腔周围的同心层或辐射层的横截面上显示出不同的识别特征，同时微管的结构也不一样。海象牙有一个较深的次生牙本质核心，拥有瘤状构造，周围有一层辐射状的纤维状牙本质，外面有一层较薄的浅色牙骨质，呈同心层状。河马牙的横截面是三角形的。獠牙和牙齿有一个浅黄色的核心，由精细的同心层组成，围绕着一个小的中央牙髓腔，厚度均匀，

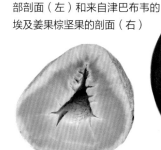

▼ 植物象牙是某些棕榈树的果实内部。来自南美的象牙棕榈坚果的内部剖面（左）和来自津巴布韦的埃及姜果棕坚果的剖面（右）

外层是薄薄的黄色牙骨质或厚厚的沟纹珐琅质。

象牙主要用于雕刻，作为装饰品或用于珠宝，如珠子、手镯和吊坠。雕刻通常按照牙齿或獠牙的形状进行设计的。象牙也被用来制作棋子、台球、钢琴键和纽扣。它是一种耐用的材料，可以很好地进行抛光。由于象牙的多孔特性，其染色处理非常容易，经常被染成更深色从而显得更为古老。化石象牙和海象牙可以用蜡或聚合物进行浸渍，以提高耐久性和光泽度。

象牙有许多仿制品。骨质品具有非常相似的外观，但在放大镜下可以通过其多孔的性质、丘疹状外观和沟槽来区分。这些沟槽是哈弗斯管，细小的血管网络就是通过这些管道运行的。牛角是另一种常见的仿制品，具有平行融合的毛发状结构。人造的塑料和树脂可以通过模制的痕迹来区分，但其缺乏象牙和其他有机物（如骨头）所具有的蓝白色荧光。植物象牙是某些棕榈树的果实，其具有和象牙类似的奶油色和坚硬致密的结构，是一种很好的仿制品。包括中美洲和南美洲的象牙棕榈或象牙果，以及非洲的埃及姜果棕。在放大镜下，植物象牙显示出圆形或圆柱形的植物细胞结构。

煤精

成分：碳（C）、杂质
晶系：非结晶
莫氏硬度：2.5～4
解理：无
断口：贝壳状
光泽：玻璃光泽至暗淡光泽
相对密度：1.19～1.40
折射率：1.640～1.680
双折射率：无
光性：均质体
色散：无

煤精是一种古老的宝石，至少有4 000年的使用历史，是古罗马人和英国人的最爱，在维多利亚时代大受欢迎，是一种用于哀悼场合的珠宝。这种不透明的黑色至巧克力色的宝石实际上是浮木的化石，压实后被碳所取代，形成了一种坚固的材料。煤精常被加工成雕刻品，并被用作装饰或珠宝。它高度抛光后的深沉颜色也是"jet black"这个颜色定义词的由来。煤精的英文名字来自发现地——土耳其西南部的古镇"Gagae"，在古法语中就叫"jaiet"。

这种宝石是一种与煤有关的碳氢化合物，由古代针叶树形成。其死亡后被水淹没并被埋在黑泥中，经过数百万年慢慢压实和化石化，最终生成了一种坚固耐用的材料。它们在页岩层内以块状和团块状形式出现。有些煤精还可能有一个硅化的核心。煤精有两种类型：硬质煤精是坚固耐用的，而软质煤精更容易破裂。对煤精中所含的油的研究表明，这种差异是由形成条件造成。硬质煤精是在无氧的海水环境，而软质煤精可能在淡水条件下形成。

煤精产地分布广泛，在世界各地都有产出，但只有少数地方进行了商业开采。英国约克郡的惠特比是最著名的产地，产出最好的材料。在这里页岩的不规则水平层中的开采已经持续了几个世纪，但也可以从沿海悬崖上收集到或在海滩上找到被海浪冲上来的材料。惠特比煤精形成于大约1.8亿年前，主要是由古老的南洋杉属的树形成的，类似于现代的猴谜树。它可以有独立的石英颗粒的包体，是由被困在树裂缝中的沙子形成的。西班牙的阿斯图里亚斯也出产优质的煤精，比惠特比的更硬，但也更脆。西班牙煤精可能含有黄铜色的黄铁矿包体，会降低其坚固度。其他产地包括美国、法国、德国、葡萄牙、俄罗斯、中国和土耳其，但这些地区的煤精通常光泽度和硬度都较低。

作为一种有机材料，煤精触感温热且非常轻，因此作为珠宝佩戴起来

▼ 来自约克郡布里德林顿南海滩的煤精，上面印有菊石的化石

很舒适。由于结构紧凑的特性，煤精非常坚固，但可能较脆，断口为贝壳状。大多数煤精是光滑均匀的，但偶尔也有内含化石或显示出颗粒状或树皮状的纹理。天然煤精具有暗淡到蜡质的光泽，也可能是哑光的黑色，精细的煤精材料通过非常高度的抛光可以成为具备全反光的材料，所以几个世纪前煤精就被用于制造镜子。它可以被刻面琢型或简单地抛光成珠子或弧面型，成品的黑色光泽非常具有吸引力。比较常见的切工为玫瑰型，其顶部为圆弧形而背面则为平坦状。煤精可以被雕刻成浮雕或装饰品，并被镶嵌在耳环、吊坠和胸针上。煤精在 19 世纪非常流行，这是因为维多利亚

▲ 来自约克郡惠特比的煤精，雕刻得很有吸引力

女王在其丈夫阿尔伯特亲王于 1861 年去世后，选择佩戴煤精作为其丧服的一部分所致。时至今日，煤精仍然被用于装饰和珠宝。

与琥珀类似，煤精在摩擦时也会产生静电并可以吸引灰尘或小纸片。由于这个原因，煤精有时也被称为黑琥珀。煤精虽然坚固，但硬度其实很低，容易被刮伤，所以应与其他珠宝分开存放。它可以用温和的肥皂水和温水清洗，或用布轻轻地擦拭。不要使用超声波或蒸汽清洗机。作为一种有机材料，它含有水分，因此会脱水和开裂。应注意避免高温或储存在非常干燥的条件下。

煤精有几个可以用来识别的特性。当在未上釉的瓷板上进行摩擦时，

煤精会留下巧克力色到姜黄色的条痕（条痕测试）。煤精可以是复杂的雕刻或刻面形状，其边缘锋利，这与一些使用模具的仿制材料的圆钝边缘完全不一样。由于它的脆性，螺丝不能用在煤精上，所以用螺丝来固定的镶嵌物一定是仿制品。

煤精在维多利亚时代的大流行导致了许多仿制品的出现，包括天然的火山玻璃黑曜石、沼泽橡树、染色的压制动物角、人造玻璃、塑料（包括酚醛树脂）和硫化橡胶（称为硬橡胶）。黑曜石可以通过触感较冷、和玻璃一样的贝壳状断口和较高的密度来鉴别。沼泽橡树是一种埋在泥炭沼泽中的木材，因其质地更为粗糙，光泽比煤精更为暗淡。动物角有层状结构，放大后可看到明显分层。

黑玻璃有时被称为法国煤精，可以通过它的触感、内部的气泡和旋涡，以及贝壳状断口和模具痕迹来识别。它的密度较高，也不会产生条痕。塑料可以通过模具痕迹、表面的气泡、缺乏条痕和热点测试的刺鼻气味（塑料烧焦）来检测。硬橡胶，也被称为硫化橡胶，是一种常见的、相似度很高的仿制品，具有类似的颜色和光泽，有浅棕色的条痕。它是由天然橡胶经硫化而成。硬橡胶是经过加热成型的，所以可能会有模具的痕迹，而且其缺乏贝壳状的断口，当用力摩擦时，会有一股硫黄的味道。随着时间的推移，其颜色通常会随着暴露在光线下而逐渐褪去，从黑色变成卡其色。其他黑色的宝石，如黑电气石和缟玛瑙，也可能引起混淆，但可以很容易地通过其较凉的触感来识别。

珍珠

成分：碳酸钙（CaCO₃）、介壳质
晶系：斜方晶系（隐晶质）
莫氏硬度：2.5～4.5
解理：无
断口：参差状
光泽：珍珠光泽、暗淡光泽
相对密度：2.60～2.85
折射率：1.52～1.69
双折射率：0.155～0.156
光性：不适用
色散：无

珍珠被人类当作珍宝已经有几千年的历史了，是财富和奢华的象征。它因温暖、柔和的光泽和被称为东方的晕彩而在宝石中独一无二。其在美丽的圆形外形下有着各种柔和的颜色，最常见的是白色、奶油色或灰色。几个世纪以来，天然珍珠一直被用于珠宝和服装的装饰，其稀有性使它们成为富人和皇室成员的专属。从 20 世纪初开始，养殖珍珠的商业化生产意味着如今每个人都可以享受到它们的优雅。

珍珠由软体动物生成，是少数由动物生成的宝石之一。最知名的珍珠类型是由一种叫作珍珠质或真珠质的物质组成的。它形成于软体动物中如蚌类或牡蛎这样的双壳类，以及海蜗牛鲍鱼。其他软体动物如海螺、椰子涡螺（美乐珠）、扇贝和砗磲可能产生非珍珠质的珍珠。

有不到 20 种双壳类动物能产生珍珠质珍珠。珍珠质（或称真珠质）

▼ 来自印度 – 太平洋的大珠母贝或叫银唇珠母贝壳上的一颗大附贝珍珠。这种牡蛎生产大型的南洋养殖珍珠

是由软体动物分泌的，分布于贝壳内部。当微小的刺激物（如病毒或异物）进入软体动物的软组织（称为外套膜）时，动物出于保护性防御目的会用一层又一层的珍珠层包裹住异物，从而形成珍珠。珍珠由无机物碳酸钙（主要是矿物文石）和有机物材料（称为介壳质）交替层状组成。文石在重叠的平行层中形成均匀大小的微细片晶，并由介壳质将其结合在一起。

珍珠有不同的形状，最珍贵的类型是完美的圆球体。对称的形状包括纽扣状和水滴状，而不对称和不寻常的形状被称为巴洛克珍珠。子珍珠可能是圆形或巴洛克式的，直径小于 2 毫米。米粒珍珠看起来类似于一粒膨化过的米粒。附贝珍珠是那些长在贝壳内部的珍珠，通常是一个半球形的形状。

产生珍珠的软体动物的类型会决定其微妙而复杂的颜色。整体的主色调被称为体色。它可能是素色的（白色、灰色、黑色）、略带色调的（奶油色、银色、棕色）或花哨鲜艳的（粉红色、淡紫色、黄色、桃红色、绿色、蓝色）。有些类型会显示出一种额外的绿色、粉红色、紫色或蓝色色调，称为伴色，它覆盖并修改了主体的颜色。最后，珍珠内可能是由两种或更多的颜色在表面漂移的微妙彩虹色，被称为晕彩。晕彩的原因很复杂——由通过重叠的文石小片边缘的光线发生衍射，以及通过小片分层的光线发生反射和干涉所组成。

珍珠的柔和光泽是由光线从半透明层反射造成的。较厚和质量较好的珍珠层会产生更清晰的光泽。珠母贝生长的水温也会影响光泽，来自凉水域的珍珠通常会比来自暖水域的珍珠有更好的光泽。大多数珍珠会在冬季进行收获，以获得最好的珍珠层。珍珠的表面性质也会影响光泽和晕彩。光滑、无瑕疵的表面会产生更清晰的光泽，但这种情况很罕见。许多珍珠会有斑点、坑洞或生长过程中形成的纹路。一些珍珠可能会有环绕珠体的线条，这是由生长过程中的运动造成的，这些都是有价值的但却是不受市场欢迎的。

珍珠既可以是天然产物，也可以是养殖场养殖的产物。天然珍珠非常罕见，价值也非常高，海水和淡水种类都有。产自苏格兰的天然河流珍珠极受追捧，但因生产的河蚌是受保护物种，自 1998 年起禁止开采。

▲ 来自苏格兰的天然淡水珍珠

养殖珍珠在世界各地都很流行，是使用各种双壳类软体动物在海水和淡水中养殖。第一批养殖珍珠是 19 世纪末在日本养殖的，商业化生产开始于 20 世纪 20 年代。养殖珍珠的概念早在 13 世纪的中国就已经出现，古代中国人会将（如佛像形状）异物塞入珍珠贝壳中，从而使其被珍珠层覆盖，用于传统装饰和观赏。养殖珍珠其实就是人为模仿自然形成过程。

一小块珠形或者其他形状（通常是一个抛光的贝壳球）的珠核被放入软体动物的外套膜组织中。作为宿主的软体动物会在其周围形成一个珍珠囊并分泌珍珠层。随着软体动物被持续养殖，其中的珍珠开始逐渐生长，一般需要六个月到几年的时间。时间越长，珍珠越大，珍珠层越厚。

海水珍珠是由在潟湖或环礁上养殖的珠母贝产生的。珍珠会以其生长的珠母贝种类所命名，如母贝马氏贝（Akoya）珍珠，或以它们生长的地区命名，如大溪地珍珠和南洋珍珠。母贝马氏贝珍珠的颜色范围在白色、奶油色、金色或淡灰色之间，带有粉色和绿色的伴色。粉红色给人一种温暖的感觉，所以更有价值，而绿色款会有一种金属外观的感觉。它们生长在马氏珠母贝中。牡蛎的尺寸很小，珍珠的尺寸范围是 2～11 毫米，通常小于 8 毫米，很少能超过 10 毫米。它们大多是球形的，表面没有瑕疵且有鲜明的光泽，是养殖珍珠的质量标准。日本和中国是主要产地，韩国和地中海地区也有养殖。

大溪地珍珠由于颜色较深，通常被称为黑珍珠，体色较多，包括灰色、巧克力色、绿色、紫色和蓝色。在较暗的背景下，伴色的颜色会更强，可能会盖过体色。大溪地珍珠通常被称为黑唇珠母贝。这是一个大型物种，珍珠尺寸范围是 8 ~ 17 毫米，平均为 10 毫米，超过 18 毫米的极为罕见。形状可能是球形的或巴洛克式的。大溪地珍珠是在法属波利尼西亚的岛屿周围养殖的，包括大溪地和斐济。

南洋珍珠的颜色范围从金色到奶油色、银色或白色，并带有蓝色、绿色或粉红色的伴色。它们是由大珠母贝这个物种生产的。它是最大的珠母贝种类，珍珠尺寸主要 8 ~ 16 毫米，最高可达 20 毫米，其珍珠层较之其他珍珠更厚。白蝶贝也是最稀有的牡蛎，所以南洋珍珠也是最值钱的。形状一般为椭圆形、纽扣形、水滴形和巴洛克形。这种牡蛎有两个品种：金唇白蝶贝会产生金色的珍珠，在菲律宾和印度尼西亚养殖；银唇白蝶贝产生白色、银色和奶油色的珍珠，在澳大利亚养殖。

淡水珍珠是由几种淡水蚌类产生的，通常在湖泊或池塘里进行养殖。它们在炎热和寒冷的气候中都有分布。大多数淡水养殖珍珠使用外套膜组织而不是珠壳作为内核，被称为无核珍珠，因此珍珠质含量更多。它们是最常见的养殖珍珠，价格实惠。淡水珍珠的颜色和形状各不相同，通常品质很高。颜色是比较柔和微妙的，有淡紫色、粉红色、桃红色、金色和奶油色。珍珠的大小 5 ~ 15 毫米。由于它们没有一个圆形的内核，形状更倾向于巴洛克风格，米粒的形状很常见，不过最近几年，已经可以生产球形的无核珍珠了。

第一批淡水珍珠是在日本的琵琶湖养殖的，使用的是琵琶珍珠蚌，因此被称为琵琶珍珠。美国有着悠久的淡水珍珠养殖历史（也是亚洲以外的唯一国家），但已不再进行商业生产。如今中国是主要的生产国。最初使用的是鸡冠珍珠蚌、褶纹冠蚌，产生独特的米粒形状。在 20 世纪 90 年代中期，改用三角帆蚌和其他蚌类的杂交种，产生更对称（甚至是球形的）、质量更高的珍珠。

马贝珍珠，也被称为附贝珍珠，其贴着软体动物壳的内部生长，而不是生长在软组织中。它们是半球形的，有一个平的底面。它可以是天然形成的，也可以在海水珠母贝中培养出来。最常见的物种是企鹅珠母贝生产的白色马贝珍珠。红唇贝生长黑色的马贝珍珠，而南洋的大珠母贝生产白色或金色的珍珠。鲍鱼贝生产具有强烈晕彩的马贝珍珠。养殖的马贝珍珠是通过将一个圆盘、半球或特殊形状的内核附着

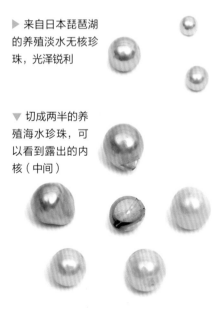

▶ 来自日本琵琶湖的养殖淡水无核珍珠，光泽锐利

▼ 切成两半的养殖海水珍珠，可以看到露出的内核（中间）

在贝壳内部而生长形成的，贝壳内部会被软体动物涂上一层珍珠质。珍珠被从贝壳中取出，将内核珠子移走，填上树脂，并被粘在珠母贝层上。它们的形状使得它们经常被用来做耳环、戒指和纽扣。

珍珠的价值是由其光泽、表面光滑度、形状和对称性、颜色和大小决定的。较厚的珍珠层会产生更好的光泽和晕彩以及更为耐用。一套珍珠的尺寸相符也会增加其整体价值。大多数珍珠都用在项链和耳环上，这样可以为其提供更多的保护，不过戒指也很常见。珍珠会被钻孔，以便进行镶嵌或做成串。珍珠串可以是大小相称的珍珠，也可以是大小不同的，一般较大的珍珠在中心位置。珍珠项链非常流行，以至于不同的长度都被赋予了正式的名称：choker（41 厘米）、princess（46 厘米）、matinee（56 厘米）、opera（91 厘米）和 rope（132 厘米）。

天然珍珠可以通过其内部结构与养殖珍珠区分开来。天然珍珠是由许多同心珍珠层形成的，有时会有一个小的中央空洞。有核养殖珍珠的珠子具有不同的带状结构，由约 0.5 毫米厚的薄珍珠层覆盖，南洋珍珠则更

▼ 一条养殖海水珍珠项链，珍珠颗粒大小均匀

厚。无核珍珠有不规则的中心结构或空洞，有同心圆的生长结构。观察钻孔可以发现珠子上的薄薄的珍珠层，这可以区分养殖珍珠。然而，串起来的珠子是很难鉴定的。X射线在宝石实验室中被用来查看内部结构，以确定是天然的还是养殖的以及确定珍珠的类型。它也可以检测出仿制品。

珍珠可能会有荧光，这个特点对鉴定已经串起来的珍珠是否是天然的很有帮助。天然珍珠往往会出现不同的荧光反应，而养殖珍珠项链可能会出现统一的荧光反应。荧光反应的颜色范围从蓝色、绿色、黄色、红色到棕色。

其他软体动物也可以形成珍珠。鲍鱼贝可以产生非常罕见的高晕彩的珍珠，通常是角形状的珍珠。加勒比海地区的女王凤凰螺产生粉红色至橙色的非珍珠质的海螺珍珠。这些往往是椭圆形的，有一个瓷器质的表面和一个明显的火焰状结构。海螺珍珠罕见且价值很高。美乐珍珠是一种罕见的珍珠，由椰子涡螺（或称美乐螺）形成。它们是非珍珠质的，具有瓷器质的光泽和精细的火焰结构。这些珍珠比较大，通常是圆形的。颜色是棕褐色到棕色，偶尔是极受欢迎的柔和桃红色。砗磲能产生白色的非珍珠质珍珠，它们很大，但不像宝石那样越大越贵。海螺珍珠和美乐珍珠的颜色都可能随着暴露在光线下而褪色。

珍珠通常要经过多种处理，以改变其颜色，并改善这些偏软宝石的光泽度和耐久性。清洁、抛光和漂白处理被认为是常规处理手段，并且很少披露。珍珠的处理方法包括：

- 通过用蜂蜡抛光或在低硬度的研磨剂中打磨，以去除粗糙的表面并改善光泽。珍珠也可以被精细地剥开表层，以去除任何染色或损坏的珍珠外层。

- 涂层处理可以增强光泽和耐用性。珍珠可以在涂层前进行抛光。常用的涂层是蜡和透明聚合物，然而它们可能随着时间的推移而剥落或磨损。涂层过的珍珠在放大镜下会有一个光滑的表面，而未经处理的珍珠是鳞片状的外观。

- 可以用过氧化氢进行漂白，使颜色变浅、变白，或减少深色斑点，使主体颜色更为均匀。

- 钻过孔的珍珠可通过珠子和珍珠质之间的染料浓度以及串线上的染料污点来鉴别。染色后的珍珠可能没有荧光反应，或对紫外线有极为暗淡的荧光反应。

- 漂白和染色处理主要用来改变颜色。有核的母贝马氏贝珍珠通常被染成鲜艳明亮的颜色。不自然的色调是一个鉴定的依据。

- 用硝酸银溶液处理后暴露在光线下，能形成鸽子灰到黑色的颜色。这是因为硝酸银与光反应，分解成金属银，成为珍珠质层中的黑色沉积物。银可以通过 X 射线成像和 X 射线荧光检测出来。

- 伽马射线的照射处理能使珠体呈现灰色，这常用于母贝马氏贝珍珠。这会使珠核变暗，这种处理的珠子表面珍珠质层较白而里面的体色为灰色至黑色，这也是此处理的识别特征。处理后珍珠也可能在长波紫外线下无反应。伽马射线照射无核淡水珍珠会使珍珠质层变黑，并呈现出金属光泽。

- 热处理会使白色珍珠变为金色。这可以由宝石实验室使用紫外线光谱仪进行检测。

仿制珍珠是由玻璃、珐琅或塑料珠子制成的，表面有一层彩虹色的涂层。一件好的仿制品会使用鱼鳞精油作为涂层。仿制珍珠的表面比真正的珍珠更光滑，而后者表面由于文石小板的重叠而有砂质的感觉。所以有时可以通过相互摩擦珍珠来鉴定仿制品。仿制品的晕彩质量较差，涂层有时会从珠子上剥落。玻璃珠可能会在钻孔周围显示出贝壳状断口。

珍珠是非常精致的宝石，需要格外小心照顾，如果照顾得当，将可作为传家宝延续数代人。珍珠多孔且硬度很低，所以很容易被刮伤。养殖珍珠的珍珠质层较薄或质量较差，也可能出现裂痕或裂缝，但其整体韧性很好。每次佩戴后，应以湿的软布轻轻擦拭，切勿使用蒸汽或超声波清洁机。用软布包裹着它们存放，但不要长期放在密闭的条件下，因为这可能会导致它们变干和变质。来自我们皮肤的天然油脂有助于保持珍珠的良好状态，所以佩戴也是一种保养。由于它们由碳酸钙组成，其对化学品和酸非常敏感。一般来说，出门前的最后一步才是戴上珍珠（出门前先化妆），而回家后的第一步就是先把它们摘下来（再卸妆）。

贝壳

成分：碳酸钙（$CaCO_3$）
晶系：斜方晶系（隐晶质）
莫氏硬度：2.5～4.5
解理：无
断口：参差状
光泽：珍珠光泽、暗淡光泽
相对密度：2.65～2.87
折射率：1.53～1.69
双折射率：0.155～0.156
光性：不适用
色散：无

早在石器时代以前，贝壳就已经被用于装饰。考古学证据表明，贝壳是最古老的珠宝形式，最早可以追溯到10多万年前。较小的贝壳可以钻孔并做成吊坠或珠子。珠母贝和其他软体动物壳内的珍珠质层本身就可以作为宝石。

鲍鱼贝有一个美丽的、高彩色的珠母内层，具有典型的蓝绿色晕彩。它是一种鲍属的海洋腹足类软体动物。其晕彩比在其他珠母贝中看到的更强，因为其珍珠质层是由厚度规则的文石小板以柱状堆积的形式形成的，而不是由重叠的小板层状构成。叫彩虹鲍鱼的晕彩层具有强烈的彩虹色，可以长到18厘米左右。贝壳非常坚硬，并被切割和塑造成珠宝、纽扣和镶嵌物。

▼ 鲍鱼壳的高度晕彩的珍珠质层（左图）可以制成美丽的装饰品，如这个小饰品盒的盖子（下图）

吊坠和耳环较为常见，贝壳会被固定在底座上或通过钻孔进行连接，而小块的贝壳则被镶嵌在手镯上。由于鲍鱼不仅壳很美丽，还非常美味，所以对可以采集捕获的鲍鱼大小和数量都有限制，以保护其物种数量。

可以产生珍珠的软体动物（比如牡蛎），其外壳的珠母层也会被用作宝石。它具有与珍珠一样的柔和光泽和晕彩。这种贝壳可用于珠宝、纽扣、镶嵌和其他装饰用途。

拥有不同颜色层的贝壳可以通过去除表层的方式来进行雕刻，从而使得不同的色层形成对比，产生复杂的浮雕图像，被称为浮雕宝石。这些图像是按照贝壳的形状进行设计的，可以进行分割，也可以保持整体形状。粉红色和白色的海螺壳（来自牙买加和马达加斯加）以及棕色和白色的冠螺科的壳较为常用。贝壳雕刻比起坚硬的石头更快、更便宜，佩戴起来也更轻便。

龟甲

成分：角蛋白（蛋白质）
晶系：无
莫氏硬度：2.5 ~ 3
解理：无
断口：光滑状、纤维状
光泽：油脂光泽、树脂光泽
相对密度：1.26 ~ 1.35
折射率：1.54 ~ 1.56
双折射率：无
光性：不适用
色散：无

龟甲作为一种宝石材料和装饰品已经长达数千年。它在 18 世纪到 20 世纪时非常流行。其颜色为温暖的琥珀色、黄色、红褐色和巧克力色，并拥有大理石或火焰般的图案，最高品质的透明度是半透明的。这种图案是如此独特，以至于玳瑁（Tortoiseshell）这个单词被用来描述其他拥有类似图案的动物，如玳瑁猫。

令人惊讶的是，龟甲并非来自乌龟，而是主要来自玳瑁（为爬行纲海龟科动物）。玳瑁生活在大西洋、太平洋和印度洋的热带水域。它曾经几乎被猎杀到灭绝，自 1977 年起成为国际保护濒临灭绝物种。玳瑁的贸易受到《濒危野生动植物物种国际贸易公约》的管制。一些国家完全禁止其贸易，还有一些国家则只允许流通旧的加工过的古董类的材料。由于规则和准则经常变化，所以了解最新的信息是至关重要的，而且正确识别玳瑁及其仿制品也是极为关键的。

龟壳的硬壳或表面部分被用作宝石材料。龟壳和贝壳不同，是由蛋白质角蛋白构成的，类似于头发和指甲。龟甲是通过加热和加压定型，再切

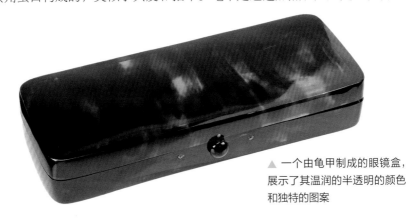

▲ 一个由龟甲制成的眼镜盒，展示了其温润的半透明的颜色和独特的图案

割成形后进行抛光。几块材料可以融合在一起，以创造更大的制作品。龟甲被用来制作眼镜框、梳子、盒子、项链、手镯、胸针、装饰品、刀柄和镶嵌物。它是一种耐用的材料，同时作为有机物，触感温热。

识别龟甲的方法很简单。当在放大镜下观察时，较深的棕色区域是由棕色或黑色色素的小点形成的。

它在紫外线下可能会发出荧光，颜色较浅的区域会出现白垩蓝色，颜色较深的区域则会保持黑暗。通过用热针尖接触表面进行的热点测试，可以闻到头发烧焦的独特气味。

龟甲经常被廉价的塑料制品仿制，特别是在它被列入禁止交易名录之后。塑料仿制品不显示龟甲所具有的色点，但有颜色旋涡和气泡包体。

另一个常见的仿制品是角制品，然而它可以通过其平行融合的毛发结构来区分。